U0190287

2021年汉江秋汛防御与

丹江口水库蓄水

水利部长江水利委员会 ◎ 编著

长江出版社
CHANGJIANG PRESS

图书在版编目（CIP）数据

2021 年汉江秋汛防御与丹江口水库蓄水 / 水利部
长江水利委员会编著 . -- 武汉：长江出版社，2024.1
ISBN 978-7-5492-9385-8

Ⅰ . ① 2… Ⅱ . ①水… Ⅲ . ①汉水 – 流域 – 防洪工程
– 研究 – 湖北 – 2021 ②水库蓄水 – 研究 – 丹江口 – 2021
Ⅳ . ① TV87 ② TV697.1

中国国家版本馆 CIP 数据核字 (2024) 第 050460 号

2021 年汉江秋汛防御与丹江口水库蓄水
2021NIANHANJIANGQIUXUNFANGYUYUDANJIANGKOUSHUIKUXUSHUI
水利部长江水利委员会　编著

责任编辑：　郭利娜　张晓璐
装帧设计：　郑泽芒
出版发行：　长江出版社
地　　址：　武汉市江岸区解放大道 1863 号
邮　　编：　430010
网　　址：　https://www.cjpress.cn
电　　话：　027-82926557（总编室）
　　　　　　027-82926806（市场营销部）
经　　销：　各地新华书店
印　　刷：　湖北金港彩印有限公司
规　　格：　787mm×1092mm
开　　本：　16
印　　张：　14.25
字　　数：　350 千字
版　　次：　2024 年 1 月第 1 版
印　　次：　2024 年 3 月第 1 版
书　　号：　ISBN 978-7-5492-9385-8
定　　价：　128.00 元

（版权所有　翻版必究　印装有误　负责调换）

编委会

主　任　　马建华

副 主 任　金兴平　尚全民　吴道喜

委　员　　陈桂亚　胡向阳　徐照明　何晓东　胡维忠　官学文　付建军
　　　　　　　时毅军　丁胜祥　褚明华　郑　静　沈华中　张利升　闵要武

参编人员　张　虎　饶光辉　丁洪亮　洪兴骏　廖鸿志　冯宝飞　李玉荣
　　　　　　　邱　辉　董付强　袁云桥　胡永光　王　伟　甘孝清　徐强强
　　　　　　　程盂盂　张　潇　杜飞龙　雷　欢　辛小康　骆进军　赵文焕
　　　　　　　许田柱　段一琛　张先平　王学敏　闫永鎏　崔皓东　冯　源
　　　　　　　陈新国　李翰卿　荆　柱　吴家阳　惠　宇　田逸飞　杨海从
　　　　　　　朱　丹　穆青青　范　维　任金秋　周　超　孟照蔚　张　晶
　　　　　　　顾　丽　张乐群　秦　赫　李慧琳　孙长城　梁志明　王大卫
　　　　　　　米　斯　龚亚琦

前　言

P r e f a c e

　　2021年，受大气环流影响，汉江流域发生超20年一遇秋季大洪水。8月下旬至10月上旬，流域共发生8次暴雨过程，雨量较历史同期偏多1.7倍，列1961年以来历史同期第1位；丹江口水库秋汛入库水量344.7亿m^3，较历史同期偏多3倍多，为建库以来历史同期第1位；丹江口水库连续发生7次入库流量超过10000m^3/s的较大洪水过程，其中3次入库洪峰流量超过20000m^3/s，9月29日最大洪峰流量达24900m^3/s（为大坝加高以来最大洪峰）；最大15天洪量超秋季20年一遇、最大30天洪量超全年20年一遇。

　　面对2021年汉江秋汛复杂的来水情况和严峻复杂的防洪形势，在水利部的坚强领导下，水利部长江水利委员会（以下简称"长江委"）坚决贯彻习近平总书记重要指示精神，认真落实国务院领导重要批示和水利部工作要求，会同流域相关省（直辖市）及有关单位，严格落实各项防御措施，共启动水旱灾害防御Ⅳ级应急响应2次，Ⅲ级应急响应1次；应急响应时长48天，其中Ⅲ级应急响应8天。长江委共组织会商72次，汛情紧张时每日3次会商，结合滚动预测预报情况，紧盯每一场洪水，统筹考虑汉江上下游防洪需求，共发出47道调度令，会同陕西、湖北、河南省水利厅科学调度汉江流域水库群，联合调度丹江口和石泉、安康、潘口、黄龙滩、鸭河口等干支流控制性水库拦洪削峰错峰，有效应对了7次丹江口水库入库洪水过程；干支流控制性水库群累计拦洪总量145亿m^3，其中丹江口水库累计拦蓄洪水98.6亿m^3，最大削峰率71%，有效降低汉江中下游干流洪峰水位1.5～3.5m，缩短超警天数8～14天，极大地减轻了汉江中下游地区的防洪压力；同时加大南水北调中线一期工程供水流量，汛末统筹防洪与兴利，精细调度，丹江口水库首次成功蓄水至正常蓄水位170m，取得了汉江秋汛防御和汛末蓄水的全面胜利。

为完整留存2021年汉江秋季暴雨洪水的基本资料，真实、全面地记录2021年汉江秋汛防御与丹江口水库蓄水工作，本书系统分析了2021年汉江秋汛雨水情和汛情特点，全面归纳总结了2021年汉江秋汛防御与丹江口水库汛末蓄水工作的经验和成效，以期为今后汉江防御大洪水和丹江口水库汛末蓄水工作提供借鉴和参考。

本书由长江委编著，长江委水旱灾害防御局、长江设计集团有限公司（以下简称"长江设计集团"）、长江委水文局、长江科学院、汉江水利水电（集团）有限责任公司（以下简称"汉江集团公司"）、南水北调中线水源有限责任公司（以下简称"中线水源公司"）、长江水资源保护科学研究所、水利部中国科学院水工程生态研究所等部门和单位共同编写完成，并得到了汉江流域内有关省（直辖市）水行政主管部门及水工程运行管理单位的大力支持。限于资料、时间和水平，文中错误和不足在所难免，敬请批评指正。

编　者

2023 年 5 月

目 录

Contents

第1章　汉江流域防洪减灾体系

1.1　流域概况

1.1.1　自然地理

汉江又名汉水,发源于秦岭南麓陕西省西南部汉中市宁强县,干流流经陕西、湖北两省,于武汉市汇入长江,支流延展至甘肃、四川、重庆、河南4省(直辖市)。流域北以秦岭、外方山与黄河流域分界,东北以伏牛山、桐柏山与淮河流域分隔,东与府澴河相邻,西南以大巴山、荆山与嘉陵江、沮漳河为界,东南为江汉平原,与长江干流无明显界限。汉江干流全长1577km,总落差1964m,流域面积15.9万km²;流域面积居长江支流第二位,河长居长江支流第一位。流域内集水面积大于1000km²的一级支流有21条,其中集水面积超过10000km²的有堵河、丹江、唐白河。

丹江口以上为上游,呈峡谷盆地交替特点,除汉中和安康盆地外,其余均为山地;干流长925km,流域面积9.52万km²,落差占整个干流的95%,水能资源较丰富。主要支流左岸有褒河、旬河、夹河、丹江,右岸有任河、堵河等。

丹江口至皇庄为中游,流经丘陵及河谷盆地,河谷开阔,河床冲淤多变;干流长270km,流域面积4.68万km²。主要支流左岸有小清河、唐白河,右岸有北河、南河、蛮河。

皇庄以下为下游,流经江汉平原,河道弯曲,洲滩较多,两岸筑有堤防,河道往下游逐渐缩窄;干流长382km,流域面积1.70万km²。主要支流为左岸的汉北河,潜江附近有东荆河分流入长江。

流域地势西高东低,西部秦巴山地高程1000～3000m,中部南襄盆地及周缘丘陵高程在100～300m,东部江汉平原高程一般在23～40m。汉江流域跨秦岭褶皱系和扬子准地台两大一级大地构造单元,构造线总体上呈NWW—NW向,岩层褶皱强烈,断裂规模巨大。流域新构造运动主要表现为大面积间歇性隆升与沉降,断裂差异活动微弱。流域内地震活动总体水平不高,中强震仅分布于局部小范围地带,区域构造稳定性较好。

1.1.2 水文气象

汉江流域属东亚副热带季风气候区,气候温和湿润,全流域多年平均降水量 898mm,多年平均气温 12～16℃,多年平均水面蒸发量 973mm。

河川径流主要来自大气降水,全流域多年平均径流量 544 亿 m³(1956—2016 年系列),径流深 350mm。径流年内分配不均,年际变化大,年径流变差系数 C_v 值为 0.3～0.6,其分布趋势由西向东递增。其中,丹江口坝址多年平均入库径流量为 374 亿 m³,5—10 月占全年的 78%。干流各站最大与最小年径流量一般可差 6 倍左右,皇庄(碾盘山)最大年径流量为 1964 年的 1047 亿 m³,最小年径流量为 1966 年的 212 亿 m³,两者比值为 5。

流域暴雨多发生在 6—10 月,具有前后分期的显著特点。夏季暴雨主要发生于陕西省白河县以下的堵河、南河和唐白河;秋季暴雨多发生在白河县以上的米仓山、大巴山一带。洪水由暴雨产生,与暴雨时空分布基本一致,也具有较明显的前后期特点,夏季洪水发生在 6—8 月,往往是全流域性洪水;秋季洪水发生在 9 月至 10 月上旬,一般来自上游地区。

丹江口水库建成前,中下游输沙量集中在 7—9 月,汉江黄家港站(1952—1959 年)和皇庄站(1951—1959 年)年均输沙量分别为 1.28 亿 t 和 1.35 亿 t;丹江口等水库建库后,中下游输沙量明显减少,黄家港站和皇庄站(1968—2017 年)年均输沙量分别降为 52.4 万 t 和 1526 万 t,且输沙量集中在 7—10 月。

1.1.3 历史洪灾

汉江历史上洪水灾害频繁。历史文献、地方志等有关资料中记述,1822—1949 年,汉江中下游干流堤防有 73 年发生溃决,决口 130 处,平均不足 2 年溃口一次。结合 1954 年全流域性的系统实地访问调查和 1959 年普遍复查所收集到的汉江上游沿江两岸城镇有可靠古庙碑文或刻字记载,以及可估定的洪痕高程等,足以证实为特大或大洪水的年份有 1583、1724、1832、1852、1867、1921、1935 年等;实测系列中 1964、1983、2005、2010、2011、2017、2021 年等,汉江流域也发生较大洪水或大洪水;长江发生流域性大洪水的 1954 年、1998 年,汉江下游也发生了洪灾。

1935 年 7 月,暴雨洪水为近百年来最严重的一次,干支流洪水遭遇,造成峰高量大的特大洪水,黄家港站、襄阳站、皇庄(碾盘山)站洪峰流量分别达到 50000m³/s、52400m³/s 和 45000m³/s,郧县(今十堰市郧阳区)漫溢溃口 60 丈(1 丈=3.33m),襄阳城平地水深丈余,钟祥三四弓处堤防溃决口门达 7000 余米,洪水横扫汉北,直达汉口张公堤,从光化(今老河口市)到武汉两岸 16 个县(市)一片汪洋,淹没耕地 640 万亩(1 亩=0.067hm²),受灾人口 370 万人,死亡 8 万余人。

1964 年 10 月,汉江秋季洪水(约 20 年一遇),皇庄(碾盘山)、新城、仙桃洪峰流量分别为 29100m³/s、20300m³/s 和 14600m³/s,杜家台蓄滞洪区最大分洪流量 5600m³/s、分洪量 25.09 亿 m³,中游被迫扒口 7 处、分洪量达 14 亿 m³,淹没耕地约 50 万亩。

1983 年汉江洪灾也较为严重。1983 年 7 月,汉中、安康地区普降大—暴雨,安康实测最大流量 31000m³/s,江水在早存隐患的城堤上冲开决口,几丈高的水头从不同方向向安康老城袭来,导致城区受淹;同年 10 月洪水,虽经丹江口水库调蓄,杜家台仍开闸分洪,邓家湖、小江湖蓄洪民垸炸堤分洪,蓄洪总量达到 37.9 亿 m³,丹江口库区 157～160m 的地区遭受淹没损失。

1.1.4　经济社会

汉江流域涉及陕西、湖北、河南、重庆、四川、甘肃 6 省(直辖市)的 22 个地(市、州)、80 个县(市、区)。2020 年,流域内常住人口 3295.7 万人,城镇化率 58%,低于全国平均水平;地区生产总值 2.07 万亿元,人均生产总值为 62953 元,约为同期全国平均水平的 87%;经济社会呈现上游相对落后、中下游相对发达的局面;三大产业结构比例为 11.65∶37.03∶51.32。

流域农业基础良好,汉中盆地、南襄盆地和江汉平原是我国传统的粮、棉、油、渔生产基地。流域内耕地面积 3795.44 万亩,约占全国的 2.1%,是我国重要的粮食和经济作物主产区。流域内的粮食作物主要有水稻、小麦,经济作物主要有棉花、油料、麻类、烤烟及桐油等,2020 年粮食产量 1912 万 t。流域工业以汽车、机械、电力、建材为主体,石油、化工、纺织、冶金、煤炭、烟草、电子、医药、旅游等亦具规模。流域内交通发达,运输便利,已建立起较完善的水、铁、公、空等综合交通运输体系。

1.1.5　流域开发与治理

流域内已建各类水库 2987 座、塘堰 2.91 万处,总库容约 559 亿 m³;已建引提水工程 2.36 万处,引水规模 2515m³/s,2019 年汉江流域供水量 150.1 亿 m³,有效保障了流域经济社会发展对水资源的需求;基本解决了农村居民的饮水安全问题,城乡供水安全保障不断提升;农田水利工程基础设施不断夯实,建成灌区 1100 余处,有效灌溉面积达 2226 万亩。节水型社会建设取得积极成效。跨流域调水格局逐步形成,战略水源地作用日益显现。南水北调中线一期工程通水,北方受水区供水安全有效提升,居民用水水质明显改善,地下水压采和生态补水效益显著。汉江上游引汉济渭工程、鄂北地区水资源配置工程等已建成通水;汉江中下游已建成引江济汉工程。

流域水电开发取得重大成就,干流规划梯级均已建或在建,多数支流水能资源均有一定程度的开发。流域内已建水电站 700 余座,总装机容量约 6760MW,约占技术可开发量的

83%,多年平均年发电量约 220 亿 kW·h,约占技术可开发量的 77%。

汉江干流陕西省洋县以下 1313km 为通航河段,经整治,干流丹江口以上河段为Ⅵ级以下航道(安康、丹江口库区除外),丹江口—汉川段为Ⅳ级航道,汉川—河口为Ⅲ级航道。除江汉运河、汉北河航运条件稍好外,汉江其他支流通航里程短,通航规模小。汉江流域规划见图 1.1-1。

1.2 防洪工程体系

目前,汉江流域初步形成了以上游汉中、安康平川段和中下游堤防护岸为基础,丹江口水库为骨干,干支流安康、潘口、三里坪、鸭河口水库拦蓄和杜家台分洪、东荆河分流配合,中游民垸分蓄洪、河道整治相配套,结合防洪非工程措施的汉江流域防洪体系。汉江流域防洪以汉江中下游为重点,其防洪工程体系见图 1.2-1。

汉江流域堤防总长约 6600km(其中干流堤防长度约 1540km),包括汉江遥堤、武汉市堤等重要堤防在内的约 3500km 堤防达到规划标准;汉江已建成具有防洪功能的石泉、安康、丹江口、鸭河口、潘口、三里坪等水库,防洪库容近 125 亿 m³;中下游安排了 1 处蓄滞洪区(杜家台)和 14 处分蓄洪民垸,蓄洪总量约 58 亿 m³;开展了汉江中下游干流河道治理,总体河势基本稳定;中小河流治理、山洪灾害防治、重点易涝区治理等防洪薄弱环节建设得到加强;防汛抗旱应急预案、山洪灾害监测预警、防汛水情信息、防汛指挥等防洪非工程措施明显增强。

1.2.1 堤防

堤防是汉江防洪的基础,是保障河道安全下泄洪水的重要措施。汉江流域堤防包括干流堤防、支流堤防、东荆河分流道堤防、蓄滞洪区围堤和杜家台蓄滞洪区分洪道堤防等。目前,汉江干流已建堤防约 1540km,支流堤防约 4600km,东荆河堤约 344km,杜家台分洪道堤防约 114km,达标堤防总长约 3500km,流域堤防总达标率约 53%,支流堤防达标率相对较低。

汉江上游干流堤防主要分布在汉中平川段和安康重点段,以及沿江县城,总长 297km,设计水位根据防洪标准由设计流量推算。汉中市、安康市城区段为 2 级堤防,堤防超高 1.5m;其他沿江县城城区段为 3~4 级堤防,堤防超高 1.0~1.5m。其中,安康市汉滨区、旬阳县、汉阴市等部分河段堤防未形成封闭保护圈;汉中市防洪主体工程基本建成,但配套及附属工程未实施。汉江上游干流堤防(含支流河口段)基本情况见表 1.2-1。

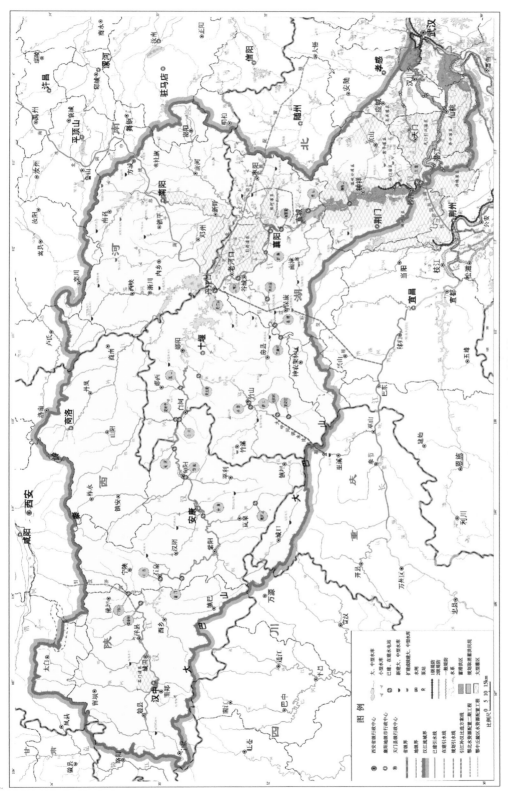

图1.1-1 汉江流域规划

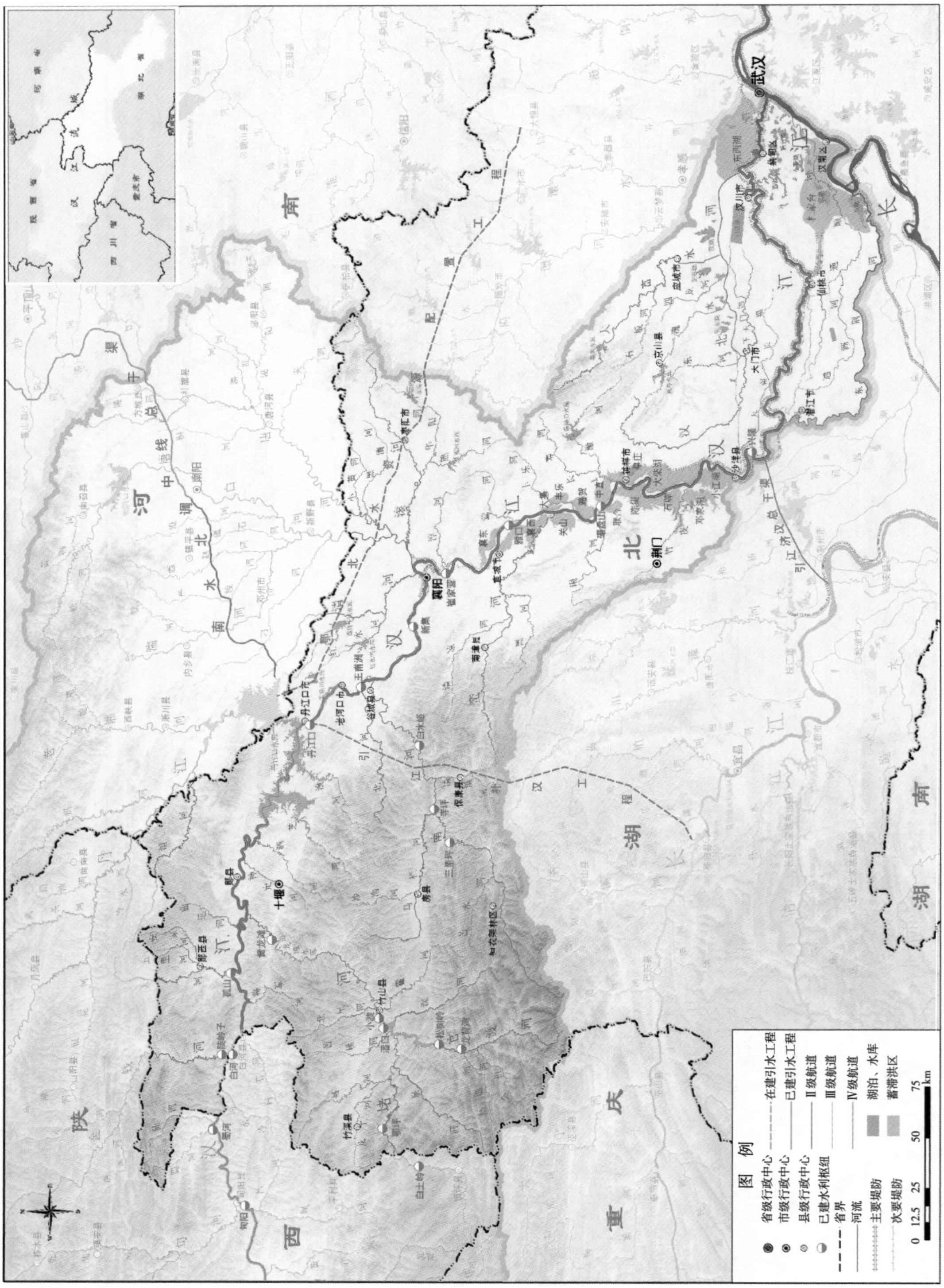

图1.2-1 汉江流域防洪工程体系

表 1.2-1 汉江上游干流堤防（含支流河口段）基本情况

地点	行政区划	堤长/km	堤防级别	备注
汉江上游 （含支流河口段）	汉中市	221.4	2～4	汉中市汉台区、宁强县、勉县、南郑区、城固县、洋县等河段堤防
	安康市	41.9	2～5	安康市汉滨区、石泉县、汉阴县、紫阳县、旬阳市、白河县等河段堤防
	十堰市	33.7	3	郧阳区、郧西县河段堤防

汉江中下游现有堤防总长 1563.4km，包括确保堤、干堤、支民堤和分洪道堤。汉江遥堤及汉江武汉市城区堤段为确保堤，属 1 级堤防，堤防超高 2.0m。汉江下游除确保堤外的其他干流堤防、汉江中游除襄阳市太平店堤和丹江口城区堤外的其他干流堤防、杜家台蓄滞洪区的分洪道堤、西围堤为 2 级堤防，堤防超高 1.5m。襄阳市太平店堤、丹江口城区堤、杜家台蓄滞洪区的其他堤防为 3 级堤防，堤防超高为 1.0～1.5m。国家防汛抗旱总指挥部（以下简称"国家防总"）以国汛〔2017〕9 号文批复的《汉江洪水与水量调度方案》中明确汉江中下游干堤设计水位在杜家台闸及以上取 1964 年或 1983 年（均约相当于 20 年一遇洪水）实测最高洪水位高值、以下为 1954 年实测最高洪水位。汉江中下游堤防等级及保护区基本情况见表 1.2-2。

目前，汉江遥堤、武汉市堤、东荆河左岸下游杨林尾—三合垸堤防总长约 212.9km，且在 1998 年长江大洪水后的堤防除险加固建设中已达设计标准；汉江中游襄阳城区 25.1km、皇庄 24.2km 堤防除险加固工程已在襄阳市和钟祥市的城市防洪工程中实施。除上述完建或在建工程外，其余堤防除险加固及达标建设任务还未全面完成。唐白河、丹江等重要支流堤防建设相对滞后，已建堤防达标率不高，部分河段还处于无防护状态。

表 1.2-2 汉江中下游堤防等级及保护区基本情况

地点	行政区划	堤名	堤长/km	堤防级别	保护面积/km²	保护耕地/万亩	保护人口/万人	备注
汉江下游	武汉市	汉江左岸干堤	50.6	1～2	629.3	26.73	180.54	其中舵落口—龙王庙段长 15.97km，为 1 级堤防
		汉江右岸干堤	61.5	1～2	4534.0	270.32	286.58	其中高公街堤、沿河堤、保丰堤共长 35.8km，为 1 级堤防
	天门市、钟祥市	汉江遥堤	55.3	1	11055.0	664.10	760.00	
	天门市、汉川市	汉江左岸干堤	215.5	2		546.57	579.73	

地点	行政区划	堤名	堤长/km	堤防级别	保护面积/km²	保护耕地/万亩	保护人口/万人	备注
汉江下游	沙洋市、潜江市	汉江右岸干堤	65.1	2	5378.20	354.78	324.23	
	潜江市、监利市、洪湖市	东荆河右岸堤	160.0	2				
	潜江市、仙桃市、汉川市	汉江右岸干堤	193.7	2	4534.00	270.32	286.58	
		东荆河左岸堤	156.9	2				
	仙桃市	杜家台分洪道堤防	113.6	2～3	613.98	35.30	13.25	
	小计		1072.2		26744.48	2168.12	2430.91	
汉江中游	丹江口市	左岸城区堤防	2.8	3	12.30		14.75	
	襄阳市	汉江左岸堤防	109.8	2～3	691.70	57.87	151.40	其中太平店堤、襄东垸堤为3级堤防
		汉江右岸堤防	73.2	2	492.30	41.20	79.30	其中襄西垸堤为3级堤防
	荆门市	汉江左岸堤防	159.1	2	617.40	45.00	34.14	蓄洪民垸堤防等级为3级
		汉江右岸堤防	146.3	2	1007.90	54.05	25.30	
	小计		491.2		2821.60	198.12	304.89	
	合计		1563.4		29566.08	2366.24	2735.80	

1.2.2 水库

汉江上中游纳入联合调度的控制性水库有丹江口、石泉、安康、黄龙滩、潘口、鸭河口、三里坪等,上述水库总库容约 406 亿 m³,防洪库容约 125 亿 m³。各水库基本情况见表 1.2-3。

(1)石泉水库

石泉水库位于汉江干流上游石泉县城 1km 处,是以发电为主的水库工程,控制流域面积 23400km²,为大(2)型水库,具有季调节能力,属狭长的河道型水库。

汉江流域重要防洪水库基本情况

表1.2-3

水库名称	所在河流	控制流域面积 /万 km²	正常蓄水位 /m	防洪限制水位 /m	死水位 /m	总库容 /亿 m³	正常蓄水位以下库容 /亿 m³	调节库容 /亿 m³	防洪库容 /亿 m³	装机容量 /MW	坝型	管理单位
石泉	汉江	2.3400	410	405.0	400	3.717	2.738	1.663	0.976	225.0	混凝土空腹重力坝	大唐陕西发电公司
安康	汉江	3.5700	330	325.0	305	32.000	25.850	16.770	3.600	852.5	混凝土折线重力坝	国网陕西省电力有限公司
丹江口	汉江	9.5200	170	夏汛期: 160.0 秋汛期: 163.5	150	319.500	272.050	186.970	夏汛期: 110.210 秋汛期: 80.530	900.0	混凝土重力坝	汉江水利水电（集团）有限责任公司
潘口	堵河	0.8950	355	347.6	330	23.370	19.700	11.200	6.100	500.0	混凝土面板堆石坝	汉江水电开发有限责任公司
黄龙滩	堵河	1.1140	247	/	226	9.450	7.870	4.430	/	510.0	混凝土重力坝	国网湖北省电力有限公司黄龙滩水力发电厂
鸭河口	唐白河	0.3030	177	175.7	160	13.390	8.320	7.620	2.950	14.0	黏土心墙砂壳坝	南阳市鸭河口水库工程管理局
三里坪	南河	0.1964	416	夏汛期: 403.0 秋汛期: 412.0	392	4.990	4.720	2.110	夏汛期: 1.210 秋汛期: 0.410	70.0	碾压混凝土双曲拱坝	湖北能源集团房县水利水电发展有限公司

大坝为混凝土空腹重力坝,设计坝高 65m,原设计洪水位 410.29($P=1\%$,洪峰流量 21500m³/s,校核洪水位 413.67m($P=0.2\%$,洪峰流量 26400m³/s);大坝补强加固后,校核洪水位为 415.12m($P=0.1\%$,洪峰流量 28400m³/s);正常蓄水位 410m,相应库容 2.738 亿 m³;防洪限制水位 405m,死水位 400m,调节库容 1.663 亿 m³,预留防洪库容 0.976 亿 m³,预留时段为 7 月 1 日至 9 月 30 日。

工程于 1970 年 11 月开工,1973 年 11 月下旬下闸蓄水,装机容量 3×45MW,1973 年 12 月第一台机组发电,1975 年 7 月 3 台机组全部并网发电,单机发电流量 138.5m³/s。1998 年 10 月石泉水电站扩机工程开工,增加装机容量 2×45MW,单机发电流量 131.0m³/s,2000 年 12 月底 2 台机组并网发电。

(2)安康水库

安康水库位于汉江上游陕西省安康市城西 18km 处,下游距丹江口水库约 260km,上游距石泉水库约 170km,是汉江干流上游陕西省境内七级梯级开发中的第四级,也是梯级中调节能力最强的水库。坝址控制流域面积 35700km²,多年平均径流量 190 亿 m³,控制了丹江口以上径流量的 50%。水库设计洪水位 333.10m($P=0.1\%$,洪峰流量 36700m³/s),校核洪水位 337.05m($P=0.01\%$,洪峰流量 45000m³/s),总库容 32.0 亿 m³;水库正常蓄水位 330m,相应库容 25.85 亿 m³,防洪限制水位 325m,防洪库容 3.6 亿 m³,预留时段为 7 月 1 日至 9 月 30 日;死水位 305m(极限消落水位 300m,300~305m 留有约 2.0 亿 m³ 备用库容以预防电力系统事故发生),调节库容 16.77 亿 m³,可进行不完全年调节。

大坝为混凝土折线重力坝,工程泄洪设施包括 5 个 15m×17m 的开敞式表孔,5 个 11m×12m 带胸墙的中孔,4 个设在 17~20 坝段上的 5m×8m 的底孔。电站装机容量 800MW(200MW×4),利用排沙洞安装 1 台 52.5MW 的水轮发电机组,总装机容量 852.5MW。电站保证出力 175MW,多年平均发电量 28.57 亿 kW·h。

工程于 1978 年 4 月开工,1983 年 11 月截流,1989 年 12 月下闸蓄水,1990 年 12 月 12 日第一台机组发电,1992 年 12 月 25 日机组全部投产,2010 年电站枢纽工程通过国家验收。

(3)丹江口水利枢纽

丹江口水利枢纽位于湖北省汉江干流与其支流丹江汇合点下游 800m 处,距防洪控制点皇庄(碾盘山)270km,距河口 652km,控制流域面积 95217km²(约占汉江全流域的 60%),是汉江流域治理开发保护的关键性骨干工程,也是南水北调中线工程的水源工程。枢纽于 1958 年 9 月开工,1962 年后国务院决定采取分期兴建方式,分初期规模和后期规模两期兴建,1973 年初期工程建成。枢纽初期工程规模为:坝顶高程 162m,正常蓄水位 157m,死水位 140m,极限消落水位 139m,调节库容 98.0 亿~102.2 亿 m³,属不完全年调节水库。汛限水位 149.0(夏汛)~152.5m(秋汛),预留防洪库容 77.2 亿(夏汛)~55.0 亿 m³(秋汛)。电站装机容量 900MW。初期工程具有防洪、发电、灌溉、航运等综合利用效益。

丹江口水库大坝加高工程是南水北调中线一期工程的重要组成部分,工程于 2005 年 9

月26日正式开工,2013年8月底完成蓄水验收工作,2014年12月向北方受水区正式通水。大坝加高完建后,混凝土坝及土石坝顶高程176.6m。水库设计洪水位172.20m($P=0.1\%$,入库洪峰流量夏汛期81500m^3/s、秋汛期61600m^3/s),校核洪水位174.35m($P=0.01\%\times1.2$,入库洪峰流量夏汛期122000m^3/s、秋汛期94000m^3/s),总库容319.5亿m^3(2008年复核值,下同。初步设计阶段339.1亿m^3);水库正常蓄水位170m,相应库容272.05亿m^3(初步设计阶段290.5亿m^3),死水位150m,极限消落水位145m,调节库容161.22亿～186.97亿m^3(初步设计阶段163.6亿～190.5亿m^3),具有多年调节性能;汛限水位160.0(夏汛)～163.5m(秋汛),预留防洪库容110.21亿(夏汛,初步设计阶段110亿m^3)～80.53亿m^3(秋汛,初步设计阶段80.1亿m^3),工程任务以防洪、供水为主,结合发电、航运等综合利用。

（4）潘口水库

潘口水库地处堵河干流上游河段,位于湖北省十堰市竹山县境内,下距竹山县城13km,距黄龙滩水库坝址107.7km,距堵河河口135.7km,坝址控制流域面积8950km^2,多年平均径流量51.7亿m^3,开发任务以发电为主,兼顾防洪,是堵河干流开发的控制性工程。

水库大坝采用混凝土面板堆石坝,右岸开敞式溢洪道,坝顶高程362m(黄海高程,下同);水库设计洪水位357.14m($P=0.1\%$,洪峰流量17800m^3/s),校核洪水位360.82m($P=0.01\%$,洪峰流量22700m^3/s),总库容23.37亿m^3,水库正常蓄水位355m,相应库容19.7亿m^3,防洪限制水位347.6m,预留防洪库容6.1亿m^3(其中正常蓄水位以下4.0亿m^3),预留时段为7月1日至8月20日;死水位330m,相应死库容8.5亿m^3,调节库容11.20亿m^3,为年调节水库。电站装机容量500MW(2×250MW),保证出力78.1MW,多年平均发电量10.474亿kW·h。

工程于2007年10月正式开工建设;2011年8月完成工程蓄水安全鉴定和蓄水验收工作,同年9月下闸蓄水。电站2台机组分别于2012年5月和10月并网发电,2013年主体工程全部完工。

（5）黄龙滩水库

黄龙滩水库位于汉江主要支流堵河的下游、十堰市黄龙镇以上4km的峡谷出口处,水库大坝为混凝土重力坝,坝顶高程252m。坝址控制流域面积11140km^2,多年平均径流量60.2亿m^3。水库设计洪水位248.27m($P=1\%$,洪峰流量13300m^3/s,黄海高程,下同),校核洪水位252.6m($P=0.05\%$,洪峰流量18100m^3/s),总库容9.45亿m^3;正常蓄水位247m,相应库容7.87亿m^3,死水位226m,调节库容4.43亿m^3,为季调节水库。

水库于1969年开工建设,1974年投产发电,装有2台75MW水轮发电机组,1993年增容改造为2台85MW水轮发电机组;2005年扩建新增2台170MW水轮发电机组,目前总装机容量510MW,保证出力53MW,多年平均发电量10.298亿kW·h。

（6）鸭河口水库

鸭河口水库位于汉江支流白河上游,是白河的主要防洪控制工程。坝址位于河南省南召县鸭河村,上距南召县城 35km,下距南阳市约 40km。鸭河口水库控制流域面积 3030km²,开发任务以防洪、灌溉为主,兼顾工业及城市供水,结合发电等综合利用。

水库坝顶高程 183.6m,设计洪水位 179.84m($P=0.1\%$,洪峰流量 17400m³/s),校核洪水位 181.5m($P=0.01\%$,洪峰流量 26000m³/s),总库容 13.39 亿 m³,正常蓄水位 177m,相应库容 8.32 亿 m³,防洪限制水位 175.7m,防洪库容 2.95 亿 m³;死水位 160m,调节库容 7.62 亿 m³。电站分设在大坝左右岸,合计装机 5 台,装机容量 14.0MW,多年平均发电量 3500 万 kW·h;水库设计灌溉面积 210 万亩,现有效灌溉面积 132.6 万亩。水库防洪任务是:在遭遇 100 年一遇以下洪水时,确保水库下游南阳市城区及 116 万亩农田不受淹,保护焦枝铁路、宁西铁路、312 国道、沪陕高速、二广高速、兰南高速及南水北调总干渠等重要基础设施安全。

枢纽工程于 1958 年 11 月开工兴建,1959 年底基本建成,1960 年拦洪蓄水。20 世纪 70 年代中期水库遭遇"75·8"特大洪水后,防洪标准偏低等安全问题突显,1986 年经原水电部复核,被列为全国 43 座重点危险水库之一,于 1988 年 8 月至 1992 年 4 月进行除险加固。2009 年经国家发展和改革委员会、水利部批复,再次于 2009 年 10 月至 2012 年 11 月进行除险加固。

(7)三里坪水库

三里坪水利枢纽工程位于湖北省房县境内,地处汉江中游右岸一级支流南河的中游,坝址在三里坪村下游约 1.0km、李子沟口上游 490m 处的链子崖,距房县县城近 50km、至河口 129km,是南河流域干流梯级开发中的骨干工程,坝址控制流域面积为 1964km²,开发任务以防洪与发电为主,兼有库区航运、水产养殖、灌溉及其他综合效益。

工程为Ⅱ等大(2)型工程,工程枢纽主体建筑物由大坝、泄洪消能建筑物、引水发电系统等组成。大坝为碾压混凝土双曲拱坝,坝顶高程 420m。水库设计洪水位 416.42m($P=0.2\%$,洪峰流量 5340m³/s),校核洪水位 418.57m($P=0.05\%$,洪峰流量 6620m³/s),水库总库容 4.99 亿 m³;水库正常蓄水位 416.00m,相应库容 4.72 亿 m³,死水位 392m,调节库容 2.11 亿 m³;防洪限制水位 403(夏汛期)~412m(秋汛期),防洪库容 1.21 亿(夏汛期)~0.41 亿 m³(秋汛期)。三里坪水库是汉江整体防洪体系的重要组成部分,其配合丹江口水库运用,可有效减少汉江中下游分蓄洪量,提高谷城县城的抗洪能力。工程电站装机 2 台,单机容量为 35MW,总装机容量为 70MW,保证出力 12.4MW,多年平均发电量 1.834 亿 kW·h,装机利用小时数 2620h。

三里坪水利枢纽主体工程自 2006 年 7 月 10 日开建,2011 年 3 月 8 日完成下闸蓄水阶段验收,2011 年 3 月 24 日导流洞下闸蓄水,2011 年 9 月首台机组投入运行,2011 年 12 月全部机组并网发电,2012 年底工程基本完建。

此外,汉江中游干流已建的王甫洲、崔家营、兴隆,在建的雅口、新集、碾盘山等梯级,建成运用后对河道槽蓄、洪水传播规律等均可能产生一定影响。

1.2.3 蓄滞洪区

汉江流域蓄滞洪区及分蓄洪民垸共有 15 处,其中蓄滞洪区 1 处,为杜家台蓄滞洪区,分蓄洪民垸 14 处,均分布于中下游河段。

(1)杜家台蓄滞洪区

杜家台分洪工程于 1956 年 4 月建成,由杜家台分洪闸、引渠、黄陵矶泄洪闸和蓄滞洪区围堤组成。根据《长江流域蓄泄洪区有效蓄洪容积复核计算报告》,杜家台蓄滞洪区面积为 613.98km²,设计蓄洪水位 30.00m,蓄洪容积 38.61 亿 m³（未扣除安全区容积）,扣除安全区容积后有效蓄洪容积 22.9 亿 m³。根据 2019 年统计数据,杜家台蓄滞洪区内总人口 21.65 万人,耕地总面积 37 万亩,农业总产值 46.29 亿元,工业总产值 346.95 亿元,固定资产总值 288.89 亿元,人均年收入 19181 元。

杜家台分洪闸为开敞式钢筋混凝土结构,钢质弧形闸门,采用手动、电动两种启闭方式,闸室全长 411.93m,共 30 孔,单孔净宽 12.1m,净高 4m,堰顶高程 29.00m,底板高程 27.00m。闸上游引水渠中心线长 350m,渠底宽 406.43m,渠底高程 26.00m,主要护岸工程有鱼嘴裹头工程。闸下游有三级消能防冲设施与分洪道相连,消能设施总长 52.50m。分洪闸设计分洪水位 35.12m,相应设计分洪流量 4000m³/s,校核分洪水位 35.45m,校核流量 5300m³/s。历次运用最大分洪流量 5600m³/s（1964 年 10 月）。

黄陵矶闸于 1970 年建成,是杜家台蓄滞洪区现有的通往长江的唯一口门。其结构为胸墙潜孔坞工结构,共 9 孔,每孔净宽 7m,净高 10m,闸底高程 15.00m,闸顶高程 31.00m。退洪设计工况下（闸内水位 27.35m,外江水位 26.90m）过流能力为 1535m³/s,退洪校核工况下（闸内水位 27.70m,外江水位 26.90m）过流能力为 2008m³/s。设计进洪水位为外江水位 30.35m,内湖水位 24.75m,相应进洪流量 2008m³/s。截至目前,黄陵矶闸尚未经过分泄长江洪水的检验。

杜家台行洪河道总长 73.85km,上段又称分洪道,起自杜家台分洪闸,下至周邦,长 20.65km,宽 800～1600m,是将汉江下游超额洪水引入蓄滞洪区调蓄的分洪通道。下段起自周邦,经挖口、香炉山,至黄陵矶闸出长江,长 53.2km,河宽 400～700m。行洪河道上段（分洪道）系人工筑堤形成,下段为地势开阔的蓄滞洪区和通顺河下游河道。

杜家台蓄滞洪区正在建设下东城垸安全区,现有安置工程设施主要由安全台、躲水楼组成。杜家台蓄滞洪区内现已建成安全台 7.72 万 m²;建筑躲水楼 34 栋,建筑面积 2.03 万 m²,躲水面积 1.04 万 m²。建成转移公路 71 条,总长 383.4km,转移公路桥梁 26 座。

杜家台蓄滞洪区自 1956 年建设以来,共运用 21 次,总历时为 2314 小时 24 分钟,分洪（流）总量 196.74 亿 m³,年最大分洪流量 5600m³/s（1964 年 10 月）。1983 年 10 月发生了典型分洪运用,最大分洪流量为 5100m³/s;2005、2011 年二次分流运用;2010 年按照省防汛抗旱指挥部（以下简称"省防指"）命令,组织了分流转移,但最终未实施分流运用。

杜家台蓄滞洪区历次分洪运用情况见表 1.2-4。

表 1.2-4　　　　　　　　　　　　杜家台蓄滞洪区历次分洪运用情况

| 分洪运用 | | 开闸时间 /(月-日 时:分) | 历时 | | 运用情况 | | | 分洪效果 | | |
年份	次序		小时	分钟	闸前水位 /m	孔数	最大开启高度/m	最大分洪流量 /(m³/s)	分洪总量 /(亿m³)	降低仙桃水位/m
1956	1	7-2 14:10	100	01	34.60	双号 15	0.9	2510	5.14	1.05
		7-3 13:05			34.75	单号 15	0.6			
		7-4 12:36			34.86	30	0.9			
	2	8-24 17:45	131	28	34.54	29	1.3	3120	8.37	1.82
1957	1	7-22 01:04	63	31	34.54	30	0.5	1380	3.13	0.85
1958	1	7-8 16:10	87	10	33.96	30	1.2	3230	7.30	2.67
	2	7-19 12:42	190	34	34.47	30	1.7	4800	25.70	2.41
	3	8-17 8:22	79	47	34.12	30	0.9	2305	5.43	1.21
	4	8-24 00:15	93	15	34.00	30	0.9	2270	7.38	1.59
1960	1	9-7 17:50	234	24	33.47	28	1.8	4755	19.77	2.07
1964	1	7-29 06:15	48	45	33.29	30	0.7	1700	2.32	
	2	9-7 21:00	70	08	34.80	30	0.8	2400	4.38	0.94
	3	9-16 12:00	169	07	33.60	30	0.8	2060	10.28	1.49
	4	9-25 14:30	148	34	34.39	30	1.7	4350	15.20	1.63
	5	10-6 17:30	172	40	35.02	30	2.0	5600	25.09	3.00
1974	1	10-6 20:00	53	6	35.31	30	0.5	1790	2.83	1.00
1975	1	8-11 17:00	49	48	35.55	30	1.0	3300	3.24	1.57
	2	10-6 05:00	72	18	35.39	30	1.4	3980	6.82	2.00
1983	1	10-7 20:08	182	0	34.86	30	1.8	5100	23.06	2.20
	2	10-21 12:15	81	0	34.08	30	1.0	2860	5.96	1.00
1984	1	9-29 07:45	148	18	35.45	30	0.7	2100	9.28	0.70
2005	1	10-6 18:06	85	0	34.95	30	0.5	1648	3.73	0.64
2011	1	9-21 10:30	53	30	35.65	30	0.4	1220	2.33	0.60

（2）分蓄洪民垸

汉江中游宜城—沙洋河段长约 170km，共设置了 14 处分蓄洪民垸，分别为：襄东垸、襄西垸、大集垸、丰乐垸、关山垸、潞市垸、中直垸、联合垸、皇庄垸、文集垸、大柴湖垸、石牌垸、邓家湖垸、小江湖垸，总面积 1144.7km²，总容积 35.16 亿 m³，总人口 71.69 万人，已建堤防长度 331.06km，耕地面积 95.53 万亩，GDP 119.62 亿元。各分蓄洪民垸基本情况见表 1.2-5。14 个分蓄洪民垸中，襄西垸内有宜城市主城区，皇庄垸内有钟祥市郢中镇，正在编制的《汉江流域综合规划》拟将襄西垸、皇庄垸调整为防洪保护区；其余汉江中游分蓄洪民垸分为三类:小江湖垸和邓家湖垸为重要分蓄洪民垸(蓄洪容积共 8.83 亿 m³),襄东垸、文集垸、中直垸、潞市垸、关山垸、丰乐垸、联合垸和大集垸为一般分蓄洪民垸(蓄洪容积共 8.69 亿 m³),石牌垸和大柴湖垸为规划保留分蓄洪民垸(蓄洪容积共 10.46 亿 m³)。

1983 年 10 月 7 日,根据分洪调度命令,邓家湖在槐路口(桩号 5+750~6+150)炸堤分蓄洪,分洪时沙洋站水位 43.36m,流量 17400m³/s,分洪口门宽 348m,最大进洪流量约 4000m³/s,实测最高蓄洪水位 46.8m,蓄洪总量 2.97 亿 m³;小江湖在黄堤坝(桩号 297+400~297+570)炸堤分洪,分洪时沙洋站水位 44.29m,流量 21600m³/s,分洪口门宽 386m,最大进洪流量约 6000m³/s,蓄洪总量 5.86 亿 m³。邓家湖、小江湖民垸分洪 2 小时后,沙洋水位开始回落,27 小时后沙洋水位下降 0.3m。

目前,汉江中游民垸内人口较多,蓄洪围堤尚未全面完成建设。

表 1.2-5　　　　　　　　　　汉江中游分蓄洪民垸基本情况

序号	分蓄洪区名称	分蓄洪区面积 /km²	蓄洪水位 /m	有效容积 /亿 m³	总人口 /万人	已建堤防长度 /km	堤顶高程 /m	耕地面积 /万亩	地区生产总值 /亿元	所在县(市、区)
1	襄东	79.80	59.90	1.24	4.25	34.300	65.00~60.20	7.53	4.59	宜城市
2	襄西	120.90	57.55	2.79	21.57	38.516	63.50~58.00	18.78	18.90	宜城市
3	大集	15.60	54.05	0.23	1.22	19.800	52.53~55.04	2.11	1.12	钟祥市
4	丰乐	23.90	53.80	0.63	1.39	11.300	52.26~53.36	2.63	1.86	钟祥市
5	关山	53.00	54.20	1.15	3.34	17.900	52.62~56.34	4.72	7.05	钟祥市
6	潞市	67.00	53.40	1.42	3.04	19.800	50.99~53.81	5.06	5.28	钟祥市
7	中直	37.00	51.00	1.32	2.50	18.200	50.05~51.74	7.29	4.54	钟祥市
8	联合	48.00	51.40	0.72	1.24	13.400	50.56~51.86	2.12	3.62	钟祥市
9	皇庄	102.40	50.30	4.39	9.03	24.200	48.99~51.33	5.14	40.10	钟祥市
10	文集	85.00	50.00	1.98	3.90	28.900	47.61~50.88	3.98	1.76	钟祥市
11	大柴湖	230.00	48.10	8.62	10.32	45.400	50.38	11.85	4.80	钟祥市
12	石牌	90.00	47.90	1.84	3.91	20.500	46.44~48.31	5.95	19.50	钟祥市
13	邓家湖	86.30	46.80	2.97	2.89	13.600	45.73~46.99	7.80	3.30	沙洋县
14	小江湖	105.80	46.60	5.86	3.09	25.240	44.49~47.16	10.57	3.20	沙洋县

1.2.4　分洪道

东荆河位于长江中游下荆江以北、汉江下游以南的江汉平原腹地,于潜江泽口镇龙头拐接汉水南流,东面于武汉市汉南区三合垸附近汇入长江,沿途流经潜江市、监利市、仙桃市、洪湖市及武汉市的汉南区,是汉江下游的重要分流河道,河道全长 173km。

东荆河分流量随新城(沙洋)流量变化,在联合大垸等民垸扒口条件下行洪约 4250m³/s,在民垸不扒口情况下行洪约 3000m³/s,为沙洋(兴隆)站洪水流量的 1/5~1/4,可以大大缓解汉江泽口以下两岸地区及武汉市洪水威胁。

根据历史资料统计，沙洋洪峰流量在 5000m³/s 以下、5000～10000m³/s、10000～15000m³/s、15000～20000m³/s 时，东荆河分流比（潜江站洪峰流量与沙洋站洪峰流量之比）分别在 8.3%～14.8%、14.8%～19.0%、19.0%～21.7%、21.7%～23.3%，与沙洋站流量呈正相关。汉江沙洋站与东荆河潜江站分流流量关系见表1.2-6。

表1.2-6　　　　　　　　汉江沙洋站与东荆河潜江站分流流量关系

沙洋流量/(m³/s)	潜江流量/(m³/s)	东荆河分流比/%
1500	125	8.3
2000	200	10.0
5000	740	14.8
7500	1300	17.3
10000	1900	19.0
12500	2550	20.4
15000	3250	21.7
17500	3950	22.6
20000	4650	23.3
21800	5150	23.6

由东荆河潜江站典型洪水年水位流量关系（图1.2-2）可以看出，潜江站水位流量关系不但绳套很大，且同流量下水位相差近3m。各典型洪水年水位流量关系绳套虽然较大，但是中轴线变化不大。

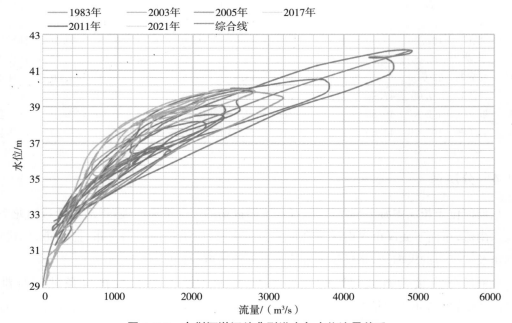

图1.2-2　东荆河潜江站典型洪水年水位流量关系

1.2.5 河道整治工程

汉江中下游累计完成护岸长度311km(含东荆河33km),目前总体河势已得到初步控制;襄阳—皇庄河段航道整治工程、丹江口—襄阳河段航道整治工程分别于1996年和2005年完工,汉江蔡甸—河口Ⅲ级航道整治工程也已于2004竣工。经整治,中下游干流河势基本得到控制,总体较为稳定,但上中游梯级水库建成后,中下游干流河道将长期面临清水下泄的局面,部分河段河势处于进一步调整中,如兴隆水利枢纽下游河道冲刷严重;同时东荆河河口淤积形成拦门沙,洪水分流能力减小,较规划条件下的过流能力减小了700m³/s左右,加大了汉江干流泽口以下河段防洪压力。

1.2.6 现状防洪能力

1.2.6.1 流域整体防洪能力

随着汉江防洪体系的逐步完善,流域防洪能力大幅提高。水库与堤防配合运用,上游汉中市防洪能力基本达到50~100年一遇,安康市城区防洪能力基本达到20~100年一遇,沿江县城防洪能力基本达到30~50年一遇。水库、堤防、杜家台蓄滞洪区及中游分蓄洪民垸等联合运用,中下游地区可防御1935年同大洪水(相当于100年一遇)。

1.2.6.2 汉江中下游河道泄流能力

汉江中下游地区是汉江防洪的重点,也是长江中下游防洪重点区之一。水位和流量是反映洪水大小的两个主要水文要素。影响水文站水位流量关系变化的因素主要有几何因素和水力因素两大类。这两种因素分别影响过水断面的面积和流速。本节通过收集黄家港、皇庄、仙桃水文站的水位流量关系资料,结合洪水特征及顶托、河道冲淤等影响分析典型断面高、中、低水水位流量关系的变化情况,据此分析河道泄流能力。

(1)河道断面变化分析

为分析汉江中下游河床的形态变化,自上而下选取黄家港、皇庄、仙桃站1983—2021年的典型洪水年大断面数据,分析历年大断面的变化,并与2021年冲淤情况进行对比。从总体看来,黄家港、皇庄、仙桃站大断面形态总体上均未发生明显变化,河床冲淤以主河槽为主。

1)黄家港站

黄家港站位于丹江口坝下6.19km,集水面积95217km²。黄家港站来水完全受水库调节、电站运行制约,上游2km有羊皮滩,长约4km,高水时河面宽阔;上游200m有汉江公路大桥。

黄家港站断面无堤防控制,历年实测最高水位96.45m(1964年10月5日),历年实测最大流量27500m³/s(1958年7月7日),水位涨至92.1m时河道(相应流量6000m³/s左右)左岸滩地将发生漫滩现象。黄家港站典型年各级水位下大断面面积见表1.2-7。

表 1.2-7　　　　　　　　　　黄家港站典型年各级水位下大断面面积

水位/m	不同典型年下大断面面积/m²					1983—2021 年变化率/%
	1983 年 10 月	2005 年 11 月	2011 年 10 月	2017 年 11 月	2021 年 12 月	
96.45	7200	6932	7385	6970	7131	-1.0
92.00	4589	4385	4932	4858	5006	9.0
87.00	2215	1994	2602	2595	2776	25.0
82.00	657	560	759	793	839	28.0
80.00	294	215	333	330	319	8.5

黄家港站历年大断面见图 1.2-3。左侧河床冲淤变化频繁，尤其 2021 年冲刷幅度较大，而主河槽及右侧河床相对稳定。与 1983 年比较，2021 年 92m 高程以下断面面积增加 9%，表明总体呈现冲刷。

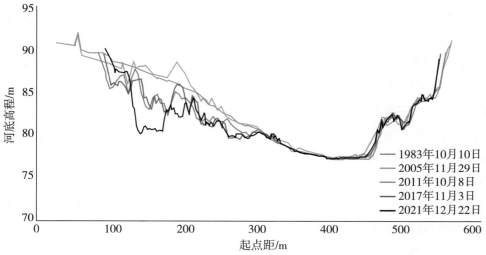

图 1.2-3　黄家港站历年大断面

2）皇庄站

皇庄站于 1973 年 4 月由碾盘山下迁 18km，并改名为皇庄站。皇庄站测验河段顺直，上、下游各有一大弯道，断面上游 2.3km 右岸有浰河汇入，左岸上游 4km 处有直河汇入，下游有兴隆水利枢纽。低水断面主泓靠左，河流两岸均有沙滩，左岸沙滩宽约 60m，右岸滩地宽约 900m。中高水断面主泓靠右，左、右岸滩地约 130m、700m，水位在 48m 左右时漫滩（流量 15000m³/s 左右）。皇庄站警戒水位 48m（相应流量 10000～16000m³/s），保证水位 50.62m（流量 26000m³/s），堤顶高程 52.0m。皇庄站各级水位下大断面面积见表 1.2-8。

皇庄站历年大断面图 1.2-4。皇庄断面左右两岸受堤防限制，左岸河床基本稳定，近右岸滩地略有冲刷，冲淤变化不大。1983—2005 年断面主河槽发生大幅度冲刷，深泓最大冲刷水深达 3.24m，保证水位以下断面面积增大 765m²；2005—2017 年断面深泓点又回淤抬高

2.33m,但总体过流面积变化不大,断面基本冲淤平衡。2017—2021年断面主河槽深泓淤积抬高1.84m,而右侧主河槽受到较大范围冲刷,导致主泓相较于2017年右偏约62m,但总体过流面积变化不大。

表1.2-8　　　　　　　　　　　皇庄站各级水位下大断面面积

水位/m	不同典型年下大断面面积/m²					1983—2021年变化率/%
	1983年12月	2005年11月	2011年11月	2017年11月	2021年12月	
50.62	9385	10149	10075	10153	10191	9
48.02	5965	6507	6434	6509	6751	13
43.02	2639	2939	2930	2985	3107	18
41.22	1833	2128	2121	2188	2252	23

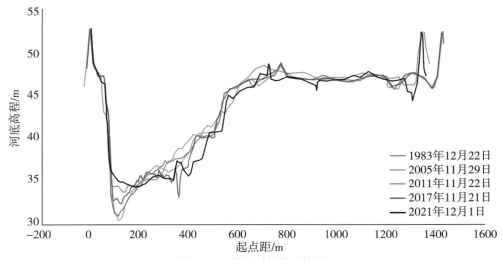

图1.2-4　皇庄站历年大断面

3)仙桃站

仙桃测验河段上下游有弯道控制,顺直段长约1km,基本水尺断面设在顺直段下部。河槽形态呈不规则的"W"形,右岸为深槽,左岸中低水有浅滩,中高水主槽宽为300～350m,且峰顶附近及杜家台分洪期右岸有回流。河床为沙质,冲淤变化较大,且无规律。两岸堤防均由砌石护岸,主流低水偏右,中水逐渐左移,高水时基本居中。断面上游1350m处有汉江仙桃大桥;下游4km右岸有杜家台分洪闸。仙桃水文站警戒水位35.10m,保证水位36.20m,堤顶高程37.50m,历年最高水位36.24m(1984年9月20日),历年最大流量14600m³/s(1964年10月9日)。仙桃站安全泄量视汉口站水位高低在5250～11300m³/s变化。仙桃站各级水位下断面面积见表1.2-9。

仙桃站历年大断面见图1.2-5。仙桃站大断面左右两岸受堤防限制,两岸岸坡基本稳定,冲淤变化不大。主河槽部分,底部中泓位置相对较稳定,1983—2021年其左右摆动在

15m 范围内,冲淤幅度也不大,最大冲刷深为 2017 年,相较于 1983 年下切 0.54m。主槽右侧冲刷幅度较大,1983—2017 年最大冲刷水深约 3m,2017—2021 年主槽右侧局部有所淤积。

表 1.2-9　　　　　　　　　　　　　　仙桃站各级水位下断面面积

水位/m	不同典型年下大断面面积/m²					1983—2021 年
	1983 年 12 月	2005 年 11 月	2011 年 11 月	2017 年 11 月	2021 年 12 月	变化率/%
36.20	4545	4539	4562	4764	4626	2
35.10	4125	4121	4144	4347	4209	2
30.00	2507	2511	2543	2741	2603	4
25.00	1044	1062	1112	1337	1218	17

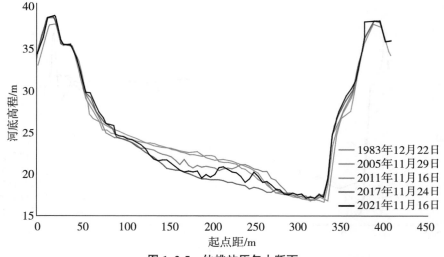

图 1.2-5　仙桃站历年大断面

从总体来看,黄家港、皇庄、仙桃站大断面形态总体上均未发生明显变化,河床冲淤以主河槽为主。

(2)主要站水位流量关系分析

1)黄家港站

黄家港站在一定程度上受到下游王甫洲水利枢纽(2003 年建成)的回水顶托影响。2010 年以后典型洪水水位流量关系轴线有一定摆动。黄家港站典型洪水年水位流量关系见图 1.2-6。由图 1.2-6 可知,水位流量关系轴线左偏最严重为 2017 年;1983 年、2003 年、2005 年水位流量关系轴线与多年综合线基本一致;2010 年、2011 年、2021 年水位流量关系轴线居中。与近 10 年水位流量关系轴线比较,2017 年黄家港水位流量轴线偏离程度:低水(水位 90m 以下)时,同水位下 2017 年流量偏小约 700m³/s;中水(水位 90~93m)时,同水位下 2017 年、2021 年流量偏小约 800m³/s;高水(水位 93m 以上)时,同水位下 2017 年、2021

年流量偏小约 2000m³/s。

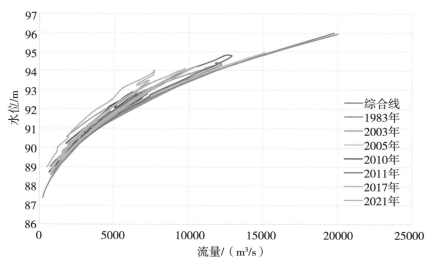

图 1.2-6　黄家港站典型洪水年水位流量关系

2）皇庄站

皇庄站是汉江中游来水控制站,受到河段局部工程、河床冲淤等多重因素的影响,水位流量关系不断进行调整。汉江皇庄—泽口河段沙洲较多,变化频繁,河床深浅不一,主泓经常摆动,因此水位流量关系轴线变动范围大。皇庄站水位流量关系受洪水涨落影响显著,同时伴有断面冲淤影响,高水左冲右淤,汛期前后冲淤变化幅度可达 1m 以上,但中高水的影响常被流速变化所补偿。根据皇庄站典型洪水年实测水位流量资料,点绘皇庄站历年水位流量关系,分不同水位级进行分析,见图 1.2-7。

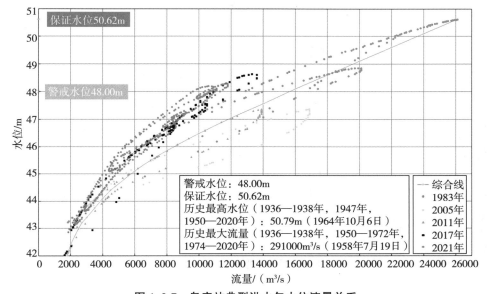

图 1.2-7　皇庄站典型洪水年水位流量关系

从图 1.2-7 中历年中轴线来看,皇庄站水位流量关系各年中轴线上下摆动,变幅较大。中高水时,2021 年洪水水位流量关系线位于历年关系线的上包线,2005 年洪水水位流量关系线位于历年关系线的下包线;低水 44m 以下时,同水位下流量变化不大,1983 年水位流量关系中轴线位于历年上包线,2017 年位于下包线。

2021 年水位流量关系中轴线较历年关系线左偏。其中,低水位 44m 以下同水位下流量变化不明显,较 2005 年、1983 年偏大 200～500m³/s,较 2011 年、2017 年偏小约 300m³/s;中高水 45～48m 同水位下流量较 1983 年、2005 年、2011 年偏小 2200～8000m³/s。与 2017 年相比,在 45m 水位以下流量偏小 900m³/s,47m 水位以上流量偏小约 500m³/s。

综合来看,近年来皇庄站水位流量关系在中高水存在顶托作用,且 49m 水位以上高洪水位流量关系走势可能仍继续左偏,在实时调度中应给予关注。

3)仙桃站

根据仙桃站 1983 年、2005 年、2011 年、2017 年、2021 年实测水位流量资料,点绘仙桃站历年水位流量关系(图 1.2-8),分不同水位级进行分析,探明仙桃河段泄流能力变化情况,以及水位流量关系在涨水段及落水段特征。

比较各典型洪水年水位流量关系曲线可以看出,仙桃水位在 35m 以下时,1983 年、2005 年 8 月、2021 年洪水水位流量关系中轴线变化不大,2005 年 10 月、2011 年、2017 年洪水水位流量关系中轴线稍有右偏。

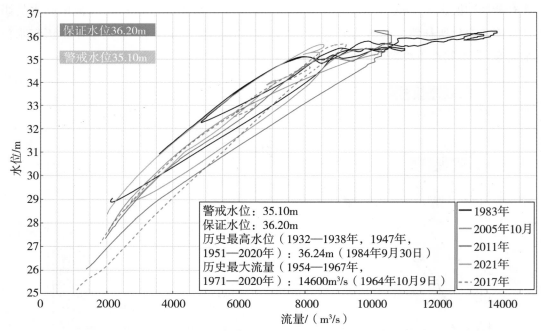

图 1.2-8 仙桃站典型洪水年水位流量关系

2021 年洪水过程水位流量关系为逆时针绳套曲线,9 月洪水关系线基本外包于 8 月洪水,轴线与 2005 年 8 月、1983 年接近,较 2005 年 10 月、2011 年、2017 年左偏,涨水段与 2011 年、2017 年落水段关系线接近。涨水段水位 31～35m 时,流量较 1983 年偏小 500～800m³/s;较 2005 年 10 月偏小 500～1000m³/s,较 2011 年偏小 1200～2000m³/s,较 2017 年偏小 500～1200m³/s。

　　仙桃站水位流量关系又与汉口站水位顶托有关系,对汉口站不同水位级下的仙桃站水位流量关系分别定线,并根据汉口站不同水位级下的仙桃站水位流量关系线间关系和变化趋势进行调整综合。据历年实测资料,汉口站顶托水位为 22～29m。汉江仙桃站水位流量关系成果见图 1.2-9 和表 1.2-10。

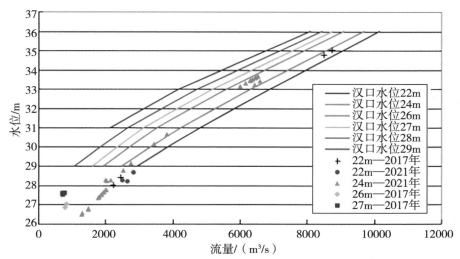

图 1.2-9　汉江仙桃站水位流量关系(以汉口站水位为参数)

表 1.2-10　　　　　　　仙桃站水位流量关系(以汉口站水位为参数)　　　　　　(单位:m³/s)

仙桃站水位/m	汉口站水位/m					
	22	24	26	27	28	29
29	2960	2500	1960	1620	1090	
31	4830	4260	3550	3140	2680	2160
33	6910	6340	5620	5200	4750	4200
35	9070	8570	7910	7560	7200	6800
36	10160	9700	9100	8760	8450	8100

注:水位为冻结基面以上高程。

　　由 2017 年、2021 年实测水位流量数据对关系线进行复核,由图 1.2-9 可以看出:汉口站水位 24m 时仙桃站水位流量关系在中高水位以上略有左偏,其他点据偏离原关系线幅度不大。

　　由水位流量关系分析来看,皇庄站中高水区间(水位 45～48m)水位流量关系有所左偏,泄流能力有所减小;仙桃站水位流量关系总体变化不大。

（3）河道泄流能力

结合主要控制断面形态和水位流量关系变化分析，现状条件下汉江中下游各河段泄流能力见表1.2-11。

表 1.2-11 汉江中下游河道泄流能力 （单位：m^3/s）

河段名称	控制点	条件	河段最大允许泄量
丹江口坝下—宜城	黄家港站	河道下泄	20000～22000
	襄阳站	河道下泄	27000～28300
皇庄—沙洋	皇庄站	分蓄洪民垸分洪＋河道下泄	27000～30000
沙洋—泽口	沙洋站	河道下泄	18400～19400
泽口—仙桃	仙桃站	杜家台闸前分洪 5300m^3/s	11000～15000
杜家台闸以下干流	汉川站	河道下泄	5250～9150
东荆河	陶朱埠站	兴隆坝址 18400m^3/s、王小垸和天星洲外垸等阻水围垸扒口行洪	4000～4250（不扒口 3000）

1.3 防洪非工程措施体系

目前，汉江流域防汛抗旱应急预案、山洪灾害监测预警、防汛水情信息、防汛指挥、大坝安全监测等防洪非工程措施能力明显增强。

1.3.1 监测预报体系

1.3.1.1 水文监测体系

汉江流域基本建成了集卫星、雷达、气象站、水文报汛站、工程专用站等空天地于一体的流域全覆盖雨水情立体监测体系。长江委在汉江流域收集报汛站点共计 2955 个。其中，水文、水位站 330 个；水库监测站 231 个；雨量站点 2361 个；堰闸、墒情及泵站 33 个。同时，上述站点中具备蒸发观测的有 3 个。按测站信息管理单位统计，长江委 80 个、湖北水文 610 个、河南水文 225 个、四川水文 1 个、重庆水文 18 个、陕西水文 211 个、湖北省气象局 1805 个、汉江集团公司 5 个。汉江流域水系及站网分布见图 1.3-1。

汉江流域各省（直辖市）水文部门及汉江集团公司的水情信息传输主要采用基于数据库的水情信息实时交换模式，利用水利专网进行信息的实时传输；部分水库管理部门的信息，依托长江流域水库群信息共享平台项目，建立专线，实现信息共享；湖北省气象局通过同城 100M 地面光纤专线，实现气象与长江委水文部门汉江流域雨量观测数据共享。信息的实时共享基本实现了汉江流域各站水情报汛 20 分钟内到达长江委、30 分钟到达水利部，为各级防汛指挥部门提供了有力的信息支撑。

比例尺：1：710000

图1.3-1 汉江流域水系及站网分布

图例
· 雨量站
· 水位站
· 水库站
· 水文站
—— 引江济渭
—— 引江补汉
—— 鄂北调水
—— 引丹干渠
湖泊水库
—— 南水北调中线总干渠
水系
—— 省级行政区划

1.3.1.2 洪水预报体系

为了延长预见期、提高洪水预报精度,经过长期的实践探索,逐步形成短、中、长期相结合,水文气象相结合的洪水预报技术路线。通过水文气象耦合,短、中、长期嵌套,构建了以重要水库、防洪对象及干支流控制断面为节点,满足各类对象防洪目标及需求的汉江流域预报体系,基本实现了汉江流域主要干支流重要断面的洪水预报全覆盖。

（1）降水预报

汉江流域降水预报目前采用的是短中期、延伸期和长期预报相结合的预报方法,其中,短中期降水预报对象为流域 5 个分区(图 1.3-2)未来 7 天的逐 24 小时定量面雨量预报,同时根据水文预报需求可提供加密分区逐 6 小时定量面雨滚动预报;延伸期降水预报对象为汉江上游、汉江中下游 2 个分区 8～30 天的降水过程预报,主要是对未来强降水过程进行预判;长期降水预报是对未来一个月至一年的降水趋势(流域降水相对于多年平均态偏多、偏少的趋势)进行预测,根据预测时间长短可分为年度、季节、月降水趋势预测。

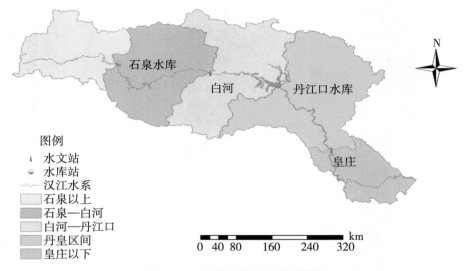

图 1.3-2 汉江流域降水分区预报

短中期定量降水预报主要基于数值模式预报。其中,24～48 小时的预报还结合天气学方法、遥感资料进行融合订正;48 小时以外随着预见期的延长,则主要依赖于全球确定性和集合数值模式系统,包括中国自主研发的 GRAPES、欧洲中期天气预报中心全球模式(EC-MWF)、美国国家环境预报中心(NCEP)的全球预报系统(GFS)和中尺度天气预报模式(WRF)、日本全球模式等。目前,短期 1～3 天的定量面雨量预报精度较高,可直接用于水文预报;4～7 天的降水过程预报较准确,可以为水文预报提供更长的预见期。短中期降水预报流程见图 1.3-3。

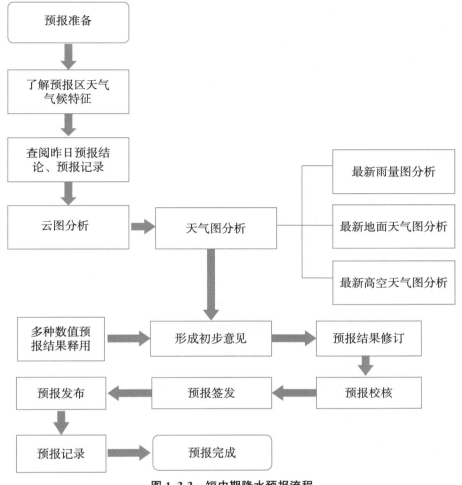

图 1.3-3 短中期降水预报流程

延伸期预报(一般为 10～30 天)作为现有中期预报的延伸,衔接了现有天气预报(≤10 天)和气候预测(≥30 天)之间的时间缝隙。随着研究和实践的深入,针对汉江流域延伸期的降水预报,长江委水文局基于对月尺度集合数值预报模式的释用,开展了延伸期面雨量过程预报(8～30 天)试验,目前已纳入长江防汛会商平台供决策参考。虽然该产品定量化预报精度仍然比较低,但其对降水趋势和强降水过程的把握有一定的意义。

长期降水预报主要指月、季、年时间尺度的预测。长江委水文局开展了汉江流域汛期旱涝趋势以及丹江口水库安全蓄水的各关键期(蓄水期、供水期、消落期、汛期)趋势预测,目前使用的方法主要包括:基于数值模式及解释应用方法中的动力与统计相结合的预测方法、多模式解释应用方法等多种定量预测结果集成方法;基于物理统计预测方法中的气候特征相似合成、要素变化趋势分析、相关分析、聚类分析、小波分析等多种方法。另外,引进了区域气候模式 RegCM4,针对汉江流域月、季时间尺度的降水量进行预测应用。目前,我国长期天气预报水平还不能满足国民经济发展的需要。随着气象科学理论及应用水平不断发展、进步,长期预报水平将会得到进一步提高。

(2)洪水预报

汉江流域面积大、支流众多,又受地形影响,降水和产流很不均匀,汇流过程也极为复杂,因此预报方案采用分区产流、汇流的方法。现阶段,丹江口水库坝址以上流域划分为 32 个单元,具有控制站的产流方案均采用降雨径流经验相关图法和经验单位线法。对于无控单元,产流借用各自单元内的小支流代表站的降雨径流相关图,汇流方法采用综合单位线。经各单元产汇流计算的出流过程,按其汇入干流的位置,采用马斯京根分段连续演算法或合成流量演算,逐段演算至丹江口水库入库点,合成后得到入库流量过程。

汉江丹江口水库以上入汇的较大支流左岸有褒河、旬河、夹河、丹江;右岸有任河、堵河。依据丹江口上游主要控制站(水库)、流域自然地理特征、降水、洪水特性及预报预见期需求等,将干流武侯镇—丹江口划分为 8 个区间,堵河位于潘口—黄龙滩,主要支流降雨径流方案以各支流控制站为节点划分为 18 个闭合流域,可基本控制汉江丹江口以上流域洪水的沿程变化规律。丹江口以上流域洪水预报方案配置,采用降雨径流模型(API 模型)、河道汇流(马斯京根法、合成流量法、汇流系数法、上下游相关法)、水库调洪演算方案,水位流量关系转换方案等。总计配置降雨径流模型 30 套,河道汇流模型 13 套,静库容调洪演算模型 6 套,合计 32 个分区 49 套方案。汉江丹江口以上洪水预报方案体系见图 1.3-4。

汉江丹江口—皇庄(以下简称"丹皇区间")入汇的主要支流左岸有唐白河,右岸有南河和蛮河,干流主要控制站有黄家港、襄阳、余家湖(崔家营下游)、皇庄,主要支流控制站(水库)包括北河、开峰峪、谷城、清河店、鸭河口、南阳、急滩、新店铺、唐河、郭滩、琚湾,上述站基本控制丹皇区间干支流来水过程。根据汉江丹皇区间洪水预报方案配置,采用降雨径流模型(API 模型、新安江模型)、河道汇流(马斯京根法、合成流量法、汇流系数法、上下游相关法)、水库调洪演算方案,水位流量关系转换方案等。总计配置降雨径流模型 14 套,河道汇流(相关图)模型 8 套,静库容调洪演算模型 2 套,合计 16 个分区 24 套方案。汉江丹皇区间洪水预报方案体系见图 1.3-5。

汉江皇庄以下洪水演进预报主要采用相关图方法。

综上,基于水文—水动力学耦合、自动校正和专家交互的预报调度一体化模型,以流域大型水库、重要水文站、防汛节点等为关键控制断面,已构建基本覆盖汉江中下游干流的预报体系。汉江中下游 1~3 天预见期的预报具有较高的精度,短、中、长期相结合,气象水文相结合,水情监测预报基本满足防洪需求。

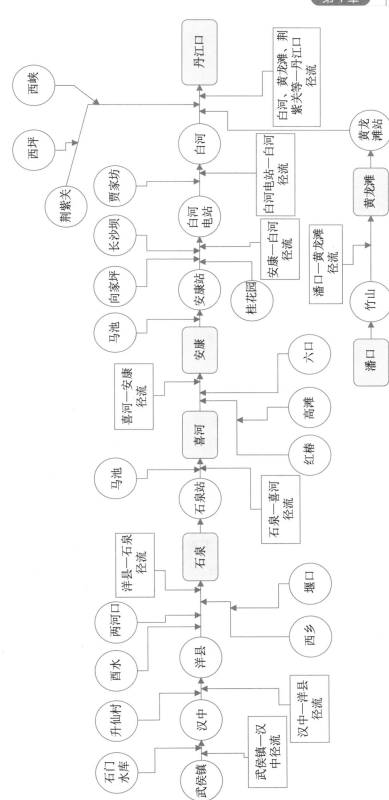

图1.3-4　汉江丹江口以上洪水预报方案体系

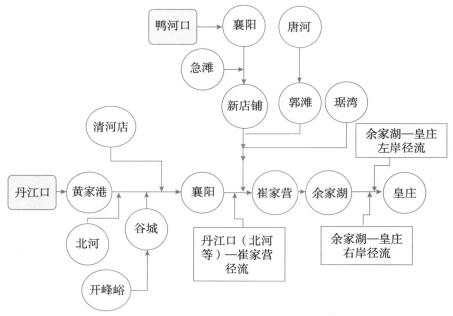

图 1.3-5 汉江丹皇区间洪水预报方案体系

1.3.2 汉江洪水防御方案体系

目前汉江流域初步形成了较为完整的方案预案体系,编制了《汉江洪水与水量调度方案》《丹江口水库优化调度方案(2020 年度)》《丹江口水库优化调度方案(2021 年度)》等;石泉、安康、丹江口、潘口、黄龙滩、三里坪、鸭河口等水库纳入了水利部批复的长江流域水工程联合调度计划;每年防汛主管部门按照有关规定批复各控制性水库汛期调度运用计划。

1.3.2.1 汉江洪水与水量调度方案

《汉江洪水与水量调度方案》主要包括汉江工程体系、设计洪水、洪水调度、水量调度、应急调度、调度权限、信息报送和共享、附则等部分,统筹考虑了上游与下游、汛期与非汛期、洪水与水量以及各类工程的调度运用,提出了总体宏观的联合运用原则。

(1)洪水调度目标

上游发生设计标准内洪水时,确保沿江城市、重要水库、重要乡镇的防洪安全;中下游发生设计标准内洪水时,确保重要水库、重点堤防、重要城市和地区的防洪安全。遇设计标准以上洪水或特殊情况,应采取非常措施,保证汉江遥堤、重要城市和地区的防洪安全,最大限度地减轻洪灾损失。

(2)水量调度目标

通过水量科学调度,保障流域内生活、生产、生态用水安全和南水北调中线一期工程等引调水工程供水安全,实现汉江流域水资源高效、可持续利用。

（3）洪水调度

洪水调度包括水库调度、河道及蓄滞洪区调度。

①丹江口水库的防洪调度任务是：在确保枢纽工程安全的前提下，与汉江中下游堤防、蓄滞洪区、分蓄洪民垸等联合运用，满足汉江中下游防洪要求；必要时分担长江中下游干流防洪压力。丹江口水库按照预报预泄、补偿调节、分级控泄的原则实施防洪调度，并按夏、秋汛期洪水特性分别控制下泄流量。

丹江口水库的预报预泄方式：当库水位在防洪限制水位附近或之上时，根据预报总入流判别，如果未来 1～2 天皇庄（碾盘山）流量夏汛期不小于 6000m^3/s，秋汛期不小于 10000m^3/s，且汉江上游发生较大洪水，则启动水库预泄。当汉江上游洪水已经形成，且预报丹江口入库将达到或超过 10 年一遇洪水（夏汛期洪峰流量 38600m^3/s、秋汛期洪峰流量 26800m^3/s）时，水库按照分级补偿调节的方式运行；当实际来水较预报偏小较多或水库水位低于防洪限制水位 1.0m 且入库流量已经转退时，停止预泄。

丹江口水库的分级补偿调节方式：根据丹江口水库预报入库洪水或皇庄（碾盘山）预报总入流对应的皇庄（碾盘山）控制泄量，通过分级补偿调节，确定水库下泄流量。a. 当丹江口水库预报入库洪水不超过 10 年一遇洪水，或皇庄预报总入流量在夏汛期不超过 42100m^3/s、秋汛期不超过 30100m^3/s，控制皇庄流量夏汛期和秋汛期分别不超过允许泄量 11000m^3/s、12000m^3/s，夏汛期和秋汛期水库调洪最高水位分别不超过 167.00m、168.60m。b. 当丹江口水库预报入库洪水大于 10 年一遇、不超过 20 年一遇洪水，或皇庄预报总入流量夏汛期为 42100～49100m^3/s、秋汛期为 30100～36100m^3/s，控制皇庄流量夏汛期和秋汛期分别不超过允许泄量 16000m^3/s、17000m^3/s，夏汛期和秋汛期水库调洪最高水位均不超过正常蓄水位 170.00m。c. 当丹江口水库预报入库洪水大于 20 年一遇、不超过 1935 年同大洪水或秋汛期 100 年一遇洪水，或皇庄预报总入流量夏汛期为 49100～74000m^3/s、秋汛期为 36100～49600m^3/s，控制皇庄流量夏汛期和秋汛期分别不超过允许泄量 20000m^3/s、21000m^3/s，夏汛期和秋汛期水库调洪最高水位均不超过防洪高水位 171.70m。d. 当丹江口水库预报入库洪水大于夏汛期 1935 年同大洪水或秋汛期 100 年一遇洪水，停止分级补偿调节，转为保证枢纽自身防洪安全调度；当预报入库洪水在夏汛期小于 81500m^3/s、秋汛期小于 61600m^3/s，控制水库下泄流量不超过 30000m^3/s，夏汛期和秋汛期水库调洪最高水位均不超过 172.20m。e. 当丹江口水库预报入库洪水大于 1000 年一遇直至等于 10000 年一遇加大 20%洪水时，电站停机，并根据预报及水库水位上涨趋势，逐级加大泄量直至泄洪设施全开，以保证大坝防洪安全。f. 当丹江口水库预报入库洪水大于 10000 年一遇加大 20%洪水时，应采取一切保坝措施，以最大泄流能力宣泄洪水，保障大坝安全。

②根据流域防洪需要，汉江干支流石泉、安康、潘口、黄龙滩、三里坪、鸭河口等水库在保障自身防洪任务及枢纽工程安全的前提下，与丹江口水库联合调度，减轻汉江中下游防洪压力。

③对于设计标准内洪水,充分利用河道下泄洪水;在兴隆航电枢纽坝址流量达到18400m³/s并预报将继续上涨时,相机运用该河段小江湖、邓家湖等分蓄洪民垸,控制河段水位不超过防洪控制水位;在考虑东荆河分流和干流充分下泄的情况下,当杜家台闸前水位达到35.12m并预报继续上涨,或预报汉川站水位将超过保证水位时,运用杜家台蓄滞洪区分蓄洪水,以控制汉江干流杜家台以下河段不超过安全泄量。对于设计标准以上洪水,充分利用丹江口等水库联合调度拦蓄洪水,视实时水情、工情,适当抬高堤防运用水位,加强工程巡查、防守、抢险,并采取必要措施,保障重要保护对象防洪安全;必要时,根据水情、工情,相机运用皇庄—沙洋河段14个分蓄洪民垸、彻底扒毁东荆河阻水围垸、充分运用杜家台蓄滞洪区、另辟分洪出路等措施控制河段水位,尽最大可能减少洪灾损失。

(4)水量调度

水量调度目标是通过水量科学调度,保障流域内生活、生产、生态用水安全和南水北调中线一期工程等引调水工程供水安全,实现汉江流域水资源高效、可持续利用。水量调度包括河道、引调水工程、水库调度。

①汉江干流和重要支流主要断面的下泄流量应当满足规定的最小下泄流量控制指标要求。

②南水北调中线一期工程根据批复的《南水北调中线一期工程水量调度方案》及年度水量调度计划调度。引江济汉工程补水目标是保证仙桃断面流量11月至次年3月不小于500m³/s、5—9月不小于800m³/s、4月和10月不小于600m³/s。其他引调水工程根据有关规定引调水。

③丹江口水库按预报来水及库水位,在确保枢纽工程安全的前提下,以满足汉江中下游、清泉沟和南水北调中线一期工程供水为目标,按水利部批准的年度水量调度计划,以供水调度线划分不同供水调度区进行分区调度。石泉、安康、潘口、黄龙滩、鸭河口等水库一般按照各自的发电调度图和调度规则进行调度。

(5)应急调度

当发生干旱、水库可供水量不足,发生工程安全事故、导致工程供水能力降低或中断运行,发生水污染或水生态破坏事故,发生船舶大面积搁浅、沉船事故等其他事故,需要启动水量应急调度时,应视事故严重程度、事故发生地点和水库调节能力,采用适当调整丹江口等控制性水库下泄流量,必要时适时启动或加大引江济汉工程向汉江干流补水流量,利用当地具备条件的水源临时供水等应急措施,减少事故影响。

1.3.2.2　2021年长江流域水工程联合调度运用计划

为统筹协调防洪、供水、生态、发电、航运等方面的关系,保障防洪安全、供水安全、生态安全,充分发挥水工程在流域水旱灾害防御、水生态环境保护与修复中的作用,促进包括汉江流域在内的长江大保护,推动长江经济带高质量发展,根据工作安排,水利部组织长江委编制了《2021年长江流域水工程联合调度运用计划》并予以批复。内容包括:纳入联合调度范围的水工程、调度原则与目标、联合调度方案、各水库调度方式、河道湖泊及蓄滞洪区运用方式、排涝泵站调度运用方式、引调水工程调度方式、调度权限、信息报送及共享、附则等。

其中,汉江流域纳入 2021 年度联合调度范围的水库主要包括石泉、安康、丹江口、潘口、黄龙滩、三里坪、鸭河口水库。明确汉江上游的防洪任务是提高石泉、安康及沿江城镇的防洪能力,主要由石泉、安康水库承担。汉江中下游的防洪任务是防御 1935 年同大洪水(相当于 100 年一遇),主要由丹江口水库承担,安康、潘口、三里坪、鸭河口等其他干支流水库以及杜家台蓄滞洪区和中下游部分民垸配合运用。遇夏汛 1935 年同大洪水时,通过丹江口水库拦蓄,控制皇庄站洪峰流量不超过 20000m³/s;遇秋汛 100 年一遇洪水时,控制皇庄站洪峰流量不超过 21000m³/s。

根据洪水地区组成和量级,汉江流域水工程适度分担武汉河段防洪任务。当汉口站水位较高且汉江洪水不大时,根据长江和汉江的汛情及水文气象预报,丹江口在保障枢纽及汉江中下游防洪安全的前提下,可适当分担长江干流防洪压力;当汉口站水位达到 29.5m,并预报继续上涨时,若汉江来水较大,则在丹江口水库充分运用的条件下,开启汉江下游杜家台分洪闸分洪;若汉江来水不大,则首先运用黄陵矶闸分长江洪水入杜家台蓄滞洪区;若分洪量不足,则视情况采取扩大分洪量的措施。

1.3.2.3   丹江口水库优化调度方案(2020、2021 年度)

根据水利部的统一部署,在丹江水利枢纽大坝加高初步设计报告、《丹江口水利枢纽调度规程(试行)》的基础上,自 2019 年底起,结合近年的调度运行实践,长江委重点围绕完善水文预报方案、优化汛期水位控制方式、挖掘流域水库群联合调度潜力等方面,开展了丹江口水利枢纽优化调度方案研究和编制工作,编制的《丹江口水库优化调度方案(2020 年度)》和《丹江口水库优化调度方案(2021 年度)》分别于 2020 年 5 月和 2021 年 6 月获得水利部的批复,为成功应对 2021 年汉江流域罕见秋汛和丹江口水利枢纽首次 170m 蓄水作出了重要贡献。

(1)丹江口水库优化调度方案(2020 年度)

1)汛前水位消落方面

结合批复的年度南水北调中线供水计划、前期来水情况及后期来水预测,滚动拟定 2020 年汛前水位消落至 159.0～159.5m。

2)汛期运行水位浮动方面

汛期当安康水库水位在防洪限制水位以下、汉口站水位在 25m 以下,且预报 3 天内丹江口水库以上地区及丹皇区间没有中等及以上强度降雨,不会发生较大洪水过程时,丹江口水库水位夏汛期可按不超过 161.5m、秋汛期可按不超过 165.0m 运行。当丹江口水库按照批复的计划正常供水调度且短中期(7 天以内)预报入库流量将超过 2000m³/s 时,丹江口水库可以通过加大供水预降水位,预降幅度不超过防洪限制水位以下 1.0m。夏秋汛过渡期间,根据实时及预报雨水情控制库水位抬升进程,按不超过 163.5m 控制。根据气象水文预报,丹江口水库以上9月下旬不发生中等强度以上降雨和较大洪水过程时,可编制提前蓄水计划,经批准后实施。

3)供水调度方面

在丹江口蓄水量和来水量偏多且按计划供水可能会产生弃水的情况下,可适当增加供水。具体实施时,向陶岔渠首可按需供水,多余水量向清泉沟渠首和汉江中下游供水。

4)生态调度方面

增加了相机向华北地区实施生态补水和抑制王甫洲库区水草生长、汉江中下游水华及促进鱼类繁殖等生态调度的内容。

(2)丹江口水库优化调度方案(2021年度)

1)汛初控制水位方面

在规定丹江口水利枢纽夏汛期初6月20日控制水位不高于防洪限制水位160m的前提下,若预报来水偏丰,汛初控制水位可适当降低,但不低于南水北调中线一期工程年度水量调度计划水位。

2)汛期运行水位方面

考虑到汉江流域秋汛期暴雨主要为锋面雨,暴雨过程相对稳定、强度较夏汛期较小;同时洪水主要来自汉江上游白河以上,汉江中下游泄流条件较好,因此在复核汛期水位上浮运用对库区防洪安全影响的基础上,在满足一定条件、防洪风险可控的前提下,秋汛期运行水位可在2020年度方案上浮1.5m的基础上,继续上浮不超过0.5m。

3)防洪调度方式方面

增加了丹江口水利枢纽调洪蓄水后,在洪水退水过程中的水位控制方式;增加了当丹江口水利枢纽和汉江中下游防洪形势紧张时,汉江上游安康、潘口等控制性水库在保证自身及本流域防洪安全的前提下,适时配合丹江口水利枢纽拦洪削峰的方式。

4)应急水量调度方面

明确了在水情、工情特别紧急并危及枢纽工程安全的情况下,丹江口水利枢纽管理局作出应急调度决策并进行先期处理,以确保枢纽工程安全,并尽快上报主管部门。

1.3.2.4 丹江口水库2021年汛末提前蓄水计划

2021年9月,长江委以长水调〔2021〕503号文批复了《丹江口水库2021年汛末提前蓄水计划》,要求:

一是当预报未来3~7天丹江口水库以上地区不发生中等及以上强度降雨时,丹江口水库9月下旬可承接前期防洪调度的调洪水位开始逐步蓄水,9月末水位可按169m左右控制,10月1日之后根据雨水情及其预报逐步抬升水位至170m。蓄水期间,根据实时和预报雨水情、枢纽状况和上下游防汛形势,适时调整出库流量,合理控制蓄水进程。

二是在蓄水过程中,当预报未来3~7天丹江口水库以上地区及丹皇区间将发生中等及以上强度降雨、可能发生较大洪水过程时,水库应暂停蓄水,必要时实施预报预泄调度,降低库水位。

三是蓄水期间,丹江口水利枢纽管理局要密切关注雨水情变化,切实做好监测预报预警和信息共享相关工作,加强与地方政府及相关部门和单位的沟通联系,加强枢纽工程安全监测和巡查值守,强化工程设施运行维护,配合地方政府做好库区安全监测和库岸巡查防守,确保工程运行及库区人员安全。

1.3.2.5　各控制性水库汛期调度运用计划

汉江流域纳入联合调度的各控制性水库汛期调度运用计划均于汛前编制审批完成,其中,丹江口(含王甫洲)、潘口水库汛期调度运用计划由长江委批复;黄龙滩、三里坪水库汛期调度运用计划由湖北省水利厅批复(2019 年批复,有效期 2019—2023 年);石泉、安康水库汛期调度运用计划由陕西省防指批复;鸭河口水库汛期调度运用计划由河南省水利厅批复。

1.3.3　信息化系统建设

(1)长江防洪预报调度系统

长江防洪预报调度系统旨在结合长江流域洪水预报调度相关研究成果,利用现有水文气象预报技术手段,建设调度规则库和预报调度模型库,研究基于流域地图的信息融合展示与实时检索分析技术,以及适应多阻断条件下的水文气象耦合和预报调度一体化技术,实现历史洪水、实时雨水情、工情数据、预报成果、实时调度方案等多元信息的融合展示与检索分析,并实现基于河流水系拓扑结构的预报调度一体化计算、来水量快速匡算以及实时调度方案生成,提高了预报及调度方案制作的时效性、准确性、便捷性,提升了预报预警和水工程联合调度的能力,为防汛会商提供可靠的决策支持。该系统先后被列入《2021 年度水利先进实用技术重点推广指导目录》《2021 年度成熟适用水利科技成果推广清单》。长江防洪预报调度系统界面见图 1.3-6。

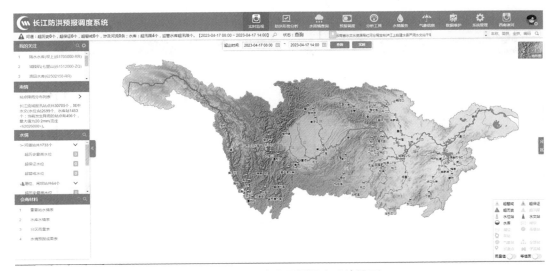

图 1.3-6　长江防洪预报调度系统界面

(2)汉江集团公司水库调度信息化平台体系

近年来,汉江集团公司水库调度中心按照集团公司网络安全信息化的决策部署和工作要求,大力推进水调信息化建设工作。已经建成的业务信息系统主要有丹江口水库水文监测网络及调度系统、丹江口水库综合信息服务系统、汉江流域智能网格降水预报系统等,全面构建了集团所属水库水电站雨—水—工情监视、气象水文预报、调度计划编制等相关业务管理信息化体系,全面提升了集团水库调度相关信息采集与处理、监视与管理、水务计算、优化控制、经济效益考核与评价等业务能力,并实现了与水利部门、湖北电网等电力调度机构、下级水电厂以及气象、防汛等外系统进行数据交换的功能。汉江集团公司水库调度信息化平台体系相关系统界面见图 1.3-7。

（a）丹江口水库水文监测网络及调度系统

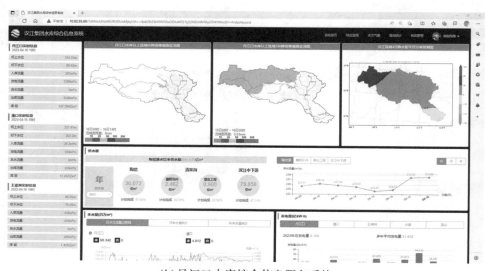

（b）丹江口水库综合信息服务系统

图 1.3-7　汉江集团公司水库调度信息化平台体系相关系统界面

（3）丹江口大坝安全监测信息管理系统

中线水源公司丹江口大坝安全监测信息管理系统建于2018年，系统建设以先进可靠、稳定耐久、实用高效、管理便捷为原则，综合运用卫星遥感、航空摄影、地面激光扫描、地面摄影、实景拍摄、监测仪器及设施三维重建等各项技术和方法采集加工数据，构建丹江口水利枢纽及周边区域三维地形、大坝及附属建筑物的三维实体模型。同时结合物联网、虚拟化、地理信息、空间数据库、移动网络、BIM等信息技术，根据大坝安全监测业务需求，构建安全监测数据资源池，汇集渗流渗压、应力应变、变形监测、环境量等全域监测数据；构建安全监测三维一张图，在宏观上真实再现丹江口大坝及周边环境的三维影像，在中观上真实反映大坝组成、上下游水位、出入库流量、温度、降水量等信息，在微观上准确定位每个断面、测量控制单位（MCU）、监测仪器；构建统一的监测分析平台，建立监测分析模型，全方位服务大坝安全管理。丹江口大坝安全监测信息管理系统界面见图1.3-8。

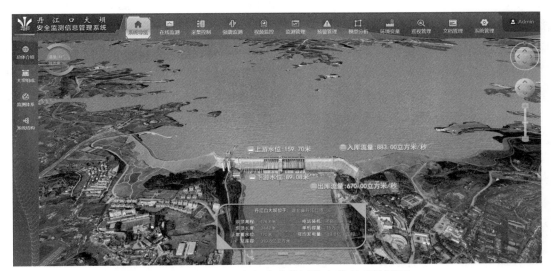

图1.3-8 丹江口大坝安全监测信息管理系统界面

第 2 章 秋季暴雨洪水

2021 年汛期,汉江流域降水总体偏多,秋季发生超 20 年一遇大洪水。8 月下旬至 10 月上旬,汉江流域共发生 9 次强降水过程,上游累计面均雨量 535.6mm,较历史同期偏多 1.7 倍,列 1961 年以来历史同期第 1 位;丹江口水库秋汛入库水量 344.7 亿 m³,较历史同期偏多 3 倍多,为建库以来历史同期第 1 位。8 月下旬至 10 月上旬,丹江口水库连续发生 7 次入库流量超过 10000m³/s 的较大洪水过程,其中 3 次入库洪峰流量超过 20000m³/s,9 月 29 日最大洪峰流量达 24900m³/s(为 2013 年大坝加高以来最大洪峰流量);最大 15 天洪量超秋季 20 年一遇、最大 30 天洪量超全年 20 年一遇。经水库群拦洪削峰错峰,中下游干流主要控制站仍发生超警洪水,各站洪峰水位列有实测记录以来 9 月同期最高水位序列第 5—7 位,累计超警时长 9～26 天。

2.1 气候背景及天气成因

2.1.1 气候及环流背景

在通常情况下,随着季节演变大气环流随之调整,秋季西风带系统逐渐增强,副热带系统逐渐减弱南退。汉江上游地处秦巴山区,是南北气候的过渡带,秋季冷空气沿河西走廊南下,与停滞在该地区的暖湿气流持续交汇,加剧锋面活动形成连阴雨天气。2021 年主汛期长江中下游梅雨不典型,但 8 月下旬至 10 月上旬,长江上游及汉江上游发生明显秋汛,本节主要针对长江上游及汉江上游发生明显秋汛的气候及环流背景进行分析。

(1)前期海温偏冷

国家气候中心监测显示,2020 年 8 月至 2021 年 3 月,赤道中东太平洋地区形成一次中等强度的东部型拉尼娜(La Nina)事件,之后赤道中东太平洋海温短暂回暖,7 月开始海温持续下降,并于 10 月再次进入拉尼娜状态,形成"双峰型"拉尼娜年(图 2.1-1(a))。沃克(Walker)环流秋季 9—10 月表现为海洋性大陆强烈的上升支和印度洋西部、赤道太平洋东部的强烈下沉支(图 2.1-1(b)),显示沃克环流明显增强,呈典型的拉尼娜状态特点,太平洋海温演变是西太平洋副热带高压从夏季中后期开始表现出明显偏北并稳定维持的原因之一。

（a）厄尔尼诺 3.4 区逐候指数

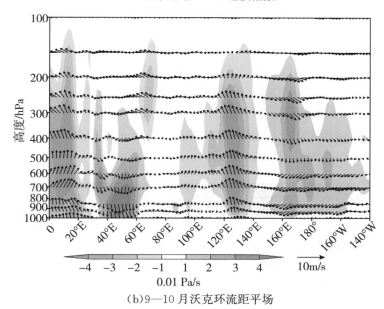

（b）9—10 月沃克环流距平场

图 2.1-1　厄尔尼诺 3.4 区逐候指数及 9—10 月沃克环流距平场（阴影区为垂直速度）

（2）中高层环流形势稳定、冷空气活跃

2021 年秋汛期，200hPa 纬向风距平在 40°～45°N 附近为明显的正距平带，我国华北北部至东北地区为明显的正距平中心，汉江流域处于正距平中心南侧（图 2.1-2），表明高空西风偏强，且于 40°N 附近稳定维持，急流中心位于华北地区，汉江上游处于高空急流南侧的高空辐散区，对应中低层辐合上升，有利于汉江上游降水的产生和维持。

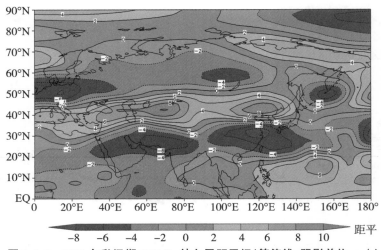

图 2. 1-2　2021 年秋汛期 200hPa 纬向风距平场(等值线、阴影单位:m/s)

　　500hPa 高空距平图上,欧亚中高纬自西北向东南呈"＋ 一 ＋"的典型异常波列分布,乌拉尔山及西西伯利亚为明显正距平,巴尔喀什湖至贝加尔湖以及蒙古国地区是宽广的槽区,为明显的负距平,雅库茨克经我国东北至东部沿海为正距平,双阻型环流形势利于冷空气在"两湖"(巴尔克什湖和贝加尔湖)地区堆积,西北地区多短波槽引导冷空气从西北和蒙古国地区南下影响我国中东部地区,冷空气活动十分频繁。低纬度印度半岛至南亚东部为正距平,说明印缅槽偏弱,配合印缅槽的秋季逐日监测看,印缅槽秋季整体偏弱,9 月偏弱,10 月前期有阶段性增强;西太平洋副热带高压较常年气候态异常偏强偏西,588dagpm 脊线位于长江干流沿线 30°～33°N 附近,较常年偏北约 5°,西伸脊点到达长江中游 100°E 附近,较常年偏西约 30°,副热带高压主体十分稳定,使得冷暖空气长时间交绥于长江上游及汉江上游一带,形成持续时间长、范围广的暴雨(图 2.1-3)。

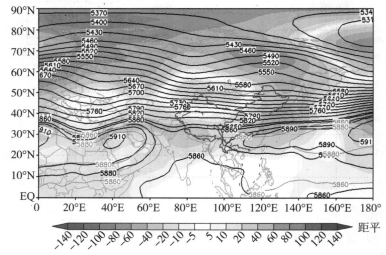

图 2. 1-3　2021 年秋汛期 500hPa 平均位势高度及距平场(单位:gpm)

（3）副热带高压异常强盛、脊线位置稳定

分析2021年秋汛期逐日西太平洋副热带高压的纬度—时间剖面图发现，8月中旬开始110°～130°E范围内西太平洋副热带高压异常强盛，588dagpm平均位于30°～35°N附近，其北界的位置进退与秋汛期降水持续时段有很好的对应关系（图2.1-4）。

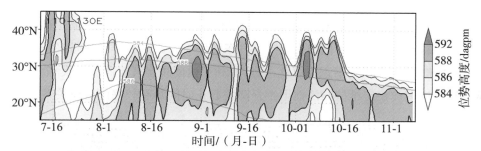

图2.1-4　2021年秋汛期逐日西太平洋副热带高压的纬度—时间剖面

8月下旬，588dagpm线第一次越过30°N，持续到9月上旬末，对应8月28日至9月5日较长时间的持续强降雨，9月中、下旬和10月上旬分别有3次进退过程，与9月15—19日、9月23—28日、10月3—7日三阶段降雨过程时间一致。由此可见，副热带高压强度偏强，脊点偏西、脊线稳定偏北是汉江上游秋汛期出现阶段性持续强降雨的主要原因之一。

（4）水汽输送强盛

从700hPa矢量风距平场看，2021年秋汛期我国东部至日本西部为稳定的反气旋式环流，川渝经华北至东北上空为环流西侧的强盛的西南暖湿气流，携带大量水汽直达川陕至华北地区。同时西北地区至蒙古国为气旋环流，气旋南侧的西风和西北风利于北方冷空气沿河西走廊和高原东部向东传输（图2.1-5(a)）。从地面至300hPa整层积分的水汽输送可见，西北地区东传的干冷空气和川渝至华北的西南暖湿气流在汉江上游至华北东北交汇（图2.1-5(b)），造成北方秋雨的显著偏多，我国东部沿海的反气旋环流与西北地区东部气旋环流的稳定维持为汉江上游秋雨的异常偏多提供了必要的水汽条件。

（5）南海夏季风暴发偏晚

2021年南海夏季风于6月第1候暴发，暴发时间偏晚，季节转换偏晚，夏季风偏强，季节进程偏晚，8月开始，东南亚西南季风及西北太平洋副热带高压西南侧南海一带东南季风均明显偏强，两者在西南东部地区与华南西部地区汇合进入长江上游及汉江上游地区，与来自青藏高原东北侧到华北一带的偏北干气流相遇，形成明显偏强的水汽通量辐合，见图2.1-6。

（6）台风影响偏弱

2021年8月下旬至10月上旬，西北太平洋洋面上及我国附近的沿海地区共生成6个台风。其中，2个台风的移动路径以西行为主，4个台风的移动路径以北上为主。6个台风均未在我国沿海登陆，除14号台风"灿都"的强度较强外，其余台风强度均较弱。由于副热带高压主体偏强,因此,秋汛期间,台风对副热带高压的影响整体偏弱。

综合以上分析,2021年赤道中东太平洋海温在拉尼娜事件结束后再次进入拉尼娜状态,汉江上游秋雨偏多属对该区冷海温的响应,与华西秋雨异常偏多年赤道中东太平洋拉尼娜型海温异常具有较好的一致性。200hPa纬向风在40°~45°N附近同为正距平带,华北有明显的正距平中心,高空西风急流稳定于40°N附近,汉江上游处于高空急流南侧的高空辐散区,对应低空辐合上升运动,有利于汉江上游降水的维持。500hPa欧亚中高纬呈"+ - +"的波列分布,有利于西风带低槽引导冷空气东传影响。西太平洋副热带高压主体异常偏强偏西,脊线北段位于30°N附近及以北地区,有利于西南暖湿气流向汉江及华北输送,副热带高压脊线的进退和稳定维持与汉江上游强降雨起止时间具有较好的对应关系。

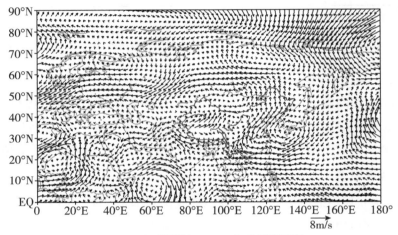

(a)2021年秋汛期700hPa矢量风距平场

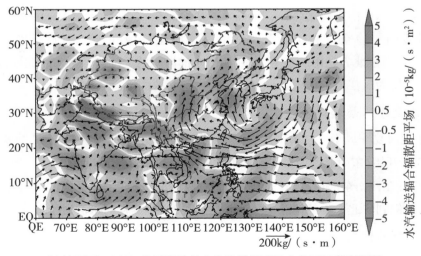

(b)地面至300hPa整层积分的水汽输送距平及水汽通量散度距平

图2.1-5 2021年秋汛期700hPa矢量风距平场及地面至

300hPa整层积分的水汽输送距平与水汽通量散度距平

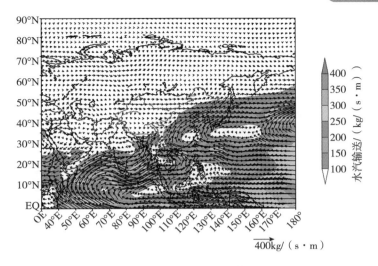

图 2.1-6　8 月下旬至 10 月上旬对流层(1000—300hPa)整层积分水汽输送

2.1.2　雨情概况

(1)全年降水

2021 年 1—12 月,汉江流域年降水量 1169.7mm,较 30 年(1991—2020 年,下同)均值偏多 33%,其中,汉江上游年降水量 1277.3mm,较 30 年均值偏多 50%。汉江上游安康以上地区累计降水量超过 1200mm,部分地区超过 1600mm。1—12 月累计降水量大于 1200mm 的笼罩面积约为 5.6 万 km²,大于 1600mm 的笼罩面积约为 1.0 万 km²。从距平图上看,汉江流域降水呈现"北多南少"的分布,汉江上游降水均偏多 20% 以上,其中白河以上偏多 50% 以上;汉江中游偏多 20%~50%,下游偏少 20% 以内。从时间上看,汉江流域各月降水呈现"少—多—少—多—少"的分布。其中,1 月偏少 60%;2—4 月偏多 19%~96%;5—6 月偏少 8%~27%;7—10 月偏多 9%~126%;11—12 月偏少 37%~60%(图 2.1-7 及表 2.1-1)。

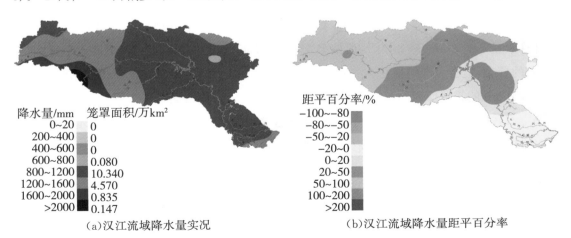

(a)汉江流域降水量实况　　　　　　　　(b)汉江流域降水量距平百分率

图 2.1-7　2021 年 1—12 月汉江流域降水量实况(a)及距平百分率(b)

表 2.1-1 　　　　　　　　　　　　2021 年汉江上游及汉江流域降水统计

月份	汉江上游			汉江流域		
	降水量/mm	均值/mm	距平/%	降水量/mm	均值/mm	距平/%
1	3.4	9.5	−64	5.9	14.9	−60
2	36.3	14.1	157	38.4	19.6	96
3	31.7	34.7	−9	48.4	40.7	19
4	106.2	56.9	87	92.0	63.9	44
5	47.6	92.3	−48	72.0	98.3	−27
6	119.7	113.7	5	111.3	121.2	−8
7	176.3	158	12	177.4	163.4	9
8	328.5	132.5	148	300.1	132.6	126
9	290.5	123.3	136	213.4	105.2	103
10	116.9	75.4	55	89.6	70.6	27
11	12.9	31.3	−59	13.8	34.5	−60
12	7.3	8.6	−15	7.4	11.8	−37
1—5	225.2	207.5	9	256.7	237.4	8
6—8	624.5	404.2	55	588.8	417.2	41
9—10	407.4	198.7	105	303	175.8	72
11—12	20.2	39.9	−49	21.2	46.3	−54
1—12	1277.3	850.3	50	1169.7	876.7	33

（2）汛前（1—5 月）降水

2021 年 1—5 月，汉江流域累计降水量 256.7mm，较 30 年均值偏多 8%，其中，汉江上游累计降水量 225.2mm，较 30 年均值偏多 9%。从空间分布上来看，汉江流域降水呈现"北少南多"的分布，上游大部雨量在 200～300mm，下游（皇庄以下）在 500～700mm；累计降水量大于 300mm 的笼罩面积约为 3.1 万 km²，大于 500mm 的笼罩面积约为 0.9 万 km²。从距平图上看，汉江流域整体偏多 20% 以内，上游左岸、下游北部部分地区偏多 20%～50%，上游汉中以上、中游右岸部分地区偏少 20% 以内（表 2.1-1 及图 2.1-8）。

（3）夏汛期（6—8 月）降水

2021 年 6—8 月，汉江流域累计降水量 588.8mm，较 30 年均值偏多 41%，其中，汉江上游累计降水量 624.5mm，较 30 年均值偏多 55%。从空间分布上来看，汉江流域降水呈现"北多南少"的分布，汉江上中游大部地区累计降水量超过 500mm，部分地区超过 700mm；

累计降水量大于500mm的笼罩面积约为12.6万 km²,大于700mm的笼罩面积约为2.5万 km²。从距平图上看,汉江上中游总体偏多20%以上,干流及其右岸大部偏多50%以上;汉江下游大部偏少20%以内(表2.1-1及图2.1-9)。

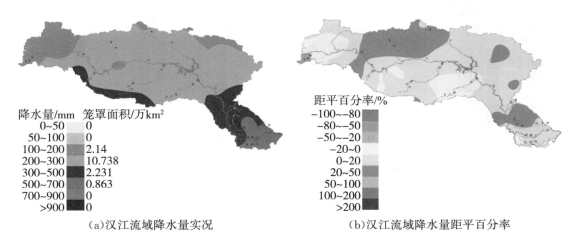

（a）汉江流域降水量实况　　　　（b）汉江流域降水量距平百分率

图2.1-8　2021年1—5月汉江流域降水量实况(a)及距平百分率(b)

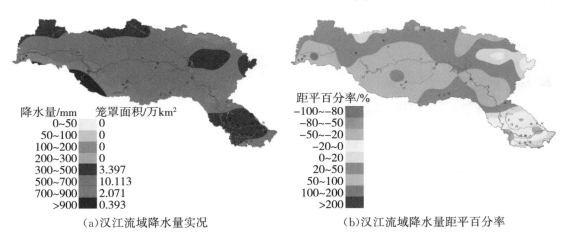

（a）汉江流域降水量实况　　　　（b）汉江流域降水量距平百分率

图2.1-9　2021年6—8月汉江流域降水量实况(a)及距平百分率(b)

（4）秋汛期（9—10月）降水

2021年9—10月,汉江流域累计降水量303.0mm,较30年均值偏多72%,其中,汉江上游累计降水量198.7mm,较30年均值偏多105%。从空间分布上来看,汉江流域降水呈现"北多南少"的分布,降水分布从南到北呈梯级增加,中游丹江口水库附近累计降水量100mm以上,白河以上区域累计降水量超过300mm,安康以上区域累计降水量超过500mm;累计降水量大于500mm的笼罩面积约为3.3万 km²。从距平图上看,汉江上游总体偏多20%以上,白河以上偏多50%以上,安康以上偏多1倍以上;汉江中下游大部偏少20%～50%(参见表2.1-1及图2.1-10)。

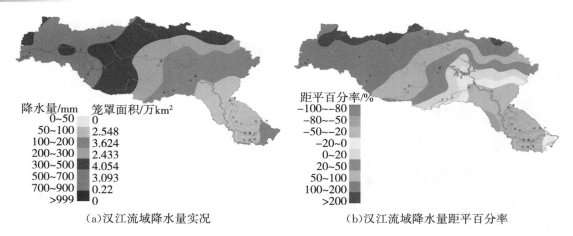

降水量/mm	笼罩面积/万km²
0~50	0
50~100	2.548
100~200	3.624
200~300	2.433
300~500	4.054
500~700	3.093
700~900	0.22
>999	0

距平百分率/%
-100~-80
-80~-50
-50~-20
-20~0
0~20
20~50
50~100
100~200
>200

（a）汉江流域降水量实况　　　　　　　　（b）汉江流域降水量距平百分率

图2.1-10　2021年9—10月汉江流域降水量实况（a）及距平百分率（b）

（5）汛后（11—12月）降水

2021年11—12月，汉江流域累计降水量21.2mm，较30年均值偏少54%，其中，汉江上游累计降水量20.2mm，较30年均值偏少49%（表2.1-1及图2.1-11）。

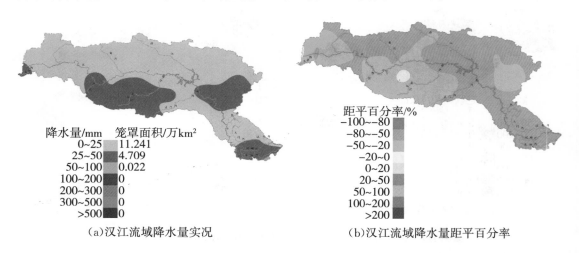

降水量/mm	笼罩面积/万km²
0~25	11.241
25~50	4.709
50~100	0.022
100~200	0
200~300	0
300~500	0
>500	0

距平百分率/%
-100~-80
-80~-50
-50~-20
-20~0
0~20
20~50
50~100
100~200
>200

（a）汉江流域降水量实况　　　　　　　　（b）汉江流域降水量距平百分率

图2.1-11　2021年11—12月汉江流域降水量实况（a）及距平百分率（b）

2.1.3　暴雨过程统计

根据《江河流域面雨量等级》（GB/T 20486—2017）中对面雨量强度及等级的划分和定义，日面雨量超过30mm的降水为暴雨。参照《2016年长江暴雨洪水》定义的标准，将汉江流域5个分区中的1个及以上分区出现单日面雨量超过30mm定为1次暴雨过程。

2021年4—10月，汉江流域共发生15次暴雨过程，其中有10次暴雨过程发生在8—10月。8月下旬至10月上旬，汉江上游发生明显秋汛，汉江上游降水量535.6mm，较常年偏多

1.7 倍,为 1961 年以来历史同期第 1 位,其中,石泉以上累计面雨量达 628.2mm、石泉—白河累计面雨量达 591.7mm。2021 年 4—10 月汉江流域暴雨过程统计见表 2.1-2。

表 2.1-2　　　　　　　　　2021 年 4—10 月汉江流域暴雨过程统计

开始月份	起止时间	降水强度	降水范围	强降水中心	累计面雨量的落区及雨量
4 月	23 日	大—暴雨	汉江上游	汉江上游	石泉以上 31.1mm,石泉—白河 56.6mm,白河—丹江口 48mm
5 月	13—15 日	大—暴雨	汉江流域	汉江下游	白河—丹江口 38mm,丹皇区间 46.5mm,皇庄以下 85.5mm
6 月	13—18 日	大—暴雨	汉江上游	汉江石泉以上	石泉以上 124.6mm,石泉—白河 48.5mm,白河—丹江口 45.3mm,丹皇区间 51.6mm
	25—26 日	中—大雨、局地暴雨	汉江流域	汉江石泉—白河、汉江下游	石泉—白河 48.5mm,皇庄以下 33.5mm
7 月	10 日	大—暴雨、局地大暴雨	汉江上游	汉江白河以上南部	石泉以上 34.8mm,石泉—白河 52.8mm,白河—丹江口 30.4mm
8 月	6—9 日	大—暴雨	汉江流域自西北向东南	汉江上游	石泉以上 57.1mm,石泉—白河 60mm,白河—丹江口 42.4mm,丹皇区间 45.9mm,皇庄以下 35.7mm
	11—13 日	大—暴雨、局地大暴雨	汉江流域	汉江上中游	石泉以上 34.9mm,石泉—白河 63.3mm,白河—丹江口 54.9mm,丹皇区间 85.3mm,皇庄以下 38.6mm
	19—20 日	中—大雨、局地暴雨	汉江流域	汉江石泉—白河	石泉—白河 40.1mm
	21—23 日	大—暴雨、局地大暴雨	汉江流域自西北向东南	汉江上游	石泉以上 86.4mm,石泉—白河 75.1mm,白河—丹江口 32.5mm,丹皇区间 42.8mm,皇庄以下 54.2mm
	28 日至9 月 1 日	大—暴雨、局地大暴雨	汉江上中游	汉江上游	石泉以上 64.4mm,石泉—白河 116.7mm,白河—丹江口 113.4mm,丹皇区间 47.3mm
9 月	3—5 日	大—暴雨、局地大暴雨	汉江上游	汉江上游	石泉以上 72.9mm,石泉—白河 95.8mm,白河—丹江口 35.9mm
	15—19 日	大—暴雨	汉江流域	汉江上游	石泉以上 89.7mm,石泉—白河 120.4mm,白河—丹江口 87mm,丹皇区间 34.6mm,皇庄以下 32.7mm

开始月份	起止时间	降水强度	降水范围	强降水中心	累计面雨量的落区及雨量
9 月	23—26 日	大—暴雨	汉江上中游	汉江石泉以上	石泉以上 124.9mm,石泉—白河 44mm,丹皇区间 41.3mm
	27—28 日	大—暴雨、局地大暴雨	汉江上游	汉江上游	石泉—白河 67.3mm,白河—丹江口 31.6mm
10 月	3—7 日	大—暴雨、局地大暴雨	汉江上游	汉江上游	石泉以上 132mm,石泉—白河 41.5mm

2.2 降雨发展历程及特征

2.2.1 降雨发展历程

2021 年 8 月上中旬,汉江流域发生了 2 次移动性强降水过程。8 月下旬至 10 月上旬,汉江流域共发生 8 次暴雨、1 次大雨级别的降水过程,上游降水量列 1961 年以来历史同期第 1 位,累计雨量达到 535.6mm,较历史同期偏多 1.7 倍。结合洪水发展过程,将汉江的降水发展历程分为以下 6 个阶段。

(1)第一阶段(8 月 6—13 日),汉江流域发生 2 次移动性强降水过程

8 月 6—13 日,汉江流域发生了 2 次强降水过程,分别为 8 月 6—9 日、11—13 日,2 次过程均覆盖整个汉江流域,强度以大—暴雨为主,两次过程累计面雨量:丹皇区间 131.2mm、石泉—白河 123.3mm、白河—丹江口 97.3mm,石泉以上 92.0mm。8 月 6—13 日累计雨量超 100mm 的笼罩面积约 9.1 万 km²,其中丹皇区间部分地区累计雨量超 250mm,见图 2.2-1。

8 月 6—9 日,汉江流域发生了 1 次东移的强降水过程。6—7 日,汉江上游石泉以上有中—大雨;8 日,降水加强,范围扩大,石泉以上有中雨,石泉—皇庄有大—暴雨、局地大暴雨,日雨量 30~40mm;9 日,丹皇区间有中雨,皇庄以下有大—暴雨,日雨量 32.3mm。过程累计雨量汉江上游 52.3mm,汉江流域 48.7mm。

11—13 日,汉江流域发生了一次大—暴雨的降水过程。11 日,汉江中游有暴雨、局地大暴雨,日雨量 46.3mm;12 日,汉江上游有大—暴雨,石泉以上、石泉—白河、白河—丹江口日雨量分别为 30.4mm、49.6mm、28.5mm,汉江中下游有大雨,中游和下游日雨量分别为 22.9mm 和 11.7mm;13 日,降水减弱,中下游有中—大雨。过程累计雨量汉江上游 52.9mm,汉江流域 60.7mm。

（2）第二阶段（8月19—23日），汉江流域发生持续强降水过程

8月19—23日，汉江流域发生了2次大—暴雨、局地大暴雨的持续降雨过程。19日，汉江上游发生了大雨，石泉—白河日雨量33.1mm；20日，降水较弱，汉江下游日雨量19.9mm；21—23日，汉江流域有移动性大—暴雨，其中，21日石泉以上、石泉—白河日雨量分别为64.6mm和41.7mm，22日汉江上游3个分区和中游日雨量分别为21.8mm、29.3mm、14.1mm和38.7mm，23日强降水中心东移到下游，日雨量45.1mm。过程累计雨量汉江上游84.6mm，汉江流域73.7mm。此次过程降水中心主要位于汉江上游及下游，过程累计雨量超100mm的笼罩面积约4.4万km²，见图2.2-2。

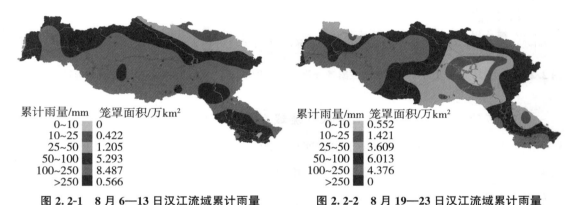

图2.2-1　8月6—13日汉江流域累计雨量　　　　图2.2-2　8月19—23日汉江流域累计雨量

（3）第三阶段（8月26日至9月5日），汉江流域再次发生持续强降水过程

8月26日至9月5日，汉江流域共发生3次强降水过程，分别为8月26日、8月28日至9月1日、9月3—5日。其中，8月26日，汉江流域有大雨、局地暴雨，石泉—白河、白河—丹江口、丹皇区间日雨量分别为11.2mm、25.2mm、27.7mm；8月28日至9月1日，汉江流域有大—暴雨，过程累计雨量：石泉—丹江口115.1mm，石泉以上64.4mm；9月3—5日，汉江上游有大—暴雨、局地大暴雨，过程累计雨量：石泉—白河95.8mm，石泉以上72.9mm。8月26日至9月5日强降水落区主要位于汉江上游，累计雨量超100mm的笼罩面积达11.4万km²，超250mm的笼罩面积约为1.4万km²，见图2.2-3。

（4）第四阶段（9月15—26日），汉江上游发生2次强降水过程

9月15—26日，汉江流域发生2次强降水过程，分别为15—19日、23—26日。15—19日，汉江流域自北向南有一次大—暴雨的降雨过程，过程强雨区位于汉江上游，石泉—白河累计面雨量120.4mm，石泉以上89.7mm，白河—丹江口87.0mm。23—26日，汉江上中游有一次暴雨、局地大暴雨的降雨过程，过程主雨区位于汉江白河以上，9月24日，中游唐白河鸭河口水库以上有特大暴雨，日面雨量达166mm，其中唐白河杨西庄站单站日雨量达

454mm,李青店和上官庄站 24 日 22—23 时 1 小时雨量 80.5mm,降水时段集中,极端性强。

9 月 15—26 日过程累计雨量超过 100mm 的笼罩面积约 8.4 万 km²,超过 250mm 的笼罩面积约 1.4 万 km²,见图 2.2-4。

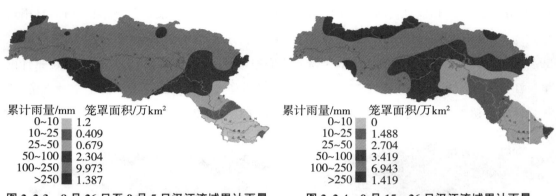

累计雨量/mm	笼罩面积/万 km²		累计雨量/mm	笼罩面积/万 km²
0~10	1.2		0~10	0
10~25	0.409		10~25	1.488
25~50	0.679		25~50	2.704
50~100	2.304		50~100	3.419
100~250	9.973		100~250	6.943
>250	1.387		>250	1.419

图 2.2-3　8 月 26 日至 9 月 5 日汉江流域累计雨量　　**图 2.2-4　9 月 15—26 日汉江流域累计雨量**

(5)第五阶段(9 月 27—28 日),汉江流域发生 1 次移动性降水过程

9 月 27—28 日,汉江流域发生 1 次快速移动的强降水过程,覆盖整个汉江上中游,强度为大—暴雨。27 日,汉江白河以上有大—暴雨、局地大暴雨;28 日,雨带减弱南压,白河—皇庄有中—大雨。过程累计面雨量:石泉—白河 67.3mm,白河—丹江口 31.6mm,石泉以上 27.2mm,见图 2.2-5。

(6)第六阶段(10 月 3—7 日),汉江流域上游发生移动性降水过程

此阶段主要降水过程为 10 月 3—7 日,主雨区位于汉江上游,强度为大—暴雨、局地大暴雨。其中,石泉以上 4 日雨量 61.7mm,5 日雨量 34.4mm,降水非常集中。6—7 日,石泉以上降水减弱为小—中雨,石泉—丹江口区间有中—大雨。10 月 3—7 日过程累计雨量超过 100mm 的笼罩面积约 1.7 万 km²,其中石泉以上累计面雨量 132.0mm,见图 2.2-6。

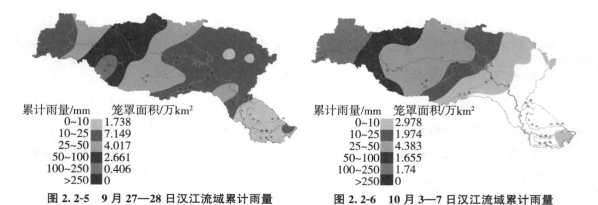

累计雨量/mm	笼罩面积/万 km²		累计雨量/mm	笼罩面积/万 km²
0~10	1.738		0~10	2.978
10~25	7.149		10~25	1.974
25~50	4.017		25~50	4.383
50~100	2.661		50~100	1.655
100~250	0.406		100~250	1.74
>250	0		>250	0

图 2.2-5　9 月 27—28 日汉江流域累计雨量　　**图 2.2-6　10 月 3—7 日汉江流域累计雨量**

2.2.2 降雨特征

2021 年梅雨期间(6—7 月),长江流域多以移动性降水过程为主,雨带南北摆动较大,暴雨过程偏少,梅雨量总体偏少,为非典型梅雨;8 月下旬开始,长江上游及汉江上游发生明显秋汛,暴雨过程频繁,极端性强,雨区重叠度高。2021 年汉江流域秋汛期降水特点如下:

(1)汉江流域汛期降水整体偏多,秋汛期异常偏多

2021 年汛期(6 月下旬至 10 月上旬),汉江流域累计雨量 773.1mm,较 30 年均值(1991—2020 年均值,下同)偏多 62%,汉江上游雨量 904.8mm,较均值偏多 84%。夏汛期(6 月下旬至 8 月中旬),汉江流域累计雨量 363.2mm,较均值偏多 19%,汉江上游累计雨量 369.2mm,较均值偏多 25%。秋汛期(8 月下旬至 10 月上旬),汉江流域降水异常偏多,累计雨量 409.9mm,较均值偏多近 137%,汉江上游雨量 536mm,较均值偏多 173%,累计雨量排 1961 年以来历史同期第 1 位,汉江石泉以上、石泉—白河累计雨量分别为 619mm、585mm,均为 1961 年以来同期最大。

(2)秋雨开始时间早、历时长、极端性强

汉江上游秋雨开始时间为 8 月 21 日,较常年(9 月 9 日)明显偏早,结束于 10 月 16 日,历时 56 天,较多年平均持续时长(33 天)偏多 23 天。8 月 11 日,汉江中游发生极端强降水,中游莺河站日雨量 484mm,莺河一库站 351mm。9 月 24 日,中游唐白河鸭河口水库以上有特大暴雨,日面雨量达 166mm,其中唐白河杨西庄站单站日雨量达 454mm,李青店和上官庄站 24 日 22—23 时 1 小时雨量 80.5mm,降水时段集中,极端性强。

(3)秋雨过程频繁、强雨区重叠度高

8 月下旬至 10 月上旬,汉江流域 51 天共发生 9 次强降水过程,其中 8 月 21 日至 9 月 7 日、9 月 14—19 日、9 月 22—28 日、10 月 3—10 日发生了 4 次阶段较长时间的降水,每次过程持续 6～18 天,其中 8 月 21 日至 9 月 7 日 4 次降水过程基本无间歇。8 月下旬至 10 月上旬,汉江流域累计雨量超过 300mm 的笼罩面积近 10 万 km²,超过 500mm 的笼罩面积近 6 万 km²,9 次过程中有 7 次降水中心集中在汉江白河站以上区域,雨区重叠度高。

2.3 洪水过程

2.3.1 洪水发展过程

8 月上旬至 10 月上旬,主要受副热带高压西伸北抬及冷空气南下影响,汉江流域发生多

轮持续强降水过程,出现明显秋汛。考虑到洪水的发生、发展较降水过程具有一定的滞后性,将整个洪水过程划分为 7 个阶段,丹江口水库及中下游主要控制站皇庄、仙桃、汉川站的洪水发展过程见图 2.3-1 至图 2.3-4。

（1）第一阶段（8 月 6—18 日）

汉江流域发生 2 次移动性强降水过程,汉江上游发生明显涨水过程,流域下垫面土壤含水量逐步增大,为后续汉江流域洪水形成奠定了较好的产流条件。

汉江上游多条支流发生明显涨水过程,丹江口水库发生 1 次较大涨水过程,最大入库流量 7320m³/s（8 月 13 日 15 时）。汉江中游丹皇区间多条支流发生较大涨水过程。其中,蛮河朱市站发生超保证水位洪水。中下游干流主要控制站最高水位分别为：皇庄站 45.82m（8 月 15 日 9 时）、沙洋站 39.07m（8 月 16 日 2 时）、仙桃站 31.42m（8 月 16 日 11 时）、汉川站 27.06m（8 月 16 日 13 时）；长江干流汉口站水位于 8 月中旬上涨至 23.2m 左右波动；汉江干流各站均未超过警戒水位。

本阶段,兴隆站最大流量 6150m³/s（8 月 16 日 0 时）,东荆河潜江站最大流量 843m³/s（8 月 16 日 0 时）,分流比 13.71%。

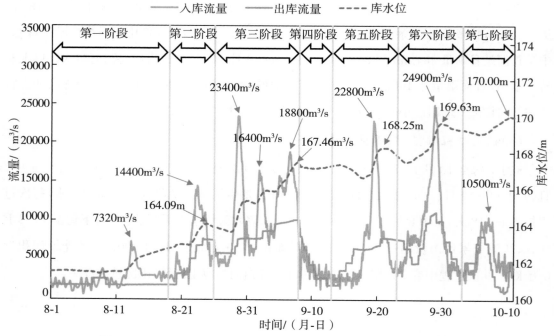

图 2.3-1 2021 年汉江秋汛期丹江口水库入、出库流量及库水位过程

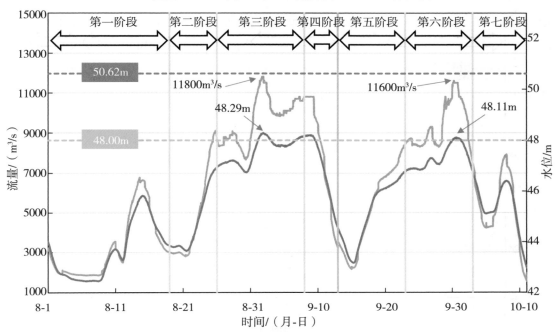

图 2.3-2　2021 年汉江秋汛期皇庄站水位流量过程

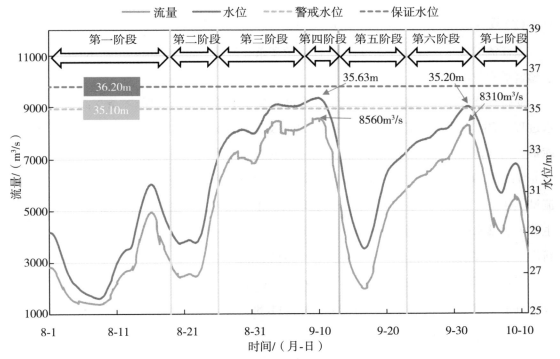

图 2.3-3　2021 年汉江秋汛期仙桃站水位流量过程

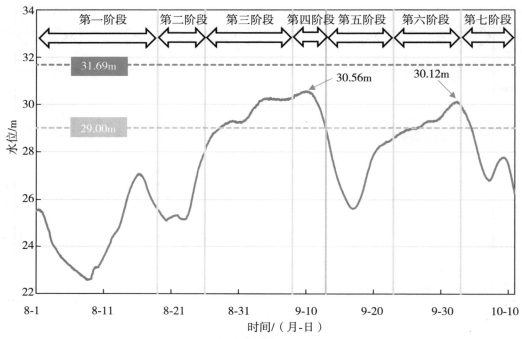

图 2.3-4　2021 年汉江秋汛期汉川站水位过程

（2）第二阶段（8 月 19—25 日）

汉江流域发生持续强降水过程，汉江上游多条支流发生超警戒及以上洪水，汉江下游发生超警戒水位洪水。

受持续强降水影响，汉江上游干流洋县站发生 1 次较大涨水过程，多条支流发生较大涨水过程，其中，旬河发生超警戒流量洪水，月河发生超保证流量洪水。汉江上游干流石泉水库最大入库流量 8700m³/s（8 月 22 日 21 时），安康水库最大入库流量 13400m³/s（8 月 22 日 17 时）；堵河来水平稳，干流白河站、丹江口水库均发生较大涨水过程，丹江口水库最大入库流量 14400m³/s（8 月 23 日 18 时）。丹皇区间多条支流再次发生较大涨水过程，中下游干流主要控制站水位持续上涨，皇庄最大实测流量 9090m³/s（8 月 28 日 16 时 59 分），其中汉川、新沟站水位突破警戒；汉口站水位逐步上涨，月底涨至 24.5m 左右。

本阶段，汉江兴隆站来水逐步增加，最大流量 8930m³/s（8 月 29 日 8 时），东荆河潜江站最大流量 1330m³/s（8 月 29 日 8 时），分流比 14.89%。

（3）第三阶段（8 月 26 日至 9 月 7 日）

汉江流域再次发生持续强降水过程，汉江上游丹江口水库发生大坝加高以来最大入库洪水，库水位突破历史最高水位，汉江中下游主要控制站超警戒水位。

主要受上游来水及区间降水影响,汉江上游控制站白河站及丹江口水库均发生 3 次较大涨水过程。在丹江口水库 3 次涨水过程期间,石泉水库发生 3 次涨水过程,最大入库流量分别为 3200m³/s(9 月 1 日 20 时)、8800m³/s(9 月 4 日 15 时)、5200m³/s(9 月 6 日 6 时);安康水库发生 5 次涨水过程,最大入库流量分别为 9130m³/s(8 月 29 日 2 时)、9840m³/s(9 月 1 日 18 时)、15000m³/s(9 月 4 日 19 时)、14100m³/s(9 月 5 日 23 时)、13000m³/s(9 月 6 日 12 时)。经水库调蓄叠加区间降雨,丹江口水库出现 3 次明显洪水过程,最大入库流量分别为 23400m³/s(8 月 30 日 0 时)、16400m³/s(9 月 2 日 6 时),18800m³/s(9 月 6 日 22 时)。汉江中游丹皇区间亦发生较大涨水过程,区间最大流量 4500m³/s,皇庄站最大实测流量 11600m³/s(9 月 1 日 17 时 55 分)。受上游及区间来水影响,中下游干流主要控制站水位缓退或波动后继续上涨,陆续超过警戒水位,并在本阶段末(考虑洪水传播时间,中下游各站本阶段结束时间推后至 9 月 11 日)退出警戒水位;长江干流汉口站水位最高涨至 24.66m(9 月 4 日 5 时),此后(9 月 12 日前)在 24.5m 附近波动。兴隆站最大流量 11200m³/s(9 月 8 日 15 时 8 分),东荆河潜江站最大流量 2350m³/s(9 月 9 日 15 时 56 分),潜江站分流比 21.67%。

本阶段,汉江中下游发生全年最大涨水过程,皇庄站于 9 月 2 日 6 时涨至最高水位 48.29m(超警戒 0.29m);沙洋站于 9 月 9 日 19 时涨至最高水位 42.20m(超警戒 0.40m);仙桃站于 9 月 10 日 7 时涨至最高水位 35.63m(超警戒 0.53m);汉川站于 9 月 10 日 12 时涨至最高水位 30.56m(超警戒 1.56m)。汉江中下游主要控制站水位最大超警幅度为 0.29~1.56m。

(4)第四阶段(9 月 8—14 日)

汉江流域无明显降水过程,汉江上游来水消退,汉江中下游主要控制站水位相继退出警戒水位。

本阶段,汉江流域没有发生明显降水过程,上游干支流来水较为平稳,主要水库基本维持出入库平衡控制,中下游干流主要控制站水位陆续转退,并相继退至警戒水位以下。

受上游来水减小影响,汉江中下游主要控制站水位在上一阶段的退水态势上继续消退,并在本阶段末(考虑洪水传播时间,中下游各站本阶段结束时间推后至 9 月 16 日)陆续返涨。其中,皇庄站于 9 月 15 日 16 时最低退至 43.15m,相应流量 2220m³/s;沙洋站水位于 9 月 15 日 21 时最低退至 38.34m;仙桃站水位于 9 月 17 日 1 时最低退至 28.22m;汉川站于 9 月 13 日 7 时退出警戒水位(29.00m),9 月 17 日 7 时最低退至 25.61m;长江干流汉口站水位于 9 月 18 日 3 时最低退至 24.01m 后,接后一阶段来水小幅波动。

(5)第五阶段(9 月 15—26 日)

汉江上游发生 2 次强降水过程,丹江口水库再次发生较大涨水过程,中下游干流主要控制站水位返涨并接近警戒水位。

受持续强降水影响,汉江上游多条支流再次发生较大涨水过程,上游来水叠加区间来水,丹江口水库再次发生 20000m³/s 以上量级的涨水过程。主要受上游来水及区间降水影响,干流白河站、丹江口水库均发生 1 次复式洪水过程。其中,白河站 2 次最大流量分别为 7680m³/s(9 月 18 日 14 时)、14100m³/s(9 月 19 日 17 时);丹江口水库最大入库流量分别为 9570m³/s(9 月 18 日 21 时)、22800m³/s(9 月 19 日 19 时)。

受丹江口水库调节后洪水下泄影响,中下游水位陆续返涨并逐步接近警戒水位。截至本阶段结束时,即 9 月 26 日 8 时(考虑洪水传播时间推至此时刻),皇庄站水位返涨至 46.96m(距警戒 1.04m),相应流量 8570m³/s;沙洋站水位 40.68m(距警戒 1.12m);仙桃站水位 33.62m(距警戒 1.48m);汉川站水位 29.01m(超警戒 0.01m);长江干流汉口站水位呈波动消退态势,9 月 25 日退至 24m 以下。

本阶段受到丹江口调节后上游洪水影响,兴隆站、潜江站流量持续增加,9 月 13—26 日,两站最小流量分别为 2350m³/s(9 月 16 日 12 时)、275m³/s(9 月 16 日 13 时),潜江站分流比 11.70%;最大流量分别为 1410m³/s(9 月 26 日 14 时)、8360m³/s(9 月 26 日 20 时),潜江站分流比 16.87%。

(6)第六阶段(9 月 27 日至 10 月 2 日)

汉江流域上游发生移动性降水过程,上游多条支流再次发生较大涨水过程,干流白河站水位超警戒,丹江口水库发生近 10 年最大入库洪水过程,中下游主要站水位复涨并再次超警戒,白河鸭河口水库发生超历史特大洪水。

上游多条支流发生较大涨水过程,其中月河、旬河、丹江发生超警戒流量洪水,湑水河发生超保证流量洪水、溢水河发生超历史洪水;石泉、安康水库最大入库流量分别为 13900m³/s(9 月 27 日 6 时 15 分)、18000m³/s(9 月 27 日 8 时 2 分),库水位逐步拦至正常蓄水位附近;丹江口水库发生近 10 年最大入库洪水过程,入库洪峰流量 24900m³/s(9 月 29 日 3 时)。中下游干流主要站水位复涨并相继再次超警,超警幅度为 0.10~1.12m。汉江中游白河鸭河口水库发生超历史特大洪水,9 月 25 日 3 时 40 分出现最大入库流量 18200m³/s(历史最大入库 11700m³/s,1975 年 8 月),4 时 48 分最大出库流量 5000m³/s;9 月 25 日 10 时,最高库水位 179.91m,超设计洪水位 179.84m。

本阶段,长江干流汉口站水位呈波动退水,9 月 27 日至 10 月 2 日,水位在 23.85m 左右波动,此后水位呈持续降低趋势;兴隆站最大流量 10800m³/s(10 月 1 日 13 时)、潜江站最大流量 2340m³/s(10 月 1 日 14 时),潜江站分流比 21.67%。

(7)第七阶段(10 月 3—10 日)

汉江上游发生移动性降水过程,上游干流再次发生明显涨水过程,丹江口水库水位自

2013 年大坝加高后首次拦蓄至正常蓄水位 170m,中下游主要站水位转退并相继退出警戒水位。

　　上游多条支流发生明显涨水过程,石泉、安康水库在来水上涨前预泄至汛限水位以下,此后拦蓄洪水至正常蓄水位附近;丹江口水库再次发生 10000m³/s 量级以上的洪水过程,库水位回落至 168.99m 后开始拦蓄,10 月 10 日 14 时库水位蓄至正常蓄水位 170m,为水库大坝自 2013 年加高后首次蓄满。10 月 4 日,汉江中下游主要站已全面退出警戒水位;10 月 7 日以后,汉江流域强降水已基本结束;10 月 8 日上游来水退至 5000m³/s 左右波动。

2.3.2　丹江口水库入库洪水过程

　　2021 年秋季,8 月下旬至 10 月上旬丹江口水库入库水量 344.7 亿 m³,较历史同期偏多 3 倍多,为建库以来历史同期第 1 位,丹江口水库相继发生 7 次入库流量超过 10000m³/s 的较大洪水过程(表 2.3-1),其中 3 次入库洪峰流量超过 20000m³/s,9 月 29 日最大洪峰流量达 24900m³/s(为 2013 年大坝加高以来最大洪峰流量)。经水库群拦洪削峰错峰,中下游干流主要控制站仍发生超警洪水,各站洪峰水位列有实测记录以来 9 月同期最高水位第 5—7 位,最长累计超警时长 9～26 天。10 月 10 日 14 时,丹江口水库水位蓄至正常蓄水位 170m,是水库大坝自 2013 年加高后第一次蓄满。

表 2.3-1　　　　　　　　2021 年丹江口水库 7 次超 10000m³/s 入库洪水概况

场次	洪水编号	洪峰流量/(m³/s)	峰现时间/(月-日 时:分)
1	2021082318	14400	8-23 18:00
2	2021083000	23400	8-30 00:00
3	2021090206	16400	9-2 06:00
4	2021090622	18800	9-6 22:00
5	2021091919	22800	9-19 19:00
6	2021092903	24900	9-29 03:00
7	2021100712	10500	10-7 12:00

2.4　洪水还原及定性

2.4.1　洪水还原

　　通过还原汉江流域上中游水库群的拦洪影响(7 次过程),得到 2021 年秋汛期洪水汉江流域控制性水库群拦洪统计值,见表 2.4-1;丹江口水库、中下游主要控制站还原特征值见表 2.4-2、表 2.4-3。

表 2.4-1　2021 年秋汛期洪水汉江流域控制性水库群拦洪统计值

时段	水库名称	起调			最高调洪			拦蓄洪量 /亿 m³	入库洪峰流量 /(m³/s)	最大出库流量 /(m³/s)	削峰率 /%	合计拦蓄洪量 /亿 m³
		时间 /(年-月-日 时:分)	库水位 /m	蓄量 /亿 m³	时间 /(年-月-日 时:分)	库水位 /m	蓄量 /亿 m³					
过渡期	石泉	2021-08-13 08:00	403.30	1.492	2021-08-15 20:00	404.93	1.751	0.259	1200	830	31	16.160
	安康	2021-08-13 02:00	313.96	15.390	2021-08-15 14:00	318.27	17.780	2.390	4950	1270	74	
	潘口	2021-08-13 04:00	341.62	12.913	2021-08-15 16:00	344.77	14.300	1.386	2290	609	73	
	黄龙滩	2021-08-12 12:00	243.22	6.898	2021-08-14 13:00	245.43	7.460	0.562	1280	672	48	
	丹江口	2021-08-12 04:00	161.47	191.970	2021-08-20 08:00	162.82	203.500	11.564	7320	1860	75	
	鸭河口	—	—	—	—	—	—	—	—	—	—	
第一次拦洪	石泉	—	—	—	—	—	—	—	—	—	—	18.180
	安康	2021-08-20 02:00	317.03	17.050	2021-08-23 18:00	326.63	23.410	6.360	13400	7880	41	
	潘口	—	—	—	—	—	—	—	—	—	—	
	黄龙滩	—	—	—	—	—	—	—	—	—	—	
	丹江口	2021-08-22 12:00	162.92	204.404	2021-08-25 04:00	164.09	214.800	10.386	14400	7710	46	
	鸭河口	2021-08-22 08:00	175.45	7.097	2021-08-25 15:00	177.24	8.530	1.433	1940	6	100	
第二次拦洪	石泉	—	—	—	—	—	—	—	—	—	—	25.680
	安康	2021-08-28 14:00	320.42	19.120	2021-08-30 20:00	324.35	21.790	2.670	9130	6730	26	
	潘口	2021-08-26 07:00	345.30	14.551	2021-08-30 07:00	354.90	19.640	5.093	5560	2940	47	
	黄龙滩	2021-08-28 21:00	239.78	6.074	2021-09-01 07:00	246.91	7.849	1.775	3220	2240	30	
	丹江口	2021-08-28 23:00	163.64	210.757	2021-08-30 20:00	165.33	226.100	15.372	23400	7730	67	
	鸭河口	2021-08-29 08:00	177.10	8.409	2021-09-02 02:00	177.99	9.184	0.775	1800	1500	17	

续表

时段	水库名称	起调			最高调洪			拦蓄洪量/亿m³	入库洪峰流量/(m³/s)	最大出库流量/(m³/s)	削峰率/%	合计拦蓄洪量/亿m³
		时间/(年-月-日 时:分)	库水位/m	蓄量/亿m³	时间/(年-月-日 时:分)	库水位/m	蓄量/亿m³					
第三次拦洪	石泉	—	—	—	—	—	—	—	—	—	—	
	安康	2021-09-01 14:00	324.03	21.560	2021-09-01 22:00	324.78	22.090	0.530	9840	6950	2%	7.353
	潘口	—	—	—	—	—	—	—	—	—	—	
	黄龙滩	—	—	—	—	—	—	—	—	—	—	
	丹江口	2021-09-01 19:00	165.18	224.742	2021-09-03 09:00	165.91	231.600	6.823	16400	8690	47	
	鸭河口	—	—	—	—	—	—	—	—	—	—	
第四次拦洪	石泉	2021-09-05 21:00	403.64	1.546	2021-09-08 20:00	409.36	2.598	1.052	8800	8500	3	23.270
	安康	2021-09-04 10:00	321.83	20.040	2021-09-06 22:00	328.37	24.630	4.590	15000	10500	30	
	潘口	2021-09-05 09:00	350.60	17.245	2021-09-10 01:00	354.33	19.330	2.081	2480	642	74	
	黄龙滩	2021-09-06 03:00	242.15	6.635	2021-09-08 01:00	242.55	6.732	0.097	—	—	—	
	丹江口	2021-09-04 14:00	165.85	230.995	2021-09-08 01:00	167.46	246.400	15.453	18800	10100	46	
	鸭河口	—	—	—	—	—	—	—	—	—	—	
同蓄期	石泉	2021-09-09 17:00	408.76	2.470	2021-09-11 07:41	409.77	2.687	0.217	—	—	—	3.447
	安康	2021-09-07 16:00	326.21	23.110	2021-09-08 04:00	327.05	23.700	0.590	—	—	—	
	潘口	—	—	—	—	—	—	—	—	—	—	
	黄龙滩	2021-09-08 01:00	242.55	6.732	2021-09-14 20:00	243.78	7.038	0.306	—	—	—	
	丹江口	2021-09-10 17:00	167.12	243.134	2021-09-14 12:00	167.36	245.500	2.334	—	—	—	
	鸭河口	—	—	—	—	—	—	—	—	—	—	

续表

时段	水库名称	起调			最高调洪			拦蓄洪量/亿m³	入库洪峰流量/(m³/s)	最大出库流量/(m³/s)	削峰率/%	合计拦蓄洪量/亿m³
		时间/(年-月-日 时:分)	库水位/m	蓄量/亿m³	时间/(年-月-日 时:分)	库水位/m	蓄量/亿m³					
第五次拦洪	石泉	2021-09-18 13:00	404.60	1.696	2021-09-20 14:00	407.98	2.312	0.616	5140	4690	9	
	安康	2021-09-18 14:00	324.09	21.600	2021-09-20 03:00	328.39	24.650	3.050	11800	8600	27	
	潘口	2021-09-19 03:00	351.74	17.881	2021-09-20 19:00	353.92	19.100	1.216	2520	627	75	21.720
	黄龙滩	2021-09-19 04:00	243.27	6.910	2021-09-22 08:00	244.37	7.187	0.277	1020	715	30	
	丹江口	2021-09-18 05:00	166.60	238.120	2021-09-20 22:00	168.25	254.300	16.130	22800	6650	71	
	鸭河口	2021-09-19 05:00	177.12	8.426	2021-09-21 08:00	177.62	8.859	0.433	1370	402	71	
第六次拦洪	石泉	2021-09-24 08:00	405.30	1.815	2021-09-30 14:00	409.56	2.641	0.826	13900	12700	9	
	安康	2021-09-24 08:00	325.00	22.550	2021-09-30 02:00	329.17	25.22	2.670	18000	15400	14	
	潘口	—	—	—	—	—			—	—	—	27.800
	黄龙滩	—	—	—	—	—			—	—	—	
	丹江口	2021-09-24 20:00	167.47	246.500	2021-10-04 08:00	169.63	268.300	21.800	24900	11100	55	
	鸭河口	2021-09-24 02:00	177.24	8.530	2021-09-27 10:00	179.91	11.030	2.499	18200	5000	73	
第七次拦洪	石泉	2021-10-05 18:00	403.96	1.592	2021-10-09 14:00	409.97	2.731	1.139	10500	9730	7	
	安康	2021-10-05 20:00	322.33	20.380	2021-10-15 02:00	329.34	25.350	4.970	11200	7970	29	
	潘口	2021-10-05 01:00	352.70	18.417	2021-10-10 10:00	353.39	18.800	0.385	800	616	23	17.200
	黄龙滩	2021-10-05 00:00	242.31	6.674	2021-10-07 05:00	243.70	7.020	0.346	—	—	—	
	丹江口	2021-10-06 03:00	168.99	261.690	2021-10-10 14:00	170.00	272.100	10.360	10500	8090	23	
	鸭河口	—	—	—	—	—			—	—	—	

表 2.4-2　2021 年秋汛期洪水实况及还原特征值统计

洪水场次	丹江口入库洪峰流量/(m³/s)			皇庄站洪峰水位/m			沙洋站洪峰水位/m			仙桃站洪峰水位/m			汉川站洪峰水位/m		
	实况	还原	重现期	实况	还原	降低值	实况	还原	降低值	实况	还原	降低值	实况	还原	降低值
20210823	14400	17500	接近秋季	47.21	49.09	1.88	41.35	42.84	1.49	34.07	35.87	1.80	29.30	30.83	1.53
20210830	23400	30000	20 年一遇	48.29	51.00	2.71	41.99	44.60	2.61	35.31	38.00	2.69	30.27	33.00	2.73
20210902	16400	18000													
20210906	18800	21000	秋季 5 年一遇	48.20	50.26	2.06	42.20	44.19	1.99	35.63	37.47	1.84	30.56	32.46	1.90
20210917	22800	27500	秋季 10 年一遇	46.90	50.30	3.40	40.62	43.07	2.45	33.56	36.11	2.55	29.01	31.34	2.33
20210929	24900	27000	秋季 10 年一遇	48.10	50.53	2.43	42.05	44.50	2.45	35.20	37.80	2.60	30.12	32.82	2.70
20211007	10500	13500		46.40	47.87	1.47	39.88	40.98	1.10	32.40	33.56	1.16	27.76	28.55	0.79
平均						2.33			2.02			2.11			2.00

表 2.4-3　2021 年秋汛期洪水汉江干流主要控制站还原年特征值

站名	洪峰流量特征量							洪峰水位特征量				
	实际值			还原值			影响量/(m³/s)	实际值		还原值		影响量/m
	流量/(m³/s)	重现期	排序(系列长度)/年	流量/(m³/s)	重现期	排序(系列长度)/年		水位/m	排序(系列长度)/年	水位/m	排序(系列长度)/年	
丹江口入库	24900	近 10 年一遇	15(86)	30000	近 20 年一遇	5(86)	5100	—	—	—	—	—
皇庄	11800	约 2 年一遇	27(74)	26000	约 5 年一遇	4(74)	14200	48.29	18(76)	51.00	1(76)	2.71
沙洋	—	—	—	—	—	—	—	42.20	16(84)	44.60	1(84)	2.40
仙桃	—	—	—	—	—	—	—	35.63	15(79)	38.00	1(79)	2.37
汉川	—	—	—	—	—	—	—	30.56	21(75)	33.00	1(75)	2.44

由表 2.4-2 可以得出,皇庄站洪峰水位降低值平均值为 2.33m;沙洋站洪峰水位降低值平均值为 2.02m;仙桃站洪峰水位降低值平均值为 2.11m;汉川站洪峰水位降低值平均值为 2.00m。

洪水的实况过程及还原过程对比见图 2.4-1 至图 2.4-5。

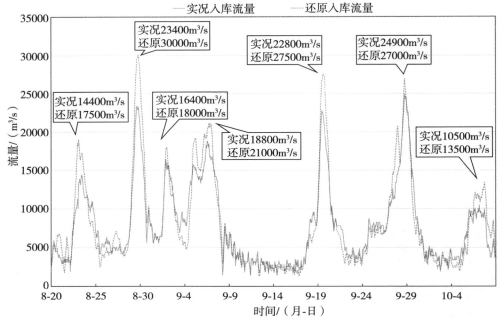

图 2.4-1   2021 年丹江口入库洪水实况及还原过程

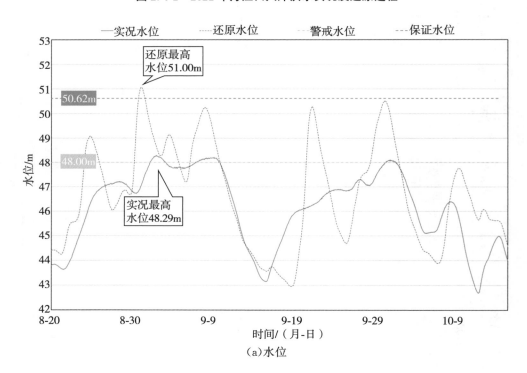

(a)水位

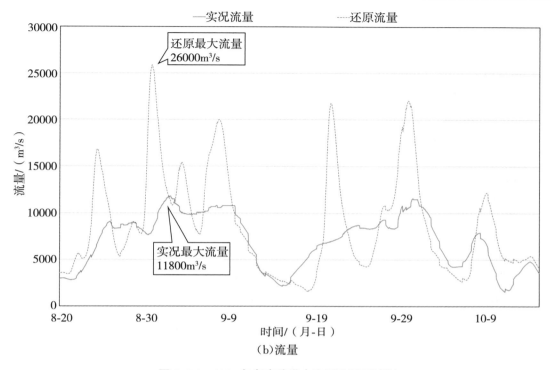

图 2.4-2　2021 年皇庄站洪水实况及还原过程

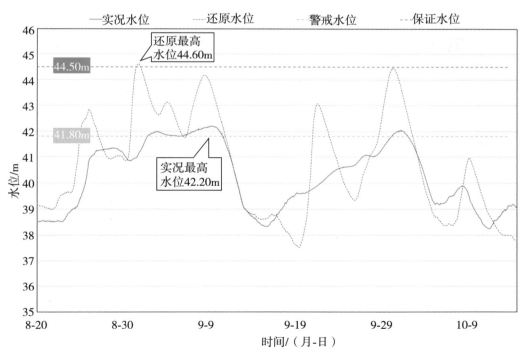

图 2.4-3　2021 年沙洋站洪水实况及还原过程

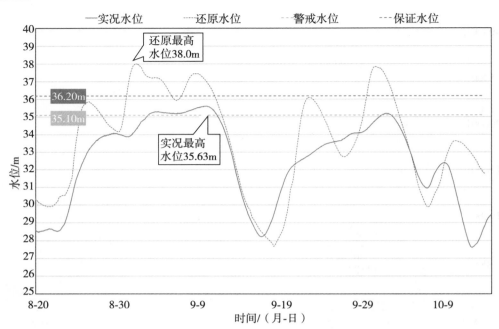

图 2.4-4　2021 年仙桃站洪水实况及还原过程

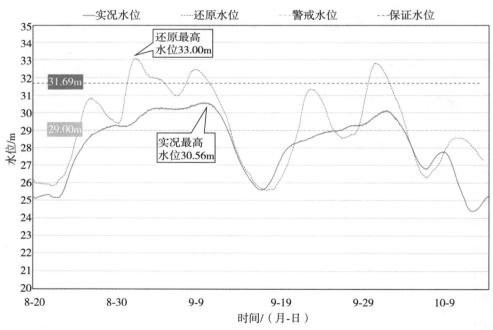

图 2.4-5　2021 年汉川站洪水实况及还原过程

还原后汉江中下游将全线超保,超额洪量达到近 30 亿 m³,超保河长近 500km(宜城以下将全线超保),沿线水位最大超保幅度 0.4~1.8m,最大超警幅度 2.8~4.0m,其中,中游河段超警天数最长达 23 天,下游河段超警天数最长达 34 天,超保天数最长达 15 天。2021年汉江中下游干流主要控制站超警戒及超保证水位历时统计见表 2.4-4。

表2.4-4　2021年汉江中下游干流主要控制站超警戒及超保证水位历时统计

站名	实况过程								还原过程							
	超警戒水位				超保证水位				超警戒水位				超保证水位			
	开始时间 /（月-日）	结束时间 /（月-日）	天数	合计天数	开始时间 /（月-日）	结束时间 /（月-日）	天数	合计天数	开始时间 /（月-日）	结束时间 /（月-日）	天数	合计天数	开始时间 /（月-日）	结束时间 /（月-日）	天数	合计天数
皇庄	9-1	9-3	3	9	—	—	0	0	8-15	8-16	2	23	8-31	8-31	1	1
	9-7	9-10	4		—	—	0		8-24	8-26	3		—	—	0	
	9-30	10-1	2		—	—	0		8-30	9-4	6		—	—	0	
	—	—	0						9-6	9-10	5		—	—	0	
	—	—	0						9-20	9-22	3		—	—	0	
	—	—	0						9-28	10-1	4		—	—	0	
沙洋	9-2	9-10	9	12	—	—	0	0	8-25	8-27	3	23	8-31	9-1	2	2
	9-30	10-2	3		—	—	0		8-31	9-11	12		—	—	0	
	—	—	0						9-21	9-23	3		—	—	0	
	—	—	0						9-29	10-3	5		—	—	0	
仙桃	9-3	9-11	9	12	—	—	0	0	8-25	8-28	4	25	8-31	9-5	6	15
	10-1	10-3	3		—	—	0		8-31	9-12	13		9-7	9-11	5	
	—	—	0						9-22	9-24	3		9-30	10-3	4	
	—	—	0						9-29	10-3	5		—	—	0	
汉川	8-28	9-13	17	26	—	—	0	0	8-25	9-13	20	34	8-31	9-5	6	13
	9-26	10-4	9		—	—	0		9-21	9-27	7		9-8	9-10	3	
	—	—	0						9-29	10-5	7		9-30	10-3	4	

（1）丹江口入库洪水还原

2021 年秋汛期，丹江口水库共计发生 7 次入库洪峰量级在 10000m³/s 以上的涨水过程，洪峰流量分别为 14400m³/s（8 月 23 日）、23400m³/s（8 月 30 日）、16400m³/s（9 月 2 日）、18800m³/s（9 月 6 日）、22800m³/s（9 月 17 日）、24900m³/s（9 月 29 日）、10500m³/s（10 月 7 日），其中 9 月 29 日入库洪峰流量 24900m³/s，为丹江口水库近 10 年最大入库洪峰。若考虑上游水库群不拦蓄洪水，则还原后按时间顺序排列 7 次丹江口入库洪水洪峰流量分别为 17500m³/s、30000m³/s、18000m³/s、21000m³/s、27500m³/s、27000m³/s、13500m³/s，其中还原后洪峰量级以 8 月 30 日洪水过程为最大，实况入库洪峰流量 23400m³/s，接近秋季 10 年一遇（26800m³/s），还原入库洪峰流量 30000m³/s，略小于秋季 20 年一遇（32500m³/s）；在 9 月 17—29 日不到半个月的时间内，发生两次入库洪峰流量超 20000m³/s 的洪水过程，还原后两次洪水过程洪峰量级均超过秋季 10 年一遇。

（2）汉江中下游洪水过程还原

经上游水库群拦蓄后，皇庄站实况最大洪峰流量为 11800m³/s（重现期约 2 年），洪峰水位 48.29m，仅超警戒 0.29m，累计超警时间 9 天。若上游水库群不拦蓄，天然情况下皇庄站将出现 7 次涨水过程，还原后最大的洪峰流量为 26000m³/s，（居有记录以来第 4 位，重现期约 5 年），洪峰水位约 51.0m，超保证水位（50.62m）0.38m 左右，还原后超警天数为 23 天，超保证 1 天。

沙洋站实况最高洪峰水位 42.20m（超警戒 0.36m），累计超警戒 12 天。若上游水库群不拦蓄，洪峰水位约 44.6m，超保证水位（44.5m）0.1m 左右，超实测记录最高水位（44.50m，1983 年）0.1m 左右，累计超警戒 23 天，超保证 2 天。

仙桃站实况最高洪峰水位 35.63m（超警戒 0.53m），累计超警戒 12 天。若上游水库群不拦蓄，洪峰水位约 38.0m，超保证水位（36.2m）1.8m 左右，超实测记录最高水位（36.24m，1984 年）1.76m 左右，累计超警戒 25 天，超保证 15 天。

汉川站实况最高洪峰水位 30.56m（超警戒 1.56m），累计超警戒 26 天。若上游水库群不拦蓄，洪峰水位约 33.0m，超保证水位（31.69m）1.31m 左右，超实测记录最高水位（32.09m，1998 年）0.91m 左右，累计超警戒 34 天，超保证 13 天。

总体而言，还原后汉江中下游将全线超保，超额洪量达到近 30 亿 m³。

2.4.2 洪水定性

汉江丹江口入库和皇庄时段最大洪量成果见表 2.4-5。由表 2.4-5 可知，2021 年汉江秋汛过程中，丹江口入库最大 7 天洪量为 76 亿 m³（9 月 1—8 日），秋季 10 年一遇最大 7 天洪量为 75.8 亿 m³；最大 15 天洪量为 137 亿 m³（8 月 24 日至 9 月 8 日），秋季 20 年一遇最大 15 天洪量为 136 亿 m³；最大 30 天洪量为 219 亿 m³（8 月 31 日至 9 月 30 日），全年 20 年一遇最大 30 天洪量 226 亿 m³。还原后最大 7 天、最大 15 天及最大 30 天洪量分别约为 77 亿 m³、144 亿 m³、229 亿 m³。

皇庄站还原后最大 7 天洪量约 86 亿 m³，接近秋季 10 年一遇。

表 2.4-5　　　　　　　　　汉江丹江口入库和皇庄时段最大洪量成果

站名	项目	最大 7 天			最大 15 天			最大 30 天		
		洪量/亿 m³	时段	重现期	洪量/亿 m³	时段	重现期	洪量/亿 m³	时段	重现期
丹江口入库	实况	76	9月1—8日	秋季10年一遇	137	8月24日至9月8日	秋季20年一遇	219	8月31日至9月30日	接近全年20年一遇
	还原	77	9月1—8日	秋季10年一遇	144	8月23日至9月7日	超秋季20年一遇	229	8月22日至9月21日	超全年20年一遇
皇庄	实况	64	9月1—8日	—						
	还原	86	8月30日至9月6日	接近秋季10年一遇						

注：皇庄（碾盘山）因无最大 15 天、最大 30 天特征洪量频率分析成果，故本书不作统计。

本次秋季洪水主要来源于汉江上游，丹皇区间来水相对较小，综合分析丹江口入库洪峰、洪量还原成果：丹江口最大入库洪峰超过秋季 10 年一遇，接近秋季 20 年一遇；最大 7 天洪量超秋季 10 年一遇，最大 15 天洪量超秋季 20 年一遇，最大 30 天洪量超全年 20 年一遇，最大 15 天、最大 30 天洪量列 1933 年以来秋汛期第 4 位，列建库以来第 1 位（表 2.4-6）。

由于还原后，最大 15 天洪量超秋季 20 年一遇、最大 30 天洪量超全年 20 年一遇，参照《水文情报预报规范》（GB/T 22482—2008）的规定，根据洪水等级划分标准，重现期 20～50 年洪水为大洪水。综合判断可作以下定性：2021 年秋季汉江发生超 20 年一遇大洪水。

表 2.4-6　　　　　　　　　1933—2021 年秋汛期丹江口水库坝址天然来水对比

最大 15 天			最大 30 天		
洪量排序	出现年份	洪量/亿 m³	洪量排序	出现年份	洪量/亿 m³
1	1964	151	1	1949	263
2	1949	147	2	1964	256
3	1938	145	3	1938	253
4	2003	144	4	2021	229
4	2021	144	5	1984	222
6	1983	139	6	1983	219
7	1984	137	7	2003	194

最大 15 天			最大 30 天		
洪量排序	出现年份	洪量/亿 m³	洪量排序	出现年份	洪量/亿 m³
8	2011	132	8	1981	178
9	1975	130	9	1975	173
10	1948	126	10	2017	173

注:丹江口水库于 1973 年建成蓄水,2021 年最大 15 天、最大 30 天洪量在 1973 年后位第 1 位。

2.5 2021 年秋季洪水特性及地区组成

2.5.1 洪水特性

2021 年汉江秋季洪水总体呈现洪水过程多、持续时间长、洪量大;洪水组成以上游来水为主,中游最大支流白河鸭河口水库发生超历史洪水;受水库群调节影响,洪水过程被显著改变。

(1)洪水过程多、持续时间长、洪量大

8 月下旬至 10 月上旬,汉江上游丹江口水库连续发生 7 次入库流量超过 10000m³/s 的较大洪水过程,其中 3 次入库洪峰流量在 20000m³/s 以上,丹江口水库入库水量 344.7 亿 m³,为建库(1969 年)以来历史同期第 1 位。丹江口水库实测最大 15 天洪量约 137 亿 m³(8 月 24 日至 9 月 8 日),最大 30 天洪量约 219 亿 m³(8 月 31 日至 9 月 30 日),均列建库以来历史第 2 位(小于 1984 年)。

(2)洪水地区组成以上游来水为主

8 月下旬至 10 月上旬,经丹江口等水库联合调度后,汉江中下游发生 2 次明显涨水过程,皇庄以下河段主要控制站水位均超警戒。从皇庄站实测地区洪水组成来看,丹江口下泄水量占比 75%～84%,丹皇区间 16%～25%,在中下游年度最大涨水过程中,皇庄站最大流量 11800m³/s(9 月 2 日 2 时),其间丹江口水库维持 7400m³/s 左右下泄流量。本轮秋汛,洪水主要来源于汉江上游,丹江口水库发生 7 次入库大于 10000m³/s 的洪水过程,丹皇区间来水相对较小,丹皇区间共发生 4 次涨水过程,但量级相对不大,区间洪水的洪峰流量在 3000～4500m³/s。

(3)汉江支流白河鸭河口水库发生超历史洪水

汉江中游支流白河鸭河口水库发生超历史特大洪水,9 月 25 日入库洪峰流量 18200m³/s(历史最大入库流量 11700m³/s,1975 年 8 月),其间最大出库流量 5000m³/s。经鸭河口水库拦洪削峰调度影响,白河控制站新店铺站洪峰流量 4440m³/s(9 月 25 日 21 时),

为 1953 年以来 9 月最大流量。

2.5.2 洪水地区组成

经洪水(实测)地区组成分析,丹江口入库洪水主要由汉江白河以上和丹江口库区区间洪水形成,堵河来水占比相对较小。中游控制站皇庄站洪水主要来自丹江口以上,但从秋季洪水过程丹皇区间洪量占比来看,以支流白河来水占比为最。

(1)丹江口特征洪量地区组成

丹江口以上为汉江流域上游,控制面积 95217km²,约占汉江全流域面积的 60%。丹江口水库以上干流来水控制站白河站控制面积 59115km²,约占汉江上游面积 62%;白河—丹江口主要支流有堵河、丹江,其中堵河黄龙滩站、丹江口库区(含丹江)控制面积占汉江上游面积比例分别为 11%、27%,通过计算汉江上游白河站、黄龙滩站、丹江口库区最大 1 天、3 天、7 天、15 天、30 天洪量,分析丹江口入库洪水组成。

8—9 月洪水和 9—10 月洪水,丹江口入库最大 1 天、3 天、7 天、15 天、30 天洪量地区组成分析结果见表 2.5-1、表 2.5-2。

表 2.5-1　　　　　汉江上游 8—9 月洪水丹江口入库(实测)洪量地区组成

河名	站名	最大 1 天洪量		最大 3 天洪量		最大 7 天洪量		最大 15 天洪量		最大 30 天洪量	
		洪量/亿 m³	占入库/%	洪量/亿 m³	占入库/%	洪量/亿 m³	占入库/%	洪量/亿 m³	占入库/%	洪量/亿 m³	占入库/%
堵河	黄龙滩	0.6	4.3	1.9	4.8	7.6	10.1	13.1	9.6	20.7	11.2
汉江	白河	12.0	85.1	33.5	84.2	58.7	78.1	98.9	72.3	139.1	74.9
丹江	丹江口库区	1.5	10.6	4.4	11.1	8.9	11.8	24.8	18.1	25.8	13.9
汉江	丹江口入库	14.1	100.0	39.8	100.0	75.2	100.0	136.8	100.0	185.6	100.0

表 2.5-2　　　　　汉江上游 9—10 月洪水丹江口入库(实测)洪量地区组成

河名	站名	最大 1 天洪量		最大 3 天洪量		最大 7 天洪量		最大 15 天洪量		最大 30 天洪量	
		洪量/亿 m³	占入库/%	洪量/亿 m³	占入库/%	洪量/亿 m³	占入库/%	洪量/亿 m³	占入库/%	洪量/亿 m³	占入库/%
堵河	黄龙滩	0.4	2.3	1.4	3.4	6.7	8.9	7.7	6.4	19.6	8.9
汉江	白河	13.7	79.7	24.5	58.7	48.2	64.1	95.7	79.1	174.2	79.4
丹江	丹江口库区	3.1	18.0	15.8	37.9	20.3	27.0	17.5	14.5	25.6	11.7
汉江	丹江口入库	17.2	100.0	41.7	100.0	75.2	100.0	120.9	100.0	219.4	100.0

从表 2.5-1、表 2.5-2 中可以看出,丹江口入库最大 1 天、3 天、7 天、15 天、30 天占比由大到小依次为白河站、丹江口库区、黄龙滩站,其中,汉江上游白河站来水占比在 58.7%～

85.1%,接近或大于面积比;丹江口库区来水占比在 10.6%～37.9%,较面积比偏大;黄龙滩站来水占比在 2.3%～11.2%,较面积比偏小。由此可见,丹江口入库洪水主要由汉江白河站以上、丹江口库区洪水形成。

(2)汉江丹皇区间洪水地区组成

丹江口—皇庄为汉江流域中游,河长 270km。丹皇区间集水面积 46800km²,约占汉江流域总面积的 29.4%。

针对 2021 年 8 月 22 日至 9 月 15 日、9 月 16 日至 10 月 10 日 2 次涨水过程中丹皇区间洪水地区组成进行分析,并对比历次秋季洪水。汉江历次秋季洪水丹皇区间洪水组成见表 2.5-3。

2021 年第 1 次秋季洪水皇庄洪量组成中,丹江口下泄洪水洪量占比 75.3%,丹皇区间来水占比 24.7%,区间来水洪量占比较面积占比略偏大。2021 年第 2 次秋季洪水皇庄洪量组成中,丹江口下泄洪水洪量占比 83.7%,丹皇区间来水占比 16.3%,区间来水洪量占较面积占比偏小。

从历史洪水组成分析看:皇庄来水主要为丹江口水库以上,占皇庄站洪水组成的 67.7%(2017 年)～90.3%(2011 年),丹皇区间来水较小,占皇庄站的 9.7%～32.3%。在丹皇区间来水组成中,南北河、唐白河有控制站支流来水占皇庄站的 9.0%～13.1%,无控制区间来水占皇庄站的 4.1%～25%。比较历次秋季典型洪水,2021 年第 1 次秋季洪水历时 25 天,受两次区间强降水影响,黄家港来水占比 75.3%,与"64·10""83·10"所占比例相当;丹皇区间白河来水占比达到 5.5%,为历次典型秋季洪水之首(其他年份比例在 2.4%～4.5%),黄家港—皇庄除南河开峰峪(谷城)、白河新店铺、唐河郭滩之外的区域来水占比次于 2017 年 10 月洪水。

表 2.5-3　　　　　　　　汉江历次秋季洪水丹皇区间洪水组成

典型洪水	河名	站名	洪量/亿 m³	洪量占皇庄水量百分比/%
"83·10"洪水	干流	黄家港	118.80	77.6
		区1	6.50	4.2
	南河	开峰峪(谷城)	3.90	2.5
	白河	新店铺	9.30	6.1
	唐河	郭滩	4.50	2.9
	区2+区3+区4+区5	区2+区3+区4+区5	10.00	6.6
	干流	皇庄	153.00	100.0
"05·10"洪水	干流	黄家港	62.00	76.6
		区1	5.02	6.2
	南河	开峰峪(谷城)	0.73	0.9
	白河	新店铺	4.60	5.7
	唐河	郭滩	1.95	2.4
	区2+区3+区4+区5	区2+区3+区4+区5	6.67	8.2
	干流	皇庄	80.97	100.0
"17·10"洪水	干流	黄家港	120.74	67.7
		区1		—
	南河	开峰峪(谷城)	南北河控制站洪量 11.10	6.2
	白河	新店铺	6.51	3.7
	唐河	郭滩	5.50	3.1
	区2+区3+区4+区5	区2+区3+区4+区5	丹皇区间洪量 57.53	32.3
	干流	皇庄	178.27	100.0
"03·09"洪水	干流	黄家港	143.00	79.5
		区1	3.30	1.8
	南河	开峰峪(谷城)	4.20	2.3
	白河	新店铺	8.10	4.5
	唐河	郭滩	9.90	5.5
	区2+区3+区4+区5	区2+区3+区4+区5	11.40	6.4
	干流	皇庄	179.90	100.0
"11·09"洪水	干流	黄家港	130.10	90.3
		区1		—
	南河	开峰峪(谷城)	南北河控制站洪量 2.89	2.0
	白河	新店铺	4.61	3.2
	唐河	郭滩	0.62	0.4
	区2+区3+区4+区5	区2+区3+区4+区5	丹皇区间洪量 14.00	9.7
	干流	皇庄	144.10	100.0
2021年秋季第1次洪水过程(8月22日至9月15日)	干流	黄家港	126.50	75.3
		区1		—
	南河	开峰峪(谷城)	南北河控制站洪量 7.10	4.2
	白河	新店铺	9.20	5.5
	唐河	郭滩	5.70	3.4
	区2+区3+区4+区5	区2+区3+区4+区5	丹皇区间洪量 19.60	11.6
	干流	皇庄	168.10	100.0

续表

典型洪水	河名	站名	洪量/亿 m³	洪量占皇庄水量百分比/%	典型洪水	河名	站名	洪量/亿 m³	洪量占皇庄水量百分比/%
2021年秋季第2次洪水过程（9月16日至10月10日）	干流	黄家港	128.83	83.7					
		区 1	—	—					
	南河	开峰峪（谷城）	南北河控制站洪量 2.23	1.4					
	白河	新店铺	14.14	9.2					
	唐河	郭滩	2.42	1.6					
	区 2+区 3+区 4+区 5		丹皇区间洪量 6.32	4.1					
	干流	皇庄	153.94	100.0					

注：①区 1、区 2、区 3、区 4、区 5 分别为黄家港—皇庄站除南河开峰峪（谷城）、白河新店铺，唐河郭滩之外的无控区域来水。

②表中数据采用实测洪水数据。

第3章 秋汛防御与蓄水调度

面对 2021 年汉江秋汛复杂的来水情况和严峻的防洪形势,在水利部的坚强领导下,长江委坚决贯彻习近平总书记重要指示精神,认真落实国务院领导重要批示和水利部领导工作要求,会同流域相关省(直辖市)及有关单位,严格落实各项防御措施,共启动水旱灾害防御Ⅳ级应急响应 2 次,Ⅲ级应急响应 1 次;应急响应时长 48 天,其中Ⅲ级应急响应 8 天。长江委共主持会商 72 次,汛情紧张时每日进行 3 次会商,结合预测预报情况,统筹考虑汉江上下游防洪需求,共发出 47 道调度令,会同陕西、湖北、河南省水利厅科学调度汉江流域水库群,充分发挥丹江口水库防洪作用,有效应对了 7 次 10000m³/s 以上的丹江口水库入库洪水过程,极大地减轻了汉江中下游地区的防洪压力;汛末统筹防洪与兴利,精细调度丹江口水库首次成功蓄水至正常蓄水位 170m,取得了汉江秋汛防御和汛末蓄水的全面胜利。

3.1 第一次洪水防御与夏秋汛期过渡(8 月 22—25 日)

3.1.1 预报与实况雨水情

(1)预报雨水情

根据长江委水文局 8 月 19 日预报:当天石泉以上有中—大雨,20 日汉江中下游有中雨,21—22 日从石泉以上开始有大—暴雨、局地大暴雨的降雨过程;20 日和 21 日基本维持此预报;22 日预报:22—23 日汉江流域从上游到下游有移动性的大—暴雨、局地大暴雨的降雨过程。

根据预见期降雨,洪水期间滚动预报分析,8 月 22 日上午预报:丹江口水库 24 日 8 时将出现最大入库流量 10000m³/s;22 日晚上预报:丹江口水库 23 日 20 时将出现最大入库流量 14500m³/s;23 日上午预报:丹江口水库 23 日 14 时将出现最大入库流量 14000m³/s。

(2)实况雨水情

总体来看,实况降水量和落区与预报降雨基本一致。8 月 19—23 日,汉江流域出现大—

暴雨、局地大暴雨;此次过程降雨中心主要位于汉江上游及下游,过程累计面雨量超 100mm 的笼罩面积约 4.6 万 km²。汉江上游累计面雨量 84.64mm,其中石泉以上 105.97mm,石泉—白河 116.44mm,白河—丹江口 43.56mm,汉江中游(丹皇区间)49.90mm;汉江下游(皇庄以下)75.99mm。

根据 8 月 19—23 日汉江流域逐日雨量分布(表 3.1-1)可知,19—21 日汉江上游降水量较大,22 日雨带下移至中游丹皇区间,23 日降雨主要集中在下游,流域内降雨总体由上游往下游发展。

表 3.1-1   **8 月 19—23 日汉江流域逐日雨量**   (单位:mm)

日期	汉江上游 (丹江口以上)	汉江中游 (丹皇区间)	汉江下游 (皇庄以下)	日雨量最大站点 及雨量
19	20.85	2.32	2.03	酉水街 113.4
20	2.66	4.78	19.86	邓庄 52.5
21	36.87	2.74	0.05	武侯镇 176.4
22	21.43	38.68	9.00	粮食川 174.0
23	2.83	1.38	45.05	岳口 114.5

受 8 月 19—23 日流域强降雨影响,汉江上游多条支流发生明显涨水过程,旬河发生超警洪水,月河发生超保洪水;干流白河站、丹江口水库均发生较大涨水过程,白河站洪峰流量 12900m³/s(8 月 23 日 3 时),丹江口水库最大入库流量 14400m³/s(8 月 23 日 18 时)。汉江中游丹皇区间多条支流发生较大涨水过程,鸭河口水库最高库水位 177.25m(8 月 26 日 18 时 30 分),超汛限水位 0.25m;中下游干流主要站水位逐步上涨,其中汉川、新沟站水位超警戒(详见 2.3.1 节洪水发展过程第二阶段)。汉江下游控制站最大流量和最高水位见表 3.1-2。

表 3.1-2   **第一次洪水期间汉江下游控制站最大流量和最高水位**

控制站	警戒水位 /m	最高水位		最大流量		备注
		出现时间 /(月-日 时:分)	水位/m	出现时间 /(月-日 时:分)	流量(m³/s)	
皇庄	48.00	8-28 16:00	47.38	8-26 04:00	9100	8 月 23 日汉江下游面雨量 45.05mm;受其影响,汉川站小幅超警戒
沙洋	41.80	8-29 03:00	41.35	—	—	
仙桃	35.10	8-29 22:00	34.09	8-29 09:00	7310	
汉川	29.00	8-30 11:00	29.30	—	—	

与实况入库洪水过程相比,预见期 24 小时内的入库洪峰预报误差基本在 3%以内,预报

精度较高,为洪水防御提供了有力支撑。20210823 丹江口入库场次洪水预报过程见图 3.1-1,丹江口水库入库洪峰流量预报精度统计见表 3.1-3。

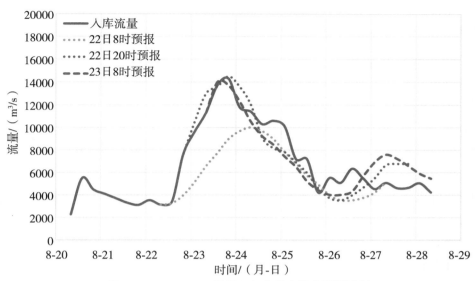

图 3.1-1　20210823 丹江口入库场次洪水预报过程

表 3.1-3　　　　　　　　　20210823 丹江口水库入库洪峰流量预报精度统计

洪峰编号	预报依据时间 /(月-日 时:分)	入库洪峰流量/(m³/s)		相对误差 /%	预见期 /h
		实况	预报		
"8·23-18"	8-22 08:00	14400	10000	−30.6	34
	8-22 20:00		14500	0.7	22
	8-23 08:00		14000	−2.8	10

3.1.2　防洪形势分析

8 月 19—23 日,汉江流域有大—暴雨、局地大暴雨,8 月 21 日起,受降雨影响,汉江上游干支流水位及石泉、安康水库入库流量快速上涨,其中石泉水库入库流量由 840m³/s(8 月 21 日 20 时)迅速涨至 8700m³/s(8 月 22 日 21 时),安康水库入库流量由 1640m³/s(8 月 22 日 8 时)迅速涨至 13400m³/s(8 月 22 日 17 时);汉江上游多条支流发生明显涨水过程,旬河发生超警洪水,月河发生超保洪水。

根据水文气象预报,汉江流域还有两次强降雨过程,累计雨量在 100mm 左右。受强降雨及上游石泉、安康等水库调度影响,预报 8 月 23 日下午丹江口水库将迎来一次洪峰流量 14000m³/s 左右的洪水过程,且此后还将有一次洪峰流量 10000m³/s 以上的洪水过程。根据雨水情预报和调洪演算,若丹江口等上游水库群不拦蓄本次洪水,则汉江中下游皇庄以下各控制站水位均将超过警戒水位。

为统筹汉江流域上下游防洪需要,丹江口水库将加大下泄流量,加上丹皇区间降雨影响,预报 8 月 25 日前后皇庄站流量将涨至 9000m³/s 以上,汉江中下游河段有一定超警风险。同时,调度过程中需兼顾中下游新集、雅口、碾盘山等在建工程的过流安全,为实际调度决策带来一定难度。

3.1.3　预警及应急响应

（1）水利部

水利部于 8 月 16 日启动水旱灾害防御Ⅲ级应急响应,8 月 24 日调整为Ⅳ级。8 月 20 日,水利部发出《水利部办公厅关于做好西北华北黄淮西南等地暴雨洪水防御工作的通知》（水明发〔2021〕108 号）,指出受暴雨影响,长江上游三峡区间及支流渠江、清江、汉江等河流将出现明显涨水过程,要求相关单位加强监测预报预警、科学调度水工程、强化堤防巡查防守、重点防范山洪灾害和中小河流洪水、抓好中小水库和病险水库安全度汛、强化值班值守和信息报送,切实做好暴雨洪水防范应对工作;8 月 22 日,派出由长江委专家组成的水利部工作组,赴陕西省协助指导暴雨洪水防范应对工作。

（2）长江委

8 月 20—23 日长江委发布第 11—13 期汛（旱）情通报,提醒湖北、陕西、河南等省水利厅高度重视此次强降雨过程的防范应对,认真落实水利部工作部署,统筹防汛救灾和疫情防控,压紧压实防汛责任,落实落细防御措施,全面做好防范应对工作。

鉴于 8 月 21 日汉江上游已降大—暴雨、局地大暴雨,预报 22—23 日汉江上游降水量仍有 30～50mm,汉江上游部分支流可能发生超警洪水,局部强降雨引发山洪灾害风险较大,丹江口水库将有一次大的涨水过程,长江委于 8 月 22 日 8 时启动水旱灾害防御Ⅳ级应急响应。

8 月 22 日,长江委派出以长江委党组成员为组长的长江委工作组,赴工程现场指导丹江口、孤山等委管工程安全度汛工作。

8 月 22 日,向陕西、湖北、河南省水利厅印发紧急通知,要求做好近期汉江流域暴雨洪水防范应对工作;考虑到汉江干流有黄金峡、旬阳、白河、孤山、新集、雅口、碾盘山等工程正在施工,干支流还有不同规模的在建工程项目,同日向陕西、湖北、河南省水利厅印发通知,要求督促辖区范围内在建工程项目法人及有关部门和单位压紧压实防汛责任,落实落细防御措施,切实做好汉江流域在建工程近期安全度汛工作。鉴于汉江中下游皇庄流量将涨至9000m³/s 以上,8 月 23 日,向湖北省水利厅发出关于做好汉江中下游防洪安全管理工作的通知,要求全力加强预报预警、巡查防守、在建工程安全度汛、防洪安全管理等工作。

长江委水文局于 2021 年 8 月 24 日 17 时发布:汉江中下游皇庄以下河段洪水蓝色预警,未来 1～2 天,皇庄站水位涨幅在 1.5m 左右,仙桃站水位涨幅在 4m 左右,提请汉江中下游皇庄以下河段有关单位和公众注意防范。2021 年 8 月 26 日 14 时继续发布:汉江中下游襄阳以下河段洪水蓝色预警,未来 5 天,汉江中游襄阳河段、皇庄河段水位仍有 0.5m 左右的涨幅,汉江下游仙桃河段水位仍有 1.5m 左右的涨幅,提请汉江中下游襄阳以下河段有关单位和公众注意防范。

3.1.4 调度目标确定

根据丹江口水库汛期调度运用计划,8 月 21—31 日为夏汛期转向秋汛期的过渡期。夏秋汛期过渡期间,根据实时及预报雨水情控制库水位抬升进程,原则上按 163.5m 左右控制。

经会商研究,调度目标确定为:8 月底前,丹江口水库水位按不超 163.5m 控制,根据上游来水情况,逐步加大出库流量,以皇庄站流量在 9000m³/s 左右为目标进行补偿调度,避免汉江中下游河段水位超警,兼顾丹江口水库水位自夏汛期向秋汛期过渡。

3.1.5 丹江口水库调度过程

(1)8 月 20 日

8 月 19 日,汉江上游有中—大雨、局地大暴雨,日面雨量:汉江石泉—白河 33mm,石泉以上 19mm。根据水文气象情势,当日汉江中下游有中雨;预报 25—26 日,汉江上游有中—大雨,预报汉江上游一周累计雨量 90～130mm。初步预报丹江口水库 24 日前后将有一次 5000m³/s 量级涨水过程。8 月 20 日 8 时,丹江口水库水位 162.82m,入库流量 2270m³/s,出库流量 1860m³/s。若丹江口水库维持当前出库流量(向中下游下泄流量 1500m³/s),则 26 日库水位将在 163.5m 左右,此后仍继续上涨,因此按照加大丹江口水库出库流量,研究制定两种调度方案。

方案一:20 日 14 时出库流量增加至 2360m³/s(增加泄洪流量 500m³/s,向汉江中下游下泄流量 2000m³/s),22 日库水位在 163.0m 左右,26 日库水位将涨至 163.3m 左右;25 日前后皇庄最大流量在 4500m³/s 左右。

方案二:20 日 14 时出库流量增加至 5060m³/s(增加泄洪流量 3200m³/s,向汉江中下游下泄流量 4700m³/s),22 日库水位 162.5m,此后库水位持续消退,26 日库水位退至 161.8m;25 日前后皇庄最大流量在 7000m³/s 左右。

经会商研究,以丹江口水库 8 月底水位不超 163.5m 为控制目标,考虑降雨预报的不确定性,在方案一的基础上增开 1 个表孔,向汉江中下游下泄流量按 2900m³/s 控制,并控制皇庄流量不超过 6000m³/s,后期根据实时和预报来水趋势,适时调整泄洪流量。长江委调度丹江口水库自 8 月 20 日 14 时起加大向汉江中下游下泄流量至 2900m³/s(含发电流量,开启 1 个表孔和 1 个深孔),后续根据来水变化及时调整。

(2)8 月 21 日

8 月 20 日,汉江皇庄以下面面雨量 20mm,江汉平原日面雨量 18mm。汉江上游出现小幅涨水过程,丹江口水库 21 日 8 时入、出库流量分别为 3710m³/s、3300m³/s,库水位 162.97m。8 月 21 日预报汉江上游降水量及入库洪峰量级与前一天一致,经会商讨论,长江委调度丹江口水库自 8 月 21 日 14 时起向汉江中下游下泄流量按 3100m³/s(将 1 个表孔切换至深孔)控制。后期按来水情况,加开闸门预泄,并计划提前组织开展丹江口水库提前蓄水方案研究。

(3)8 月 22 日

8 月 21 日,汉江上游有大—暴雨、局地大暴雨,石泉以上日降水量 65mm,石泉—白河日降水量 42mm,且预计未来几天汉江上中游还有大雨过程。22 日石泉水库已开闸预泄,22 日 8 时入、出库流量分别为 1800m³/s、2400m³/s,库水位 404.82m(汛限水位 405m)。安康水库 22 日 8 时入、出库流量分别为 1640m³/s、1280m³/s,库水位 320.35m。预报黄金峡 23 日前后坝址洪峰流量 9000m³/s 左右,白河、孤山 24 日前后坝址洪峰流量 10000m³/s 左右,丹江口将有两次 10000m³/s 量级的入库过程,中下游皇庄流量将涨至 9000m³/s 左右,防洪形势日趋严峻。若丹江口水库维持当前出库流量 3520m³/s(向汉江中下游下泄流量 3130m³/s),24 日库水位将涨至 163.5m,27 日库水位在 164.2m 左右,下一次涨水过程的最高调洪水位在 166m 左右,防洪风险较大。考虑此防洪形势以及下一次洪水过程的不确定性,按照进一步加大丹江口水库出库流量,研究制定 3 种调度方案。

方案一:丹江口水库 22 日 14 时起出库流量加大至 4320m³/s(向汉江中下游下泄流量 3930m³/s),24 日涨至 163.5m,27 日库水位在 163.8m 左右,下一次涨水过程的最高调洪水位在 165.3m 左右;25 日前后皇庄最大流量在 7300m³/s 左右。

方案二:丹江口水库 22 日 14 时起出库流量加大至 5120m³/s(向汉江中下游下泄流量 4730m³/s),本次最高调洪水位 163.6m 左右(25 日),27 日库水位退至 163.4m 左右以迎接下场洪水,下一次涨水过程的最高调洪水位在 164.5m 左右;25 日前后皇庄最大流量在 8000m³/s 左右。

方案三:丹江口水库 22 日 14 时起出库流量加大至 5120m³/s,20 时再增加至 5920m³/s(向汉江中下游下泄流量 5530m³/s),本次最高调洪水位 163.4m 左右(25 日),27 日库水位退至 163.0m 左右以迎接下场洪水,下一次涨水过程的最高调洪水位在 163.8m 左右;25 日前后皇庄最大流量在 8800m³/s 左右。

经会商研究,按照方案二调度丹江口水库逐步加大向汉江中下游下泄流量,8 月 22 日 12 时起下泄流量按 3900m³/s 控制、14 时起按 4700m³/s 控制,合计增开 2 个深孔至 4 个深孔维持。

(4)8 月 23 日

8 月 22 日,汉江上中游有大—暴雨、局地大暴雨,降雨时段较集中。22 日石泉以上日降水量 22mm,石泉—白河 29mm,丹皇区间 38mm。石泉水库以上来水增加,22 日 21 时出现最大入库流量 8700m³/s,安康水库 22 日 17 时出现最大入库流量 13400m³/s;干流白河站

23 日 3 时出现最大流量 12900m³/s,8 时退至 11700m³/s;丹江口水库入库流量持续上涨,汉江中游干流皇庄站来水转涨,8 时流量涨至 4230m³/s。预报丹江口水库 23 日 20 时最大入库流量在 14000m³/s 左右,26 日将退至 5000m³/s 左右。若丹江口水库维持当前出库流量 5200m³/s(向汉江中下游下泄流量 4800m³/s,向陶岔渠首供水流量 330m³/s,向清泉沟渠首供水流量 60m³/s),25 日库水位在 164.30m 左右,27 日库水位在 164.20m 左右,下一次涨水过程的最高调洪水位可能在 165m 左右。考虑此防洪形势以及下一次洪水过程的不确定性,按照继续加大丹江口水库出库流量,研究制定 4 种调度方案(表 3.1-4)。

方案一:丹江口水库 10 时起增开 1 个深孔(合计 5 个孔),出库流量增加至 6000m³/s(向汉江中下游下泄流量 5600m³/s,向陶岔渠首供水流量 330m³/s,向清泉沟渠首供水流量 60m³/s),25 日最高库水位在 164.15m 左右,27 日库水位在 164.00m 左右,下一次涨水过程的最高调洪水位在 164.40m 左右;25 日前后皇庄最大流量 8200m³/s。

方案二:丹江口水库 10 时起增开 2 个深孔(合计 6 个孔),出库流量增加至 6800m³/s(向中下游下泄流量 6400m³/s,向陶岔渠首供水流量 330m³/s,向清泉沟渠首供水流量 60m³/s),25 日最高库水位在 164.00m 左右,27 日库水位退至 163.60m 后波动;25 日前后皇庄最大流量 9000m³/s。

方案三:丹江口水库 10 时起增开 2 个深孔,14 时再增开 1 个深孔(合计 7 个孔),出库流量增加至 7600m³/s(向汉江中下游下泄流量 7200m³/s,向陶岔渠首供水流量 330m³/s,向清泉沟渠首供水流量 60m³/s),24 日最高库水位在 163.90m 左右,27 日库水位退至 163.40m,此后持续缓退;25 日前后皇庄最大流量 9800m³/s。

方案四:丹江口水库 10 时起增开 2 个深孔,14 时再增开 2 个深孔(合计 8 个孔),出库流量增加至 8400m³/s(向汉江中下游下泄流量 8000m³/s,向陶岔渠首供水流量 330m³/s,向清泉沟渠首供水流量 60m³/s),24 日最高库水位在 163.75m 左右,27 日库水位退至 163.00m,此后持续缓退;25 日前后皇庄最大流量 10700m³/s。

考虑汉江中下游防洪形势和湖北省水利厅建议,控制皇庄流量不超过 10000m³/s,同时考虑汉江下游在建工程雅口水电站围堰过水流量不宜超过 8000m³/s 的限制条件,经会商讨论,最终执行方案二,调度丹江口水库逐步加大向汉江中下游下泄流量,23 日 12 时加大至 5600m³/s,14 时起加大至 6400m³/s,12 时和 14 时各开 1 个深孔至 6 个深孔维持,计划控制皇庄流量 9000m³/s 左右。

表 3.1-4　　　　　　　　　　**2021 年 8 月 23 日丹江口水库调度方案**

项目	维持当前	方案一	方案二	方案三	方案四
丹江口入库	来水预测:23 日 20 时最大入库流量 14000m³/s 左右,26 日退至 5000m³/s 左右,27 日后来水过程洪峰流量 10000m³/s				
丹皇区间	来水预测:25 日最大流量在 2500~3000m³/s,27 日后将有一次 3000~3500m³/s 涨水过程				

项目		维持当前	方案一	方案二	方案三	方案四
开孔数量 /个	表孔	0	0	0	0	0
	深孔	4	5	6	7	8
出库流量 /(m³/s)	合计	5200	6000	6800	7600	8400
	向中下游	4800	5600	6400	7200	8000
库水位 /m	本次最高	164.30(25日)	164.15(25日)	164.00(25日)	163.90(24日)	163.75(24日)
	下次起调前	164.20(27日)	164.00(27日)	163.60(27日)	163.40(27日)	163.00(27日)
	下次最高调洪	165.00	164.40	27日后波动	27日后持续缓退	27日后持续缓退
皇庄站最大流量/(m³/s)		7500(25日)	8200(25日)	9000(25日)	9800(25日)	10700(25日)
皇庄站最高水位/m (警戒水位48.00m)		46.50	46.90	47.30	47.70	48.00
沙洋站最高水位/m (警戒水位41.80m)		40.00	40.50	41.00	41.50	42.00
仙桃站最高水位/m (警戒水位35.10m)		33.00	33.60	34.20	34.60	35.10
汉川站最高水位/m (警戒水位29.00m)		27.80	28.40	29.00	29.50	30.00

(5)8 月 24 日

8 月 23 日,汉江下游有中—大雨、局地暴雨,皇庄以下日面雨量 45mm。8 月 24 日汉江上游来水转退,8 时石泉水库入库流量退至 2700m³/s,安康水库入库流量退至 4880m³/s,干流白河站流量退至 8920m³/s;丹江口水库来水转退,8 时入库流量退至 11400m³/s,出库流量 6870m³/s,库水位涨至 163.87m。受区间降雨及上游来水影响,汉江中下游来水增加,8 时中游干流余家湖站流量涨至 8870m³/s,皇庄站流量涨至 5820m³/s。考虑上游水库调度及预见期降雨影响,预报丹江口水库来水继续消退,26 日将退至 5000m³/s 左右,27 日后来水过程洪峰流量在 10000m³/s 左右;丹皇区间 25 日最大流量在 3000m³/s 左右,27 日后还将有一次 3000~4000m³/s 涨水过程。考虑此防洪形势,研究制定两种调度方案。

方案一:丹江口水库维持当前出库流量 6800m³/s 左右(向汉江中下游下泄流量 6400m³/s,向陶岔渠首供水流量 350m³/s,向清泉沟渠首供水流量 50m³/s),25 日库水位在 164.1m 左右,27 日库水位在 164.0m 左右,下一次涨水过程的最高调洪水位在 165.3m 左右;25 日皇庄站流量在 9000m³/s 左右,本次涨水过程,沙洋、仙桃、汉川等站最高水位分别为 40.5m、34.0m、29.0m。

方案二:丹江口水库 24 日 14 时增开 1 个深孔,出库流量在 7600m³/s 左右(向汉江中下游下泄流量 7200m³/s,向陶岔渠首供水流量 350m³/s,向清泉沟渠首供水流量 50m³/s),25 日库水位在 164.05m 左右,27 日库水位在 163.7m 左右,下一次涨水过程的最高调洪水位在 164.7m 左右;25 日皇庄站流量在 9000m³/s 左右,本次涨水过程,沙洋、仙桃、汉川等站最高水位分别为 40.5m、34.0m、29.0m。

经会商研究,为尽量减缓水库水位上涨,同时兼顾中下游河段不超警戒水位的目标,选择方案二。长江委调度丹江口水库于 24 日 13 时加大下泄流量至 7200m³/s 左右,增开 1 个深孔至 7 个深孔维持。

(6)8 月 25—26 日

25 日,汉江上游来水持续消退,丹江口水库下泄流量维持 7200m³/s 不变。26 日 8 时,石泉水库入库流量 810m³/s,出库流量 660m³/s,库水位 404.58m(汛限水位 405m);安康水库入库流量 1160m³/s,出库流量 2380m³/s,库水位 321.79m(汛限水位 325m);干流白河站流量 3870m³/s;丹江口水库入库流量 5100m³/s,出库流量 7560m³/s(含清泉沟 53m³/s、陶岔 358m³/s),库水位 163.87m。汉江中下游来水增加,26 日 8 时,中游干流余家湖站流量 9130m³/s,皇庄站流量涨至 9180m³/s,水位 46.91m(距警戒水位 1.09m)。

经会商研究,考虑雨带下移,丹皇区间有一次强降雨过程,预报未来一周,汉江中下游主要控制站水位将持续上涨,皇庄站水位涨幅在 1.5m 左右,沙洋站水位涨幅在 2.0m 左右,仙桃站水位涨幅在 3.5m 左右,汉川站水位涨幅在 3.0m 左右,部分河段将超警戒水位。26 日长江委调度丹江口水库逐步减少向汉江中下游下泄流量,与下游洪水错峰,以减轻下游防洪压力,26 日 9 时起按 6400m³/s 下泄,10 时起按 5600m³/s 下泄。丹江口水库洪水与调度过程线见图 3.1-2。

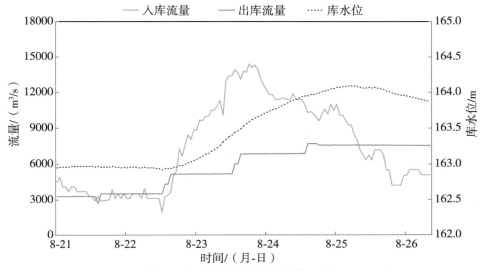

图 3.1-2 丹江口水库洪水与调度过程线(8 月 21—26 日)

3.1.6 其他水工程调度过程

（1）南水北调中线一期工程

本次洪水期间，陶岔渠首供水流量共调整 3 次，8 月 19 日 14 时调整至 320m³/s；23 日 11 时由 320m³/s 调整至 330m³/s，12 时调整至 340m³/s，14 时调整至 350m³/s。

（2）石泉水库

8 月 20 日 3 时石泉水库水位最低为 402.86m，21—22 日石泉以上大—暴雨，累计面雨量 84.7mm，石泉水库入库流量快速增加，22 日 0 时入库流量涨至 1500m³/s 左右，开启第一个闸门大底孔泄流，22 日 17 时水库管理单位发布石泉水库防汛 1 号令，21 时出现本次洪水最大洪峰 8700m³/s，相应库水位 404.83m，调度期间相继开启 4 号中孔、1 号表孔、2 号表孔、2 号中孔、3 号表孔控制泄流，最大出库流量 8020m³/s（23 日 4 时），库水位最高上涨至 405.51m（23 日 4 时）。此后入库流量减退，23 日 14 时 35 分解除防汛 1 号令，转入常规调度，25 日 20 时 11 分关闭最后 1 孔闸门进行蓄水，27 日 8 时左右入库流量退至 660m³/s，并保持入、出库平衡。石泉水库洪水与调度过程线见图 3.1-3。

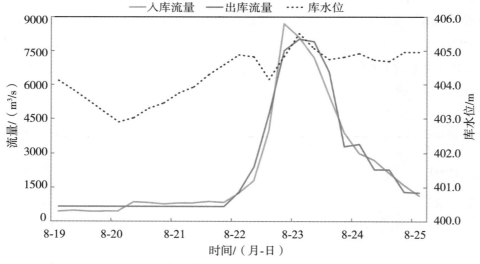

图 3.1-3 石泉水库洪水与调度过程线（8 月 19—25 日）

（3）安康水库

8 月 19—23 日，石泉—安康发生持续降雨过程，面雨量 113.7mm，8 月 20 日 16 时入库流量最大涨至 5100m³/s 后有所减退，22 日开始受石泉泄洪及石泉—安康支流涨水影响，安康水库入库流量快速增加，最大入库洪峰 13400m³/s（22 日 17 时），库水位最高上涨至 326.63m（23

日 18 时),出库流量于 22 日 13 时逐步加大,最大出库流量 7880m³/s(23 日 18 时)。安康水库洪水
与调度过程线见图 3.1-4。

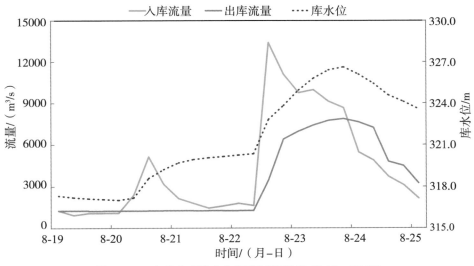

图 3.1-4　安康水库洪水与调度过程线(8 月 19—25 日)

3.1.7　小结

本次洪水的降雨预报时间较早,但预报量级稍偏小。本次洪水过程预报,预见期超 24
小时的入库洪峰预报偏小,通过滚动预报,预报量级逐渐接近实况,预见期 24 小时内的入库
洪峰预报误差基本在 3% 以内。

8 月 19—23 日,丹江口水库以上流域发生强降雨过程,降雨主要集中在安康以上,上游
石泉、安康水库相继开闸泄洪。受此影响,丹江口水库迎来洪峰流量 14400m³/s(8 月 23 日
18 时)的洪水过程。长江委先后发出 6 道调度令,调度丹江口水库将入库洪峰流量由
14400m³/s(8 月 23 日 18 时)削减为 7710m³/s(8 月 24 日 14 时),削峰率 46%。丹江口水库
水位自 162.92m(8 月 22 日 12 时)开始起涨,最高调洪水位 164.09m(8 月 25 日 4 时),拦蓄
洪量 10.39 亿 m³。石泉(8 月 22 日 21 时最大入库流量 8700m³/s,8 月 23 日 4 时最大出库
流量 8020m³/s)、安康(8 月 22 日 17 时最大入库流量 13400m³/s,8 月 23 日 18 时最大出库
流量 7880m³/s)等水库按批复的调度方案配合调度,协调南水北调中线一期工程供水流量
逐步增加至设计供水流量 350m³/s 左右。汉江中下游除汉川水文站受集中强降雨影响小
幅超警外,其他河段水位均未超警,实现了既定的调度目标。丹江口水库调度过程
见表 3.1-5。

表 3.1-5   丹江口水库第一次洪水调度过程

调度令下达时间 /(月-日)	调度要求		说明
	时间/(月-日 时:分)	下泄流量/(m³/s)	
8-20	8-20 14:00	2900	根据洪水过程逐步加大丹江口水库下泄流量,在暴雨区移至汉江中下游,且来水转退后,逐步减小下泄流量
8-21	8-21 14:00	3100	
8-22	8-22 12:00	3900	
	8-22 14:00	4700	
8-23	8-23 12:00	5600	
	8-23 14:00	6400	
8-24	8-24 13:00	7200	
8-26	8-26 09:00	6400	
	8-26 10:00	5600	

3.2 第二次洪水防御(8 月 28—31 日)

3.2.1 预报与实况雨水情

(1)预报雨水情

长江委水文局于 8 月 22 日预报 8 月 28 日汉江上游将发生强降雨,随后几天都对此次降雨过程作出了较为准确的把握。8 月 26 日预报:汉江上中游有中—大雨、局地暴雨,累计面雨量:石泉以上 5mm,石泉—白河 13mm,白河—丹江口 23mm,汉江中游(丹皇区间)32mm,汉江下游(皇庄以下)9mm。8 月 28 日预计:当天石泉—丹江口有暴雨,29 日石泉—丹江口有大雨,30 日石泉以上有大雨,31 日石泉以上有暴雨,9 月 1 日石泉以上有大雨。8 月 28 日对整个降雨过程累计面雨量的预报情况为:石泉以上 111mm,预报偏大;石泉—白河 119mm,与实况一致;白河—丹江口 75mm,较实况偏小;汉江中游(丹皇区间)26mm,较实况偏小;汉江下游(皇庄以下)0mm,与实况一致。在随后的预报中对累计降水量不断修正,较 28 日预报降雨更接近实况。

根据预见期降雨,洪水期间进行滚动预报分析,8 月 24 日晚上预报:丹江口水库 30 日 8 时将出现最大入库流量 15000m³/s;29 日上午预报:丹江口水库 30 日 2 时将出现最大入库流量 17000m³/s;29 日晚上预报:丹江口水库 30 日凌晨将出现最大入库流量 24000m³/s。

(2)实况雨水情

8 月 25—29 日,汉江上中游出现大—暴雨、局地大暴雨,过程累计面雨量超 100mm 的笼罩面积约 6.3 万 km²。汉江上游累计面雨量 82.75mm,其中石泉以上 58.2mm,石泉—白河 217.0mm,白河—丹江口 234.6mm;汉江中游(丹皇区间)75.22mm;汉江下游(皇庄以下)7.66mm。

根据 8 月 25—29 日汉江流域逐日雨量(表 3.2-1)可知,8 月 25—29 日降雨主要集中在汉江上中游,特别是 26 日和 28 日上中游有大—暴雨。

表 3.2-1　　　　　　　　　8 月 25—29 日汉江流域逐日雨量　　　　　　　　(单位:mm)

时间/日	汉江上游 (丹江口以上)	汉江中游 (丹皇区间)	汉江下游 (皇庄以下)	日雨量最大站点
25	3.37	7.50	2.37	阳日湾 33.5
26	14.11	27.65	3.11	九道梁 97.0
27	1.46	2.19	2.06	汉口 13.5
28	42.61	9.41	0.00	庙坝桥北 128.5
29	21.20	28.47	0.12	唐河 129.5

受强降雨影响,汉江上游干支流发生较大涨水过程,支流丹江、老灌河发生超警洪水,丹江口水库出现最大入库流量 23400m³/s,中下游干流主要站缓退后继续转涨,中下游干流主要站水位均超警戒水位(详见 2.3.1 节洪水发展过程第三阶段)。

与实况入库洪水过程相比,预见期 24 小时内的洪峰预报误差稍大,通过滚动预报,将预报误差降低至 2.6% 左右。20210830 丹江口入库场次洪水预报过程见图 3.2-1,丹江口水库入库洪峰流量预报精度统计见表 3.2-2。

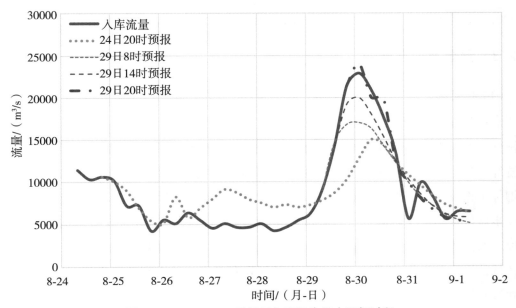

图 3.2-1　20210830 丹江口入库场次洪水预报过程

表 3.2-2　　　　　　　　20210830 丹江口水库入库洪峰流量预报精度统计

洪峰编号	预报依据时间 /(月-日 时：分)	入库洪峰/(m³/s)		相对误差 /%	预见期 /h
		实况	预报		
"8·30-0"	8-24 20：00	23400	15000	−35.9	24
	8-29 08：00		17000	−27.4	16
	8-29 14：00		20000	−14.5	10
	8-29 20：00		24000	2.6	4

3.2.2　防洪形势分析

根据降雨实况，8 月 28 日，石泉—白河、白河—丹江口有暴雨。受强降雨影响，汉江上游干支流发生较大涨水过程，安康水库 29 日 2 时最大入库流量 9130m³/s，8 时入、出库流量分别为 8160m³/s、6450m³/s，库水位 322.24m（汛限水位 325m），丹江口水库来水流量随之增加，29 日 8 时入库流量涨至 9200m³/s，其后继续快速增长，30 日 0 时丹江口水库发生入库洪峰流量 23400m³/s 的洪水过程。

此轮强降雨过程持续时间长，累计降水量大，局部地区强降雨引发山洪地质灾害、中小河流洪水、城市和低洼地渍涝的风险较高，流域防汛形势严峻复杂。根据雨水情预报和调洪演算，若丹江口等上游水库群不拦蓄，汉江中下游皇庄以下各控制站水位均将超过保证水位，汉江中下游堤防巡查防守压力大。同时，根据水文气象预报，9 月上旬还将发生 20000m³/s 量级的涨水过程，防洪调度的不确定性较大。

3.2.3　预警及应急响应

（1）水利部

水利部维持水旱灾害防御Ⅳ级应急响应。8 月 28 日，水利部发出《水利部办公厅关于做好西北西南华北黄淮等地强降雨防范工作的通知》（水明发〔2021〕115 号），提醒汉江上游等河流将出现明显涨水过程，要求重点做好水库安全度汛、中小河流洪水和山洪灾害防御等工作；8 月 30 日，发出《水利部办公厅关于认真贯彻落实国务院领导重要批示精神进一步做好水旱灾害防御工作的通知》（水明发〔2021〕116 号），要求认真贯彻落实李克强总理对秋汛防御工作作出的重要批示和王勇国务委员的明确要求，做好汉江等重点流域和区域秋汛防御工作；8 月 30 日，派出由长江委专家组成的水利部工作组，赴湖北省协助指导暴雨洪水防范应对工作。

（2）长江委

8 月 26 日，长江委发布第 14 期汛（旱）情通报，通报未来一周长江上游干流附近及以北、汉江上中游有持续降雨过程,强度为大雨、局地暴雨或大暴雨,提醒湖北、陕西省水利厅做好汉江流域暴雨洪水防范工作。8 月 28 日,长江委发布第 15 期汛(旱)情通报,通报未来一周汉江上游等区域将发生以大—暴雨、局地大暴雨为主的强降雨过程,提醒湖北、陕西、河南省水利厅注意防范。

长江委维持水旱灾害防御Ⅳ级应急响应。以长江委领导为组长的长江委工作组,继续现场指导丹江口、孤山等委管工程安全度汛工作。鉴于汉江中下游主要控制站水位将持续上涨,部分河段将超警戒水位,8 月 25 日向湖北省水利厅印发《关于做好汉江中下游干流堤防巡查防守工作的紧急通知》,要求压紧压实巡查防守责任、切实强化堤防巡查防守、强化技术支撑、做好抢险准备、强化督导检查、强化信息报送,扎实做好汉江中下游堤防巡查防守工作。

8 月 28 日 12 时,长江委水文局发布汉江上游丹江口库区洪水蓝色预警,继续发布汉江中下游襄阳以下河段洪水蓝色预警,预报未来 3 天,汉江上游丹江口水库将发生入库流量在 10000m³/s 以上的洪水过程,汉江中游皇庄河段水位即将现峰转退,汉江下游仙桃河段水位仍有 0.5m 左右的涨幅,提请汉江上游丹江口库区、汉江中下游襄阳以下河段有关单位和公众注意防范。8 月 29 日 17 时,继续发布汉江上游丹江口库区、汉江中下游襄阳以下河段洪水蓝色预警,预报丹江口水库 8 月 30 日凌晨入库洪峰流量在 20000m³/s 左右,维持当前出库流量,中游皇庄站流量在 9000m³/s 左右,下游仙桃站 8 月 30 日最高水位在 34.10m 左右,提请汉江上游丹江口库区、汉江中下游襄阳以下河段有关单位和公众注意防范。8 月 29 日 20 时,升级发布汉江上游丹江口库区洪水黄色预警,继续发布汉江中下游襄阳以下河段洪水蓝色预警,预报丹江口水库 8 月 30 日凌晨入库洪峰流量在 24000m³/s 左右,考虑 29 日 22 时出库流量增加至 7600m³/s 左右,中游皇庄站 9 月 1 日最大流量在 9500m³/s 左右,中下游襄阳以下河段将有 0.2～0.5m 的涨幅,提请汉江上游丹江口库区、汉江中下游襄阳以下河段有关单位和公众注意防范。8 月 30 日 16 时升级发布汉江中下游襄阳以下河段洪水黄色预警,继续发布汉江上游丹江口库区洪水蓝色预警,预报丹江口水库入库流量 8 月 31 日退至 10000m³/s 左右后波动,9 月上旬仍有较大来水过程,维持当前出库流量,中游皇庄站 9 月 1 日最大流量在 11500m³/s 左右,未来 3 天,中下游襄阳以下河段将有 0.5～1.5m 的涨幅,皇庄—沙洋、仙桃—汉川河段将超警戒水位,提请汉江上游丹江口库区、汉江中下游襄阳以下河段有关单位和公众注意防范。8 月 31 日 11 时升级发布汉江下游仙桃河段洪水橙色预警,继续发布汉江中下游襄阳以下其他河段洪水黄色预警,预报丹江口水库入库流量 9 月 1 日转涨,9 月上旬仍有较大来水过程,维持当前出库流量,中游皇庄站 9 月 2 日最大流量在 12500m³/s 左右,未来 4 天,中下游襄阳以下河段将有 1.5～2.1m 的涨幅,皇庄以下河段将全线超警戒水位,提请汉江中下游襄阳以下河段有关单位和公众注意防范。

3.2.4 调度目标确定

8 月 30 日,水利部部长李国英主持召开防汛会商,要求精细监测分析汉江丹江口水库入库洪水过程,加大南水北调输送水量,在确保工程安全和防洪安全的前提下尽可能拦蓄上游洪水。

经会商研究,调度目标确定为:调度丹江口等上中游控制性水库防御本次洪水过程,控制汉江中下游河段水位不超保证水位,保障流域上中下游防洪安全;同时,利用汉江中下游退水时机及时调度丹江口水库预泄,根据秋汛期丹江口水库防洪调度有关规定,丹江口水库需控制下泄流量使皇庄流量不超过 12000m³/s。

3.2.5 丹江口水库调度过程

(1)8 月 29 日

根据降雨实况,8 月 28 日,石泉—白河、白河—丹江口有暴雨。受强降雨影响,汉江上游干支流发生较大涨水过程,安康水库于 29 日 2 时最大入库流量 9130m³/s,8 时入、出库流量分别为 8160m³/s、6450m³/s,库水位 322.24m(汛限水位 325m),丹江口水库来水随之增加,29 日 8 时入库流量涨至 9200m³/s,库水位 163.74m。皇庄站水位现峰转退,28 日 16 时最高水位 47.21m;汉川站 28 日 15 时达到警戒水位 29.00m。29 日 8 时,皇庄、沙洋、仙桃、汉川站水位分别为 47.13m、41.34m、34.00m、29.14m(超警戒 0.14m)。8 月 29 日上午,长江委水文局预报丹江口水库 30 日前后将发生入库洪峰 17000m³/s 的涨水过程,按照维持当前出库和加大出库,提出 3 种调度方案。

方案一:丹江口水库维持当前(合计 5 个孔)出库流量在 6000m³/s 左右(向汉江中下游下泄流量 5600m³/s),8 月 31 日最高水位 165.2m,9 月 1 日 8 时库水位 165.1m,此后持续上涨,9 月 5 日 8 时库水位在 165.6m 左右;9 月 1 日皇庄站最大流量在 8000m³/s 左右,皇庄、沙洋、仙桃、汉川等站最高水位分别为 46.8m、41.0m、33.9m、29.0m。

方案二:丹江口水库于 29 日 14 时增开 1 个深孔(合计 6 个孔,出库流量 6800m³/s,向汉江中下游下泄流量 6400m³/s),8 月 31 日最高水位 165.0m,9 月 1 日 8 时库水位 164.8m,此后缓涨,9 月 5 日 8 时库水位在 165.0m 左右;9 月 1 日皇庄站最大流量在 8800m³/s 左右,皇庄、沙洋、仙桃、汉川等站最高水位分别为 47.3m、41.3m、34.2m、29.3m。

方案三:丹江口水库于 29 日 14 时增开 2 个深孔(合计 7 个孔,出库流量 7600m³/s,向汉江中下游下泄流量 7200m³/s),8 月 31 日最高水位 164.85m,9 月 1 日 8 时库水位 164.5m,此后波动,9 月 5 日 8 时库水位在 164.5m 左右;9 月 1 日皇庄站最大流量在 9500m³/s 左右,皇庄、沙洋、仙桃、汉川等站最高水位分别为 47.8m、41.7m、34.8m、30.0m。

经会商研究,考虑汉江中下游已现峰转退,拟利用中下游退水间歇期及时预泄腾库,决定采用方案二,调度丹江口水库于 29 日 13 时起向汉江中下游下泄流量 6400m³/s,即增开 1 个深孔至 6 个孔(5 个深孔,1 个表孔)维持。

29 日晚,长江委持续滚动会商,更新预报为丹江口水库 30 日凌晨有入库洪峰 24000m³/s 的涨水过程,并按预报编制 3 种调度方案(表 3.2-3),分别控制丹江口水库向汉江中下游下泄流量为 6400m³/s(维持当前)、7200m³/s、8000m³/s,对应预测皇庄站 9 月 1 日流量分别为 8800m³/s、9500m³/s、10300m³/s。鉴于预报洪峰增大、峰现时间提前,经会商讨论,决定参考方案二,调度丹江口水库于 29 日 22 时起向汉江中下游下泄流量 7200m³/s,即增开 1 个深孔至 7 个孔(6 个深孔,1 个表孔)维持。

表 3.2-3   **2021 年 8 月 29 日 20 时丹江口水库调度方案**

项目		方案一	方案二	方案三
丹江口入库		来水预测:30 日凌晨入库洪峰 24000m³/s 的涨水过程		
泄洪开孔情况	表孔	0 个	0 个	0 个
	深孔	维持 6 个	29 日 21 时加至 7 个	29 日 21 时加至 8 个
出库流量/(m³/s)	合计	6800(6 个孔)	7600(7 个孔)	8400(8 个孔)
	向中下游	6400(6 个孔)	7200(7 个孔)	8000(8 个孔)
库水位/m	最高水位	165.6(31 日)	165.4(31 日)	165.3(31 日)
	9 月 1 日 8 时	165.4	165.2	165.1
	9 月 5 日 8 时	165.8	165.3	164.9
皇庄站流量/(m³/s)		8800(1 日)	9500(1 日)	10300(1 日)
皇庄站水位/m(警戒水位 48.00m)		47.20	47.30	47.60
沙洋站水位/m(警戒水位 41.80m)		41.35	41.50	41.70
仙桃站水位/m(警戒水位 35.10m)		34.10	34.40	34.80
汉川站水位/m(警戒水位 29.00m)		29.30	29.60	30.00

(2)8 月 30—31 日

29—30 日,受连续强降雨影响,汉江上游干支流发生较大涨水过程。30 日 8 时,安康水库入库流量 4040m³/s,潘口水库 8 时入、出库流量分别为 3010m³/s、2910m³/s,库水位涨至 354.87m(正常蓄水位 355m,于 29 日 15 时出现最大入库流量 5560m³/s)。受上游及区间来水影响,丹江口水库发生较大涨水过程,30 日 0 时出现最大入库流量 23400m³/s,8 时入库流量 20900m³/s,库水位 164.97m。皇庄站水位缓退,仙桃、汉川站水位波动,30 日 8 时,皇庄、沙洋、仙桃、汉川站水位分别为 46.82m、41.16m、34.06m、29.26m(超警戒 0.26m)。经 30—31 日会商讨论,鉴于洪峰已过来水转退,其间丹江口水库均维持下泄流量 7200m³/s 不变,根据区间来水尽量控制下游皇庄流量不超 12000m³/s。丹江口水库洪水与调度过程线见图 3.2-2。

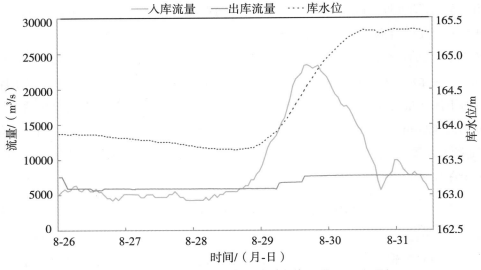

图 3.2-2 丹江口水库洪水与调度过程线(8 月 26—31 日)

3.2.6 其他水工程调度过程

(1)南水北调中线一期工程

本次洪水期间,陶岔渠首供水流量保持在 $350m^3/s$。

(2)石泉水库

本次过程石泉以上降水量相对较小,未发生洪水过程,入库流量在 $500\sim700m^3/s$ 波动,水库保持发电出库满发,水位在 404m 左右波动。石泉水库洪水与调度过程线见图 3.2-3。

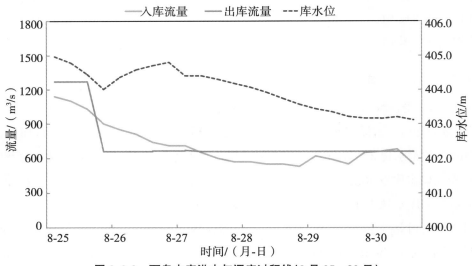

图 3.2-3 石泉水库洪水与调度过程线(8 月 25—30 日)

（3）安康水库

8 月 25—29 日石泉—安康发生持续降雨过程,其间水库有两次涨水过程,起涨水位 320.98m,第一次洪峰流量 9130m³/s(8 月 29 日 2 时),最大出库流量 6730m³/s(8 月 29 日 14 时),第二次洪峰流量 9840m³/s(9 月 1 日 18 时),最大出库流量 6950m³/s(9 月 1 日 22 时)。安康水库洪水与调度过程线见图 3.2-4。

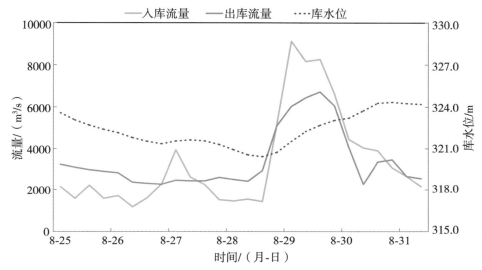

图 3.2-4　安康水库洪水与调度过程线(8 月 25—31 日)

（4）潘口水库

8 月 25—29 日潘口水库以上流域发生了一场全流域的强降雨过程,累计过程面雨量 154mm。上游鄂坪、白沙、松树岭等水库相继开闸泄洪。受此影响,潘口水库发生了建库以来最大洪水,洪峰流量 5560m³/s(29 日 15 时)。本次洪水过程出现两次明显洪峰,洪峰分别出现于 27 日 01 时(2050m³/s)、29 日 15 时(5560m³/s)。水库水位自 8 月 26 日的 345.31m 起涨,29 日 14 时库水位涨至 351.70m,入库流量持续超 5000m³/s 约 9 小时。为确保防洪安全,按照十堰市水利和湖泊局调度指令,水库于 29 日 18 时 30 分开闸泄洪,下泄洪水流量 1440m³/s。由于流域持续降雨,水库退水缓慢,水位仍保持快速上涨的态势,水库于 22 时 30 分加大出库流量至 2000m³/s,30 日 3 时 30 分再次加大出库流量至 2900m³/s。30 日 8 时库水位 354.87m,库水位开始缓慢消落。本次过程调洪最高水位 354.90m(30 日 7 时),最大出库流量 2920m³/s,削峰率 47%。潘口水库洪水与调度过程线见图 3.2-5。

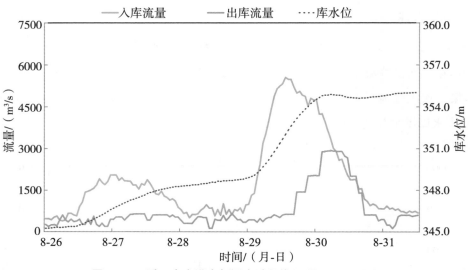

图 3.2-5　潘口水库洪水与调度过程线(8 月 26—31 日)

3.2.7　小结

本次洪水的降雨预报时间较早、精度较高。本次洪水过程预报,预见期 24 小时内通过滚动修正将预报误差降低至 2.6% 左右。从实际调度结果来看,中下游干流主要站水位部分超警戒水位但未超保证水位。

8 月 25—29 日,丹江口水库以上流域再次发生强降雨过程,强降雨区位于石泉—丹江口。受此影响,水库发生入库洪峰流量 23400m³/s(8 月 30 日 0 时)的洪水过程。长江委相继发出两道调度令,调度丹江口水库将入库洪峰流量由 23400m³/s(8 月 30 日 0 时)削减为 7730m³/s(8 月 30 日 19 时),削峰率 67%。丹江口水库自 163.64m(8 月 28 日 22 时)起涨,最高调洪水位 165.34m(8 月 31 日 7 时),拦蓄洪量 15.5 亿 m³。联合调度安康、潘口、黄龙滩等水库联合拦洪,与汉江中下游洪水错峰,共拦洪 9.52 亿 m³。汉江中下游皇庄站最大流量 11800m³/s,有效避免了汉江中下游各站水位超保证水位,实现了既定的调度目标。丹江口水库调度过程见表 3.2-4。

表 3.2-4　　　　　　　　　　丹江口水库第二次洪水调度过程

调度令下达时间 /(月-日)	调度要求		说明
	时间/(月-日 时:分)	下泄流量/(m³/s)	
8-29	8-29 13:00	6400	根据洪水过程逐步加大丹江
8-29	8-29 22:00	7200	口水库出库流量

3.3　第三次洪水防御(9 月 1—3 日)

3.3.1　预报与实况雨水情

（1）预报雨水情

长江委水文局于 8 月 28 日对整个降雨过程累计面雨量的预报情况为：石泉以上 111mm；石泉—白河 119mm；白河—丹江口 75mm；汉江中游（丹皇区间）26mm；汉江下游（皇庄以下）0mm。在随后的预报中对降水量不断修正，较 28 日预报降雨更接近实况。

根据预见期降雨，洪水期间进行滚动预报分析，8 月 30 日上午预报：丹江口水库 9 月 2 日 20 时将出现最大入库流量 13000m³/s；8 月 31 日上午预报：丹江口水库 9 月 2 日 8 时将出现最大入库流量 12000m³/s；9 月 1 日晚上预报：丹江口水库 9 月 2 日 8 时将出现最大入库流量 16000m³/s。

（2）实况雨水情

8 月 31 日至 9 月 2 日，丹江口水库以上流域再次发生强降雨，强降雨落区主要集中在安康以上及安康—白河北部地区。汉江上游累计面雨量 34.73mm，其中石泉以上 53.24mm，石泉—白河 39.70mm，白河—丹江口 18.50mm；汉江中游（丹皇区间）8.37mm；汉江下游（皇庄以下）0.03mm。

根据 8 月 31 日至 9 月 2 日汉江流域逐日雨量（表 3.3-1）可知，本次降雨主要集中在汉江上游。受强降雨影响，汉江上游干支流发生较大涨水过程，支流丹江、老灌河再次发生超警洪水，丹江口水库出现最大入库流量 16400m³/s，汉江中游丹皇区间亦发生较大涨水过程，区间最大流量在 4500m³/s 左右，中下游干流主要站水位均超警戒水位（详见 2.3.1 节洪水发展过程第三阶段）。汉江下游控制站最大流量和最高水位见表 3.3-2。

表 3.3-1　　　　　　　　　8 月 31 日至 9 月 2 日汉江流域逐日雨量　　　　　　　　　（单位：mm）

时间 /（月-日）	汉江上游 （丹江口以上）	汉江中游 （丹皇区间）	汉江下游 （皇庄以下）	日雨量最大站点
8-31	20.92	4.12	0.00	钢铁 127.6
9-1	11.26	3.53	0.03	褚湾 92.5
9-2	2.55	0.72	0.00	铁锁关 43.4

表 3.3-2 第三次洪水期间汉江下游控制站最大流量和最高水位

控制站	警戒水位 /m	保证水位 /m	最高水位		最大流量	
			出现时间 /(月-日 时:分)	水位/m	出现时间 /(月-日 时:分)	流量/(m³/s)
皇庄	48.00	50.62	9-2 06:00	48.29	9-2 02:00	11800
沙洋	41.80	44.50	9-3 10:00	41.99	—	—
仙桃	35.10	36.20	9-4 09:00	35.31	9-4 09:00	8470
汉川	29.00	31.69	9-5 00:00	30.27	—	—

与实况入库洪水过程相比,预见期3天内的洪峰预报误差稍大,通过滚动预报,将预报误差降低至2.4%左右。20210902丹江口入库场次洪水预报过程见图3.3-1。丹江口水库入库洪峰流量预报精度统计见表3.3-3。

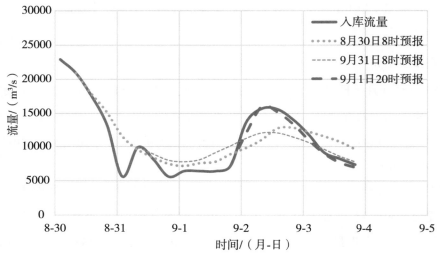

图 3.3-1 20210902 丹江口入库场次洪水预报过程

表 3.3-3 20210902 丹江口水库入库洪峰流量预报精度统计

洪峰编号	预报依据时间 /(月-日 时:分)	入库洪峰/(m³/s)		相对误差 /%	预见期 /h
		实况	预报		
"9·2-6"	8-30 08:00	16400	13000	−20.7	70
	8-31 08:00		12000	−26.8	46
	9-1 20:00		16000	−2.4	10

3.3.2 防洪形势分析

8月21日以来,汉江上中游已发生3次大—暴雨的降雨过程。前期汉江流域降水量大,土壤含水量高,流域水库、塘坝等基本蓄满,后期降雨的产流系数偏大,洪水预报的不确定性大。9 月 3—6 日主要位于嘉陵江流域的暴雨区仍可能进一步东移,汉江上游降雨可能较当前预报偏大。

受前期降雨影响,丹江口水库发生 3 次明显涨水过程,其中 8 月 30 日出现 2012 年以来最大入库洪峰流量 23400m³/s。此次洪水过程,9 月 2 日 6 时丹江口水库入库流量 16400m³/s,下泄流量 7300m³/s 左右,库水位涨至 165.5m,处于历史同期高位。尽管丹江口水库发挥了巨大的拦洪削峰错峰作用,但受丹皇区间来水影响,9 月 2 日汉江中下游主要控制站皇庄站洪峰流量达到 11800m³/s,皇庄以下河段全线超警戒水位。根据雨水情预报和调洪演算,若丹江口等上游水库群不拦蓄,则汉江中下游皇庄以下各控制站水位均将超过保证水位。

其间对丹江口库区巡查发现,经国家主管部门批准的丹江口水库移民规划范围内仍有少量人口居住。若丹江口水库维持当前调度方式,则 9 月 7 日前后库水位将涨至 167m 以上,初步分析调洪水位达到 168m 左右。丹江口水库移民规划范围内的人口、设施如不及时清理将存在淹没风险。

8 月 30 日,湖北省十堰市竹溪县鄂坪水库发生溢洪道局部水毁险情,堵河潘口等水库为应对鄂坪水库险情进行预泄腾库,增加了丹江口水库来水量,进一步增加了防洪风险,为调度决策带来较大挑战。

3.3.3　预警及应急响应

（1）水利部

水利部维持水旱灾害防御Ⅳ级应急响应。9 月 1 日,水利部向湖北省水利厅发出《水利部办公厅关于做好鄂坪水电站险情处置工作的紧急通知》（水明发〔2021〕117 号）,并派出水利部专家组赴湖北省协助指导竹溪县鄂坪水利水电枢纽应急除险工作;9 月 2 日,发出《水利部办公厅关于做好重点流域和区域强降雨防范工作的通知》（水明发〔2021〕118 号）,通报强降雨及其影响的汉江等河流将出现明显涨水过程,提醒做好强降雨防范工作;9 月 3 日,再次向湖北省水利厅发出《关于明确鄂坪水库溢洪道启用边界条件和落实人员避险预案的函》。

（2）长江委

8 月 30 日,长江委发布第 16 期汛（旱）情通报,提醒湖北、陕西、河南省水利厅注意,丹江口水库已发生较大的涨水过程,汉江中下游部分站点已超警,并注意防范未来一周汉江上中游持续强降雨过程。

9 月 1 日,长江委组织召开水旱灾害防御工作领导小组第三次全体会议暨防汛会商会,进一步深入贯彻习近平总书记关于防汛救灾工作重要指示精神,学习传达李克强总理等国务院领导重要批示精神和水利部工作要求,总结前一阶段水旱灾害防御工作成效,动员部署秋季水旱灾害防御工作。为保障丹江口水库防洪调度运用及后期正常蓄水,9 月 1 日,长江委向湖北、河南省水利厅发出《关于请协调做好丹江口水库库区近期安全管理工作的紧急通知》,要求湖北省和河南省水利厅协调相关部门和地方政府尽快完成国家主管部门批准的丹江口水库移民规划范围内仍未迁移的人口及生活生产设施设备的排查清理工作,确保不落一户、不漏一人,切实做好丹江口水库库区近期防洪安全管理工作。鉴于汉江严峻复杂的防洪形势,长江委自 9 月 2 日 14 时起将水旱灾害防御Ⅳ级应急响应提升至Ⅲ级。

3.3.4 调度目标确定

经会商研究,调度目标确定为:调度丹江口等上中游控制性水库防御本次洪水过程,控制汉江中下游河段水位不超保证水位,保障流域上中下游防洪安全;考虑到 9 月上旬汉江上游还可能发生 20000m³/s 量级的涨水过程,应利用汉江中下游退水时机及时调度丹江口水库预泄,根据秋汛期丹江口水库防洪调度有关规定,丹江口水库需控制下泄流量使皇庄流量不超过 12000m³/s。

3.3.5 丹江口水库调度过程

(1)8 月 30—31 日

8 月 29 日,汉江中游附近有大—暴雨,渠江、三峡万宜区间有中—大雨。日面雨量:白河—丹江口 37mm,丹皇区间 29mm,渠江、三峡万宜区间、石泉—白河 18mm。长江委水文局 8 月 30—31 日均预计:8 月 30 日至 9 月 2 日,汉江上游有中—大雨、局地暴雨;9 月 3—5 日,汉江上中游有大—暴雨。预报丹江口水库入库流量 9 月 1 日将转涨,9 月 2 日 8 时将出现最大入库流量 12000m³/s,后期上旬还可能发生 20000m³/s 量级的涨水过程。30—31 日长江委会商讨论,鉴于洪峰已过来水转退,其间丹江口水库维持下泄流量 7200m³/s 不变,根据区间来水尽量控制下游皇庄流量不超过 12000m³/s。

(2)9 月 1 日

8 月 31 日,汉江上游有中—大雨、局地暴雨。日面雨量:汉江石泉以上 38mm,石泉—白河 20mm,白河—丹江口 11mm。汉江中游主要控制站水位陆续现峰,襄阳站于 8 月 31 日 16 时最高水位 66.11m,余家湖站于 8 月 31 日 19 时最高水位 63.75m(相应流量 13000m³/s),汉江下游主要控制站水位陆续转涨。当天预报丹江口水库于 9 月 2 日 8 时将出现最大入库流量 16000m³/s。

(3)9 月 2 日

9 月 1 日,汉江上游有中—大雨、局地暴雨,石泉—白河日面雨量 19mm。受集中降雨影响,汉江上游来水上涨,石泉水库于 9 月 1 日 20 时最大入库流量 3200m³/s,2 日 8 时库水位 405.40m(汛限水位 405m);安康水库于 1 日 18 时最大入库流量 9840m³/s,2 日 8 时库水位 324.01m(汛限水位 325m);干流白河站来水快速上涨,2 日 8 时流量涨至 10900m³/s。丹江、老灌河发生较大涨水过程,丹江磨峪湾站 2 日 0 时 7 分最大流量 3420m³/s,老灌河西峡站 2 日 0 时最大流量 1400m³/s。丹江口水库发生较大涨水过程,2 日 6 时最大入库流量

16400m³/s。

9月2日汉江中游主要控制站水位陆续现峰。襄阳、余家湖站水位继续消退,皇庄站水位即将现峰,2日8时,各站水位分别为:襄阳站65.75m,余家湖站62.61m(相应流量9950m³/s),皇庄站48.26m(超警戒0.26m,相应流量11600m³/s)。汉江下游主要控制站水位持续上涨,沙洋站2日6时达到警戒水位41.8m,2日8时,各站水位分别为:沙洋站41.85m(超警戒0.05m),仙桃站34.75m(相应流量7830m³/s),汉川站29.71m(超警戒0.71m)。

9月2日6时本轮洪水已现峰,考虑预报丹江口水库9月7日将有一次23000m³/s量级的涨水过程,制定了3种调度方案(表3.3-4),分别控制丹江口水库向汉江中下游下泄流量为7300m³/s(维持当前)、8100m³/s、8900m³/s。经会商讨论,最终选择方案二,调度丹江口水库于9月2日18时起向汉江中下游下泄流量8100m³/s,即增开1个表孔至8个孔(6个深孔,2个表孔)维持。丹江口水库水位最高涨至165.91m(9月3日9时)后缓退,本场洪水期间最大出库流量8690m³/s(9月3日4时),削峰率47%。丹江口水库洪水与调度过程线见图3.3-2。

表 3.3-4   **2021 年 9 月 2 日丹江口水库调度方案**

项目		方案一	方案二	方案三
丹江口入库		来水预测:9 月 7 日前后有一次 23000m³/s 量级的涨水过程		
泄洪开孔情况		维持当前 7 个孔 (6 个深孔,1 个表孔)	9 月 2 日 14 时 增开至 8 个孔	9 月 2 日 14 时 增开至 9 个孔
出库流量 /(m³/s)	合计	7700(7 个孔)	8500(8 个孔)	9300(9 个孔)
	向中下游	7300(7 个孔)	8100(8 个孔)	8900(9 个孔)
库水位/m	9 月 5 日	165.65	165.40	165.10
	最高调洪水位	168.20	167.70	167.20
皇庄站流量/(m³/s)		12000(2 日)	12000(2 日)	12000(2 日)
皇庄站水位/m (警戒水位 48.00m、保证水位 50.62m)		48.30	48.30	48.30
沙洋站水位/m (警戒水位 41.80m、保证水位 44.50m)		42.00	42.00	42.10
仙桃站水位/m (警戒水位 35.10m、保证水位 36.20m)		35.80	35.90	36.10
汉川站水位/m (警戒水位 29.00m、保证水位 31.69m)		30.80	30.90	31.10

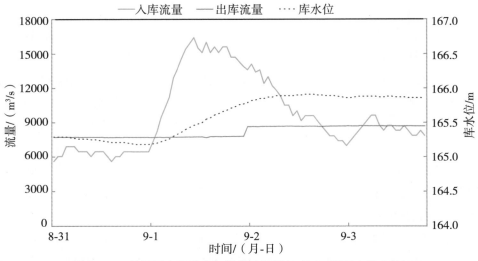

图 3.3-2　丹江口水库洪水与调度过程线（8 月 31 日至 9 月 3 日）

3.3.6　其他水工程调度过程

（1）南水北调中线一期工程

9 月 3 日陶岔供水流量由 350m³/s 调增至 380m³/s。

（2）石泉水库

8 月 31 日至 9 月 2 日石泉以上降水量相对较小，石泉水库发生一场洪峰流量 3200m³/s（9 月 1 日 20 时）的涨水过程，由于库水位在汛限水位附近，因此基本按入、出库平衡调度，其间最大出库流量 4000m³/s（9 月 1 日 11 时）。石泉水库洪水与调度过程线见图 3.3-3。

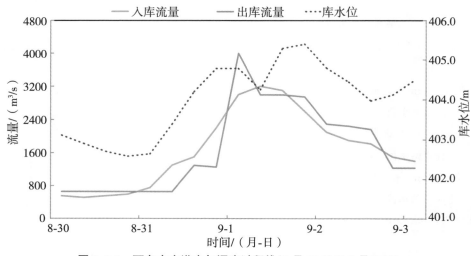

图 3.3-3　石泉水库洪水与调度过程线（8 月 30 日至 9 月 3 日）

（3）安康水库

8 月 31 日至 9 月 2 日安康以上流域有持续降雨,本次过程水库起涨水位 324.08m,安康水库 1 日 18 时最大入库流量 9840m³/s,最大出库流量 6930m³/s（9 月 1 日 22 时）,削峰率 29%,最高水位 324.78m（9 月 1 日 22 时）。安康水库洪水与调度过程线见图 3.3-4。

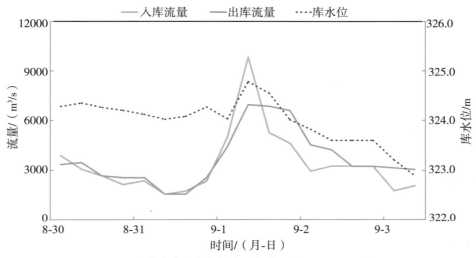

图 3.3-4　安康水库洪水与调度过程线（8 月 30 日至 9 月 3 日）

3.3.7　小结

本次洪水的降雨预报时间较早、精度较高。本次洪水过程预报与实况入库洪水过程相比,预见期 1 天以上的洪峰预报偏小,通过滚动预报,将预报误差降低至 2.4% 左右。从实际调度结果来看,中下游干流主要站水位均未超保证水位,实现了既定的调度目标。

8 月 31 日至 9 月 2 日,丹江口水库以上流域再次发生强降雨过程,强降雨落区主要集中在安康以上及安康—白河北部地区。受此影响,丹江口水库发生入库洪峰流量 16400m³/s（9 月 2 日 6 时）的洪水过程,入库洪量 31.605 亿 m³。本次洪水调度过程中,丹江口水库在洪水来临前保持较大出库流量,为应对下一场洪水尽量降低起调水位,以降低调洪最高水位。协调南水北调中线一期工程供水流量增加至 380m³/s 左右。调度丹江口水库于 2 日 18 时增开 1 个堰孔泄洪,下泄流量由 7300m³/s 加大至 8100m³/s,将入库洪峰流量由 16400m³/s（9 月 2 日 6 时）削减为 8690m³/s（9 月 3 日 4 时）,削峰率 47%。丹江口水库自 165.18m（9 月 1 日 16 时）起涨,最高调洪水位 165.91m（9 月 3 日 9 时）,拦蓄洪量 6.82 亿 m³,皇庄站流量 10000m³/s 左右,有效控制汉江中下游不超保证水位。丹江口水库调度过程见表 3.3-5。

表 3.3-5　　　　　　　　　　丹江口水库第三次洪水调度过程

调度令下达时间 /（月-日）	调度要求		说明
	时间/（月-日 时:分）	下泄流量/（m³/s）	
9-2	9-2 18:00	8100	大流量下泄降低丹江口水库起调水位

3.4　第四次洪水防御（9月4—12日）

3.4.1　预报与实况雨水情

（1）预报雨水情

长江委水文局于8月28日开始预报了9月3日汉江上游强降雨，随后每天都对此次降雨过程作出了更新预报，9月3日预计：当天石泉以上有大雨，4日白河以上有大—暴雨，5日汉江上游有大—暴雨。9月3日对整个降雨过程累计面雨量的预报情况为：石泉以上130mm，预报偏大；石泉—白河90mm，与实况基本一致；白河—丹江口43mm，与实况基本一致；汉江中游（丹皇区间）34mm，较实况偏大；汉江下游（皇庄以下）11mm，预报偏大。在随后的预报中对降水量不断修正，较9月3日的预报更接近实况。

根据预见期降雨，洪水期间进行滚动预报分析，8月29日下午预报：丹江口水库在9月7日前后将出现15000m³/s量级的入库洪水过程；8月30日上午预报：丹江口水库在9月7日前后将出现20000m³/s量级的入库洪水过程；9月3日上午预报：丹江口水库在7日凌晨将出现最大入库流量25000m³/s；9月5日晚上预报：丹江口水库在7日凌晨将出现最大入库流量21000m³/s；9月6日上午预报：丹江口水库于6日20时将出现最大入库流量19000m³/s。

（2）实况雨水情

9月3—5日，丹江口水库以上流域再次发生强降雨过程，强降雨落区主要位于白河以上，累计面雨量超100mm的笼罩面积约1.5万km²。汉江上游累计面雨量66.43mm，其中石泉以上72.9mm，石泉—白河95.8mm，白河—丹江口35.85mm；汉江中游（丹皇区间）12.26mm；汉江下游（皇庄以下）基本无雨。

根据9月3—5日汉江流域逐日雨量（表3.4-1）可知，9月3—5日降雨主要集中在汉江上游，中游丹皇区间有少量降雨，汉江下游无降雨，日雨量最大站点均在汉江上游。

表 3.4-1　　　　　　　　　9月3—5日汉江流域逐日雨量　　　　　　　（单位：mm）

时间 /（月-日）	汉江上游 （丹江口以上）	汉江中游 （丹皇区间）	汉江下游 （皇庄以下）	日雨量最大站点
9-3	16.57	3.71	0.00	平安场 92.6

续表

时间 /（月-日）	汉江上游 （丹江口以上）	汉江中游 （丹皇区间）	汉江下游 （皇庄以下）	日雨量最大站点
9-4	15.93	4.56	0.00	高滩 131.0
9-5	33.93	3.99	0.00	观音堂 136.8

受本次强降雨影响，汉江上游石泉、安康水库发生较大涨水过程，最大入库流量分别为 $8800\text{m}^3/\text{s}$、$15000\text{m}^3/\text{s}$，丹江口水库出现最大入库流量 $18800\text{m}^3/\text{s}$，中下游干流主要站水位再次超警，超警幅度 $0.20\sim1.56\text{m}$（详见 2.3.1 节洪水发展过程第三、四阶段）。汉江下游控制站最大流量和最高水位见表 3.4-2。

与实况入库洪水过程相比，预见期 1 天的洪峰预报误差在 1.1% 左右。20210906 丹江口入库场次洪水预报过程见图 3.4-1。丹江口水库入库洪峰流量预报精度统计见表 3.4-3。

表 3.4-2　　　　　　　第四次洪水期间汉江下游控制站最大流量和最高水位

控制站	警戒水位 /m	保证水位 /m	最高水位		最大流量	
			出现时间 /（月-日 时：分）	水位/m	出现时间 /（月-日 时：分）	流量 /（m³/s）
皇庄	48.00	50.62	9-9 05：00	48.20	9-7 14：00	10800
沙洋	41.80	44.50	9-9 19：00	42.20	—	—
仙桃	35.10	36.20	9-10 07：00	35.63	9-9 10：32	8560
汉川	29.00	31.69	9-10 12：00	30.56	—	—

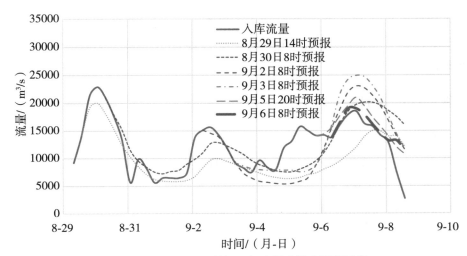

图 3.4-1　20210906 丹江口入库场次洪水预报过程

表 3.4-3　　　　　　　20210906 丹江口水库入库洪峰流量预报精度统计

洪峰编号	预报依据时间 /(月-日 时:分)	入库洪峰/(m³/s)		相对误差 /%	预见期 /h
		实况	预报		
"9·6-22"	8-29 14:00	18800	15000	−20.2	200
	8-30 08:00	18800	20000	6.4	182
	9-2 08:00	18800	23000	22.3	110
	9-3 08:00	18800	25000	33.0	86
	9-5 20:00	18800	21000	11.7	26
	9-6 08:00	18800	19000	1.1	14

3.4.2　防洪形势分析

长江委水文局于 8 月 28 日开始,持续滚动预报此次降雨洪水过程,但预见期 1 天以上的洪峰预报不同程度偏大,给调度决策带来不确定性。根据雨水情预报和调洪演算,若丹江口等上游水库群不拦蓄,则汉江中下游皇庄以下各控制站水位均将超过保证水位。

汉江中下游皇庄站(9 月 1—3 日、9 月 7—9 日)、沙洋站(9 月 2—10 日)、仙桃站(9 月 3—11 日)、汉川站(8 月 28 日至 9 月 13 日)发生超警洪水,汉江中下游堤防巡查防守压力大。为减轻汉江中下游防洪压力,丹江口水库将逐步调减下泄流量,汉江中下游水位快速下降。受前期长时间高水位浸泡、风浪淘刷及水位快速下降影响,汉江中下游堤防出险概率将增大,防守任务依然十分艰巨。

由于丹江口水库运行水位较高,根据预报,汉江上游白河站洪峰流量达到 18000m³/s 左右,孤山航电枢纽坝址以下 26km 范围内沿江部分河滩地将被洪水淹没,需密切关注丹江口水利枢纽工程自身安全、库区清理、库岸稳定等情况。

9 月 7 日 1 时,库水位涨至 167.01m,超过历史最高库水位 167m(2017 年),需密切关注丹江口水利枢纽工程运行状况。

3.4.3　预警及应急响应

(1)水利部

水利部维持水旱灾害防御Ⅳ级应急响应。9 月 5 日,水利部派出由长江委专家组成的水利部工作组,继续在湖北省检查指导汉江中下游洪水防御工作。水利部要求长江委梳理近期丹江口水库调洪运用和蓄水相关准备工作并报送水利部。

(2)长江委

长江委于 9 月 4 日向湖北省水利厅发出关于做好近期汉江上游防洪安全管理工作的紧急通知,预报 9 月 7 日汉江上游白河站洪峰流量将达到 18000m³/s 左右,超过秋汛 5 年一遇洪水标准,根据当前对本次洪水库区水面线预测分析,孤山航电枢纽坝址以下 26km 范围内

(大石沟—大磨沟段)沿江部分河滩地将被洪水淹没,对做好近期汉江上游防洪安全管理工作提出具体要求;9 月 5 日,向汉江集团公司、中线水源公司发出进一步做好丹江口水利枢纽和库区防洪安全工作的通知,预报丹江口水库水位 9 月 6 日将涨至 167m 以上,超过历史最高水位,9 月 8 日前后调洪水位达到 168m 左右,要求进一步做好丹江口水利枢纽工程和库区防洪安全工作,并要求自 9 月 6 日起每日 10 时前以日报形式报送枢纽工程、库区清理和库岸稳定等相关情况;9 月 8 日,向湖北省水利厅发出关于做好退水期汉江中下游堤防巡查防守工作的紧急通知,为减轻汉江中下游防洪压力,丹江口水库将逐步调减下泄流量,汉江中下游水位将快速下降,要求湖北省水利厅做好退水期汉江中下游堤防巡查防守工作。鉴于汉江上游来水和中下游水位将相继转退,鄂坪水库险情应急处置指导工作基本完成,长江委决定自 9 月 9 日 16 时起将水旱灾害防御Ⅲ级应急响应调整为Ⅳ级应急响应。

9 月 5—6 日,长江委领导到丹江口水利枢纽及上游孤山航电枢纽、白河水电站及白河水文站检查指导防汛工作,强调要对当前汉江防汛形势和工作要求有清醒认识,层层压实责任,全力做好防御工作。

根据水利部工作要求,长江委向水利部报送《长江水利委员会关于丹江口水库近期蓄水相关工作情况的报告》,报告近期调洪运用和蓄水准备相关工作,并认真梳理 2018—2020 年丹江口水库蓄水安全有关审查意见,根据丹江口水库枢纽工程安全监测分析和大坝安全性态评估意见、丹江口库区移民安置工程蓄水验收和总体验收意见及近期库区排查清理情况等分析,丹江口水库具备汛末蓄水至 170m 的条件。

9 月 4 日 16 时,长江委水文局继续发布汉江下游仙桃河段洪水橙色预警、汉江中下游襄阳以下其他河段洪水黄色预警,发布汉江上游白河河段、丹江口库区洪水蓝色预警,提请汉江上游白河河段、丹江口库区,汉江中下游襄阳以下河段有关单位和公众注意防范。9 月 5 日 12 时,继续发布汉江下游仙桃河段洪水橙色预警,汉江中下游襄阳以下其他河段洪水黄色预警,汉江上游白河河段、丹江口库区洪水蓝色预警,提请汉江上游白河河段、丹江口库区、汉江中下游襄阳以下河段有关单位和公众注意防范。9 月 6 日 10 时,继续发布汉江下游仙桃河段洪水橙色预警,汉江中下游襄阳以下其他河段洪水黄色预警,汉江上游白河河段、丹江口库区洪水蓝色预警,提请汉江上游白河河段、丹江口库区、汉江中下游襄阳以下河段沿线有关单位和公众注意防范。9 月 8 日 15 时,继续发布汉江中下游皇庄以下河段洪水黄色预警,通报洪峰正在通过皇庄—沙洋河段,考虑丹江口水库逐步减少下泄影响,预报中下游干流主要控制站将在 9 月 12 日前后退出警戒,水位总退幅在 5～8m,日退幅在 0.8～1.0m,退水历时 7 天左右,提请汉江中下游皇庄以下河段沿线有关单位和公众注意防范。

3.4.4　调度目标确定

经会商研究,调度目标确定为:调度丹江口等上中游控制性水库防御本次洪水过程,控制汉江中下游河段水位不超保证水位,保障流域上中下游防洪安全;考虑到汉江中下游皇庄以下河段仍全线超警戒水位运行,随着上游来水消退,为减轻汉江中下游防洪压力,调度丹江口水库逐步调减下泄流量,控制皇庄流量不超过 12000m³/s。

3.4.5 丹江口水库调度过程

(1)9 月 4 日

根据降雨实况,9 月 3 日,汉江白河以上有大雨、局部暴雨,石泉以上日面雨量 38mm,石泉—白河日面雨量 17mm。9 月 4 日 8 时,石泉水库入库流量涨至 4000m³/s,出库流量 4500m³/s,库水位 403.49m(汛限水位 405m);安康水库入库流量 2900m³/s,出库流量加大至 6320m³/s 预泄,库水位 321.99m(汛限水位 325m);潘口、黄龙滩水库出库流量于 3 日 18 时分别加大至 2500m³/s、3000m³/s;丹江口水库入库流量退至 8280m³/s,出库流量 8700m³/s,库水位涨至 165.87m。汉江中游主要控制站水位波动,皇庄站水位 3 日 10 时退出警戒水位 48m。

9 月 4 日预报 4—5 日汉江上游仍有大—暴雨,9 月 7 日汉江上游白河站将发生流量 18000m³/s 左右的洪水过程,丹江口水库将有一次入库洪峰流量在 25000m³/s 量级的涨水过程。考虑若丹江口水库维持当前调度方式(向汉江中下游下泄流量 8300m³/s 左右),预报下一轮洪水调洪水位可能在 168m 左右,后期将在前期拦洪水位的基础上逐步蓄水,丹江口水库将长时间维持高水位运行,汉江中下游皇庄以下河段水位将较长时间超警,且预计 9 月 11 日后,汉江上游还有两次降雨过程,汉江流域防洪形势不容乐观。因此当天制定了 3 种调度方案(表 3.4-4),分别控制丹江口水库向汉江中下游下泄流量为 8300m³/s(维持当前)、9100m³/s、9900m³/s。经会商讨论并向水利部请示,选择方案二,决定尽快增开 1 个孔加大下泄,长江委调度丹江口水库于 9 月 4 日 14 时起向汉江中下游下泄流量 9100m³/s,即增开 1 个表孔至 9 个孔(6 个深孔,3 个表孔)维持。

当天会商还讨论了汉江集团公司和中线水源公司报送的相关情况,根据安全监测分析和大坝安全性态评估,丹江口水库枢纽工程满足 170m 蓄水条件;根据丹江口库区移民安置工程蓄水验收和总体验收意见,结合近期开展的库区排查及清理情况,丹江口水库库区也满足 170m 蓄水条件。会商初步提出方案,9 月下旬以后,丹江口水库可承接前期调洪水位,具备逐步向正常蓄水位 170m 蓄水的基础。

表 3.4-4   **2021 年 9 月 2 日丹江口水库调度方案**

项目	方案一	方案二	方案三
丹江口入库	来水预测:7 日前后一次 25000m³/s 量级的涨水过程		
丹皇区间	来水预测:7 日一次 2500~3000m³/s 的涨水过程		
泄洪开孔情况	维持当前 8 个孔	4 日 14 时增至 9 个孔	4 日 14 时增至 10 个孔

项目		方案一	方案二	方案三
出库流量 /(m³/s)	合计	8700(8个孔)	9500(9个孔)	10300(10个孔)
	向中下游	8300(8个孔)	9100(9个孔)	9900(10个孔)
库水位 /m	9月5日	165.85	165.80	165.75
	最高调洪水位	168.10	167.75	167.40
皇庄站流量/(m³/s)		11000(7日)	11800(7日)	12500(7日)
皇庄站水位/m （警戒48.00m、保证50.62m）		48.30	48.40	48.60
沙洋站水位/m （警戒41.80m、保证44.50m）		42.00	42.20	42.40
仙桃站水位/m （警戒35.10m、保证36.20m）		35.60	35.80	36.00
汉川站水位/m （警戒29.00m、保证31.69m）		30.70	30.90	31.10

(2)9月5—7日

9月4日,汉江石泉—白河有大—暴雨,日面雨量:汉江石泉—白河31mm。9月5—7日,滚动会商降雨洪水发展态势。9月5日上午仍维持4日预报,预报丹江口水库9月7日将有一次25000m³/s量级的涨水过程,晚上滚动修改预报:丹江口水库在7日凌晨将出现最大入库流量21000m³/s。9月6日上午,滚动修改预报:丹江口水库于6日20时将出现最大入库流量19000m³/s。9月6日22时,丹江口水库最大入库流量18800m³/s;7日1时,库水位涨至167.01m,超过历史最高库水位167m(2017年);7日8时,入库流量退至16300m³/s,出库流量10000m³/s(维持9个孔),库水位167.18m。9月6日22时,丹江口水库出现最大入库流量18800m³/s后,水库来水快速消退。5—7日,会商讨论决定维持丹江口水库向汉江中下游下泄流量9100m³/s不变,后期水库逐步减小下泄,水位蓄至167~168m。

(3)9月8—12日

由于汉江上游来水快速消退,汉江中下游皇庄以下河段仍全线超警戒水位运行。9月8—12日,为减轻汉江中下游防洪压力,长江委调度丹江口水库逐步调减下泄流量关闭9个孔泄洪闸门。经会商讨论,考虑受此影响,汉江中下游水位将快速下降,皇庄、沙洋、仙桃、汉川站水位日降幅在1.0~1.5m,总降幅在5.0~8.0m,受前期长时间高水位浸泡、风浪淘刷及水位快速下降影响,汉江中下游堤防出险概率将增大,防守任务十分艰巨,因此要求湖北省水利厅确保汉江中下游堤防安全,全力做好退水期堤防巡查防守工作。丹江口水库洪水与调度过程线见图 3.4-2。

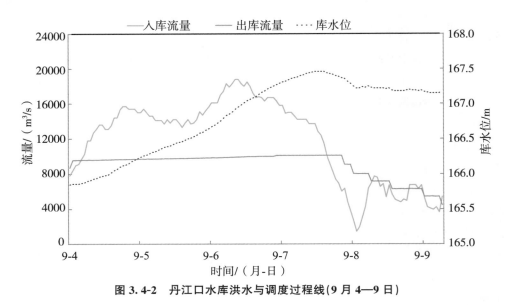

图 3.4-2　丹江口水库洪水与调度过程线(9 月 4—9 日)

3.4.6　其他水工程调度过程

（1）南水北调中线一期工程

9 月 3 日陶岔供水流量由 350m³/s 调增至 380m³/s 后维持。

（2）石泉水库

9 月 3—5 日石泉以上流域发生强降雨过程，累计面雨量 72.9mm，入库流量于 4 日 3 时开始起涨，起涨流量 1250m³/s。流量涨势迅猛，在维持大底孔下泄的基础上，相继增开 6 个孔的闸门，最大出库流量 8500m³/s，4 日 15 时出现本场洪水最大洪峰流量 8800m³/s。随着入库流量缓慢消退，相继关闭 4 个孔的闸门。受 5 日降雨影响，入库流量止跌返涨，6 日 6 时出现洪峰流量 5200m³/s，随着流量转退，7 日相继关闭 2 个孔的闸门，9 日关闭大底孔。11 日入库流量增大，再次开启大底孔下泄 11 小时，随后开始回蓄，水位最高回蓄至 409.77m。12 日 12 时入库流量退至 624m³/s，维持入、出库平衡运行。石泉水库洪水与调度过程线见图 3.4-3。

（3）安康水库

9 月 3—5 日安康以上流域有持续降雨，本次过程水库起涨水位 322.47m，安康水库于 9 月 4 日 19 时最大入库流量 15000m³/s，最大出库流量 10500m³/s（9 月 5 日 20 时），削峰率 31%，最高水位 328.37m（9 月 6 日 21 时）。安康水库洪水与调度过程线见图 3.4-4。

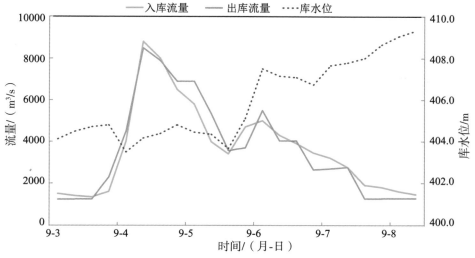

图 3.4-3　石泉水库洪水与调度过程线(9 月 3—8 日)

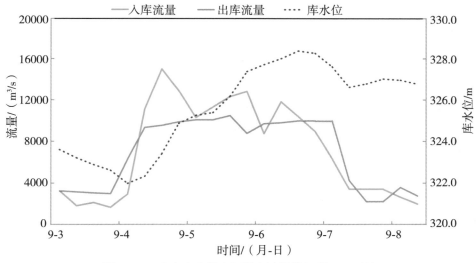

图 3.4-4　安康水库洪水与调度过程线(9 月 3—8 日)

（4）潘口水库

9 月 4—6 日,潘口水库以上流域发生强降水过程,累计面雨量 61.4mm,最大日降水量 29.8mm(9 月 5 日),潘口水库洪峰流量 2480m³/s(6 日 16 时),本次过程库水位自 5 日 23 时的 350.74m 起涨,最高涨至 354.33m(10 日 1 时)。本场洪水被水库全部拦蓄,入库洪水 总量 4.2 亿 m³(5 日 23 时至 10 日 4 时),水库拦蓄洪量 2.0 亿 m³,最大出库流量 626m³/s, 削峰率 75%。潘口水库洪水与调度过程线见图 3.4-5。

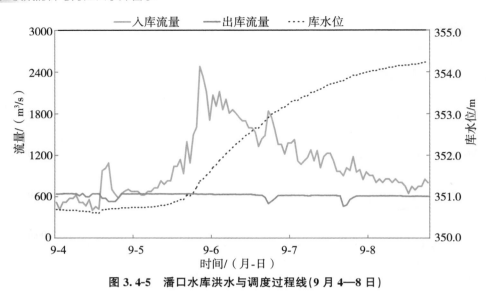

图 3.4-5　潘口水库洪水与调度过程线(9 月 4—8 日)

3.4.7　小结

本次洪水的降雨预报时间较早、精度较高。本次洪水过程预报与实况入库洪水过程相比，预见期 1 天以上的洪峰预报偏大，通过滚动预报，将预报误差降低至 1.1% 左右。从实际调度结果来看，中下游干流主要站水位均未超保证水位，实现了既定的调度目标。

9 月 2—5 日，丹江口水库以上流域发生强降雨过程，强降雨落区主要在石泉—丹江口。受此影响，丹江口水库发生入库洪峰流量 18800m³/s(9 月 6 日 22 时)的洪水过程，入库洪量 55.17 亿 m³。本次洪水过程预报调度中，共发出 10 道调度令，调度丹江口水库将入库洪峰流量 18800m³/s(9 月 6 日 22 时)削减为 10100m³/s(9 月 7 日 12 时)，削峰率 46%。丹江口水库自 165.85m(9 月 4 日 14 时)起涨，最高调洪水位 167.46m(9 月 8 日 1 时)，拦蓄洪量 15.45 亿 m³。9 月 8 日后，为使汉江中下游主要控制站水位尽快全面退至警戒水位以下，调度丹江口水库随来水变化逐步关闭所有泄洪闸门，减小出库流量至 1900m³/s 左右，库水位在 167m 左右波动。皇庄站最大流量 10800m³/s，有效控制汉江中下游不超保证水位。丹江口水库调度过程见表 3.4-5。

表 3.4-5　　　　　　　　　　　丹江口水库第四次洪水调度过程

调度令	调度要求		说明
下达时间 /(月-日)	时间 /(月-日 时:分)	下泄流量 /(m³/s)	
9-4	9-4 14:00	9100	
9-8	9-8 10:30	8600	
	9-8 14:00	7600	

续表

调度令下达时间 /（月-日）	调度要求		说明
	时间 /（月-日 时：分）	下泄流量 /（m³/s）	
9-8	9-8 19：00	6700	根据洪水过程消退，逐步减小丹江口水库出库流量，促进中下游尽快退警
	9-9 02：00	5800	
9-9	9-9 13：00	5000	
	9-9 20：00	4000	
9-10	9-10 13：00	3200	
	9-10 20：00	2400	
9-12	9-12 14：00	1500	

3.5 第五次洪水防御（9月17—19日）

3.5.1 预报与实况雨水情

（1）预报雨水情

长江委水文局9月13日对此次过程有较好的预报，特别是对15—19日的预报精度较高，预报累计面雨量石泉以上96mm，石泉—白河113mm，白河—丹江口79mm，汉江中游（丹皇区间）46mm，汉江下游（皇庄以下）23mm，均较实况一致，后续的滚动预报延续了这一预报结论。

根据预见期降雨，洪水期间进行滚动预报分析，9月10日预报：丹江口水库在9月19日前后将出现15000m³/s量级的入库洪水过程；9月13—15日预报：丹江口入库洪水量级逐渐增大至20000m³/s；9月16日根据最新降雨预报：丹江口水库19日晚将出现最大入库流量25000m³/s；9月19日下午预报：丹江口水库19日晚将出现最大入库流量23000m³/s。

（2）实况雨水情

9月15—19日，汉江流域发生一次强降雨过程，强雨区位于汉江上游，累计面雨量超100mm的笼罩面积约4.5万km²。汉江上游累计面雨量99.59mm，其中石泉以上89.7mm，石泉—白河120.4mm，白河—丹江口87.0mm；汉江中游（丹皇区间）34.45mm；汉江下游（皇庄以下）32.71mm。

根据9月14—19日汉江流域逐日雨量（表3.5-1）可知，9月14—17日降雨主要集中在汉江上游，18日降水量最大，集中在汉江中上游，19日降雨主要集中在中下游，流域内降雨总体由上游往下游发展。

表 3.5-1 　　　　　　　　　9 月 15—19 日汉江流域逐日雨量 　　　　　　　　　（单位:mm）

时间/(月-日)	汉江上游 (丹江口以上)	汉江中游 (丹皇区间)	汉江下游 (皇庄以下)	日雨量最大站点
9-15	9.55	0.00	0.00	喜神坝 136.8
9-16	13.32	1.15	0.00	石泉 64.0
9-17	20.38	3.80	0.02	颜子河 71.0
9-18	51.58	12.85	0.05	栗树沟 112.5
9-19	4.76	16.65	32.64	虎山 76.0

受强降雨影响,汉江上游多条支流再次发生较大涨水过程,白河站发生一次复式洪水过程,最大流量 14100m³/s;丹江口水库发生一次复式洪水过程,过程中两次洪峰流量分别为 7680m³/s、22800m³/s,汉江中下游干流主要控制站水位返涨并接近警戒水位(详见 2.3.1 节洪水发展过程第五阶段)。汉江下游控制站最大流量和最高水位见表 3.5-2。

表 3.5-2 　　　　　　　　第五次洪水期间汉江下游控制站最大流量和最高水位

控制站	警戒水位 /m	保证水位 /m	最高水位		最大流量	
			出现时间 /(月-日 时:分)	水位/m	出现时间 /(月-日 时:分)	流量 /(m³/s)
皇庄	48.00	50.62	9-24 11:00	46.90	9-24 03:00	8740
沙洋	41.80	44.50	9-25 12:00	40.63	—	—
仙桃	35.10	36.20	9-25 13:00	33.55	9-26 09:28	6530
汉川	29.00	31.69	9-26 08:00	29.01		

与实况入库洪水过程相比,预见期 5 天的洪峰预报误差基本在 20% 以内,通过滚动预报分析,逐渐将预报误差降低至 0.88%。20210919 丹江口入库场次洪水预报过程见图 3.5-1。丹江口水库入库洪峰流量预报精度统计见表 3.5-3。

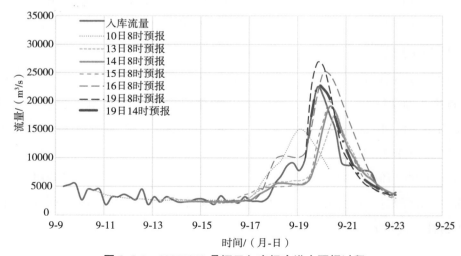

图 3.5-1　20210919 丹江口入库场次洪水预报过程

表 3.5-3 20210919 丹江口水库入库洪峰流量预报精度统计

洪峰编号	预报依据时间/（月-日 时）	入库洪峰/(m³/s)		相对误差/%	预见期/h
		实况	预报		
"9·19-19"	9-10 08:00	22800	15000	−34.20	227
	9-13 08:00	22800	18000	−21.10	155
	9-14 08:00	22800	19000	−16.70	131
	9-15 08:00	22800	20000	−12.30	107
	9-16 08:00	22800	25000	9.60	83
	9-19 08:00	22800	27000	18.40	11
	9-19 14:00	22800	23000	0.88	5

3.5.2 防洪形势分析

本次洪水来临前，汉江中下游皇庄、沙洋、仙桃、汉川站已分别于 9 月 9 日、10 日、11 日和 13 日陆续退出警戒水位，但根据雨水情预报和调洪演算，若丹江口水库等上游水库群不拦蓄，则汉江中下游皇庄以下各控制站水位均将超过警戒水位。同时，汉江中下游陆续退出警戒水位，给丹江口水库预泄腾库提供有利时机。

9 月 8 日，丹江口库区湖北省十堰市郧阳区五峰乡陈家咀滑坡监测点出现路面裂缝和公路边坡垮塌险情。根据监测，在持续降雨和河道水位变幅较大的情况下，滑坡体前缘西部失稳可能性较大，滑坡体失稳将直接毁坏五将公路，滑坡涌浪将对汉江对岸公路和居民点造成一定影响。9 月 14 日 8 时，丹江口水库水位 167.33m，由于丹江口水库运行水位较高，根据预报 9 月下旬汉江流域仍有降雨过程，需密切关注丹江口水利枢纽工程自身安全、库区清理、库岸稳定等情况。

3.5.3 预警及应急响应

（1）水利部

9 月 13 日，水利部启动水旱灾害防御Ⅳ级应急响应（针对台风"灿都"，9 月 16 日终止）；9 月 17 日，发出《水利部办公厅关于做好强降雨防范工作的通知》（水明发〔2021〕126 号），通报 9 月 18 日开始的降雨过程，要求全力做好强降雨各项防御工作。

（2）长江委

长江委维持水旱灾害防御Ⅳ级应急响应。9 月 11 日发布第 18 期汛（旱）情通报，提醒湖北、陕西、河南省水利厅注意未来一周汉江上游有一次自西向东的降雨过程，汉江等支流将发生不同程度的涨水过程，部分支流可能发生超警洪水，局部强降雨可能引发山洪灾害，城市和低洼地区存在涝渍风险。9 月 14 日发布第 19 期汛（旱）情通报，提醒湖北、陕西、河南省水利厅注意 9 月 15—19 日汉江流域有一次强降雨过程，丹江口水库将发生一次较大洪水过程,丹江口水库将适时加大出库流量预降水位,中下游干流水位将陆续返涨,要求有关单位继续压紧压实防汛责任,落实落细防范应对措施,全力做好各项工作。

9 月 13 日下午,长江委科技委组织召开丹江口库区有关地质灾害风险评估报告技术咨询会,提出了相应处理建议。14 日下午,长江委组织召开《丹江口水库 2021 年汛末提前蓄水计划》审查会,要求进一步修改完善计划方案,加强风险分析,在确保防洪安全的前提下做好丹江口水库汛末提前蓄水工作。

9 月 16 日 14 时,长江委水文局发布汉江白河河段、丹江口库区洪水黄色预警,预报 9 月 19 日汉江白河站水位涨至 187.0m 左右、丹江口水库入库流量将涨至 20000m³/s 以上,提请汉江白河河段、丹江口库区沿线有关单位和公众注意防范。9 月 18 日 10 时,继续发布汉江上游白河河段、丹江口库区洪水黄色预警,预报 9 月 19 日白河站水位涨至 187.0m 左右、丹江口水库入库流量将涨至 20000m³/s 以上,9 月 22 日皇庄站流量在 9000m³/s 左右,未来 3 天,中下游皇庄以下河段水位将有 1～4m 的涨幅,提请汉江上游白河河段、丹江口库区、汉江中游皇庄河段沿线有关单位和公众注意防范。9 月 19 日 11 时,继续发布汉江上游白河河段、丹江口库区洪水黄色预警,预报未来 12 小时,白河站水位仍有 3m 左右的涨幅,丹江口水库最大入库流量在 27000m³/s 左右,未来 3 天,中下游皇庄以下河段水位将有 1～4m 的涨幅,提请汉江上游白河河段、丹江口库区、汉江中下游皇庄以下河段沿线有关单位和公众注意防范。

9 月 17 日,按照水利部防御司要求,长江委防御局值班室电话联系中线水源公司,提醒将丹江口库区十堰市郧阳区五峰乡陈家咀地质灾害险情有关情况通报地方政府,督促做好人员避险工作。

3.5.4　调度目标确定

经会商研究,调度目标确定为:调度丹江口等上中游控制性水库防御本次洪水过程,控制汉江中下游河段水位不超警戒水位,保障流域上中下游防洪安全;考虑到汉江中下游陆续退出警戒水位,利用时机调度丹江口水库抓紧预泄,预泄流量按汉江中下游不超警戒水位控制。

3.5.5　丹江口水库调度过程

（1）9 月 14 日

考虑上游水库调度及预见期降雨影响,预报:丹江口水库入库流量 17 日前在 2500～3000m³/s 波动,20 日前后将有一次 19000m³/s 量级的涨水过程。丹江口水库维持当前出库流量,库水位 17 日缓涨至 167.5m 左右。经会商讨论,长江委决定调度丹江口水库在本次洪水来临前预泄腾库,同时考虑到汉江下游刚退出警戒水位,湖北省水利厅要求皇庄暂时按流量不超过 9000m³/s 控制,因此逐步调度丹江口水库于 9 月 14 日 13 时起向汉江中下游下泄流量按 2400m³/s 控制,即开 1 个表孔;于 9 月 14 日 14 时起向汉江中下游下泄流量按 3400m³/s 控制,即增开 1 个深孔至 2 个孔(1 个深孔,1 个表孔)维持。

(2)9 月 15 日

9 月 15 日,汉江上游来水平稳,8 时,石泉水库入、出库流量分别为 450m³/s、630m³/s,库水位 407.72m(正常蓄水位 410m);安康水库入、出库流量分别为 1020m³/s、1220m³/s,库水位 325.58m(汛限水位 325m)。丹江口水库 15 日 8 时入、出库流量分别为 2410m³/s、3730m³/s,库水位 167.27m。受丹江口水库加大出库流量影响,汉江中游干流余家湖站水位开始转涨,15 日 8 时水位 58.47m;汉江中下游干流皇庄及以下河段水位持续消退。当天预报 20 日前后丹江口水库可能发生入库洪峰流量量级在 20000m³/s 左右的涨水过程,丹皇区间 21 日前后将有一次量级在 5000m³/s 左右涨水过程,经会商讨论,为保障防洪安全,长江委决定调度丹江口水库继续加大预泄腾库,于 9 月 15 日 14 时起增开 1 个表孔至 3 个孔(1 个深孔,2 个表孔)维持,向汉江中下游下泄流量按 4300m³/s 控制。

(3)9 月 16 日

根据降雨实况,9 月 15 日,汉江石泉以上有大—暴雨、局地大暴雨,日面雨量 29mm。9 月 16 日汉江上游来水平稳,石泉、安康水库基本保持出入库平衡,丹江口水库水位于 16 日 8 时缓降至 167.10m;受丹江口水库加大出库影响,汉江中下游干流余家湖—沙洋河段水位转涨,16 日 8 时余家湖、皇庄、沙洋站水位分别为 59.48m、43.69m、38.36m;汉江下游干流沙洋下河段水位持续消退。当天预报丹江口水库 20 日前后可能发生入库洪峰流量量级在 25000m³/s 左右的涨水过程,丹皇区间 21 日前后将有一次量级为 4000~5000m³/s 的涨水过程。经会商讨论,长江委决定调度丹江口水库继续加大预泄腾库,于 9 月 16 日 13 时起向汉江中下游下泄流量调增至 5300m³/s,即增开 1 个表孔至 4 个孔(1 个深孔,3 个表孔)维持,于 9 月 16 日 18 时起向汉江中下游下泄流量调增至 6100m³/s,即增开 1 个深孔至 5 个孔(2 个深孔,3 个表孔)维持。

(4)9 月 17—19 日

长江委滚动会商,分析研判流域雨水情发展态势,9 月 17 日预报丹江口水库 20 日前后将发生入库洪峰量级在 25000m³/s 左右的涨水过程,丹皇区间 21 日前后将有一次量级在 3000m³/s 左右涨水过程。经 17 日会商讨论,继续维持丹江口水库向汉江中下游下泄流量 6100m³/s,9 月 18 日继续维持 17 日预报结论和调度策略。9 月 19 日预报丹江口水库 19 日晚入库洪峰流量在 23000m³/s 左右,丹皇区间 22 日前后将有一次 3500m³/s 左右涨水过程,经会商讨论,继续维持丹江口水库向汉江中下游下泄流量 6100m³/s。

(5)9 月 20—23 日

9 月 19 日,汉江中下游有中—大雨、局地暴雨,皇庄以下日面雨量 33mm,受强降雨影响,汉江上游发生较大涨水过程。石泉水库 19 日 10 时最大入库流量 5140m³/s,20 日 8 时入、出库流量分别为 3200m³/s、2800m³/s,库水位 407.82m;安康水库 9 月 19 日 10 时最大入库流量 12400m³/s,20 日 8 时入、出库流量分别为 4600m³/s、5100m³/s,库水位 328.15m;白河站 19 日 17 时洪峰流量 14100m³/s,20 日 8 时流量 10300m³/s;丹江口水库 19 日 19 时最大入库流量 22800m³/s,20 日 8 时入、出库流量分别为 11700m³/s、6850m³/s,库水位 167.99m。汉江中下游干流主要控制站水位上涨,20 日 8 时皇庄、仙桃站水位分别为 46.11m(相应流量 6820m³/s)、31.85m。因丹江口水库本次洪水过程已现峰,9 月 20 日预报水库来水快速消退,未来 3 天(21 日、22 日、23 日)8 时入库流量分别为 7800m³/s、4800m³/s、3400m³/s,考虑后期降雨,24 日起来水将逐步增加,28 日前后还将有入库洪峰流量为 20000m³/s 左右的洪水过程。经 20 日会商讨论,长江委决定调度丹江口水库加大泄量,于 9 月 20 日 20 时起向汉江中下游下泄流量调增至 7300m³/s,增开 1 个深孔至 6 个孔(3 个深孔,3 个表孔)维持。

9 月 21—22 日汉江上游来水持续转退,22 日 8 时石泉水库入、出库流量分别为 750m³/s、800m³/s,库水位 405.13m;安康水库入、出库流量分别为 1840m³/s、1840m³/s,库水位 325.95m;丹江口水库入、出库流量分别为 5040m³/s、7770m³/s,库水位 168.18m。汉江中下游干流主要控制站水位上涨,22 日 8 时皇庄、仙桃站水位分别为 46.47m(相应流量 7750m³/s)、32.65m。丹江口水库继续维持向汉江中下游下泄流量 7300m³/s。丹江口水库洪水与调度过程线见图 3.5-2。

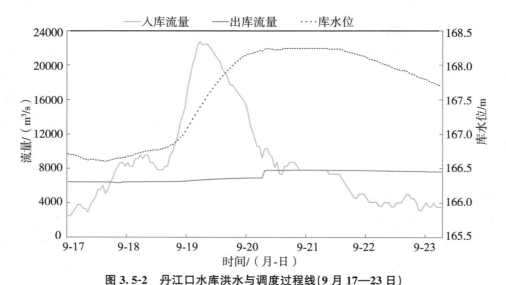

图 3.5-2　丹江口水库洪水与调度过程线(9 月 17—23 日)

3.5.6　其他水工程调度过程

(1)南水北调中线一期工程

本次洪水期间陶岔供水流量维持在 380m³/s。

（2）石泉水库

9月15—19日石泉以上有持续降雨过程,由于水库水位接近汛限水位 405m,水库于 15日 12时开启大底孔预泄降低库水位,最低降至 404.60m;15日 15时流量起涨,起涨流量 432m³/s,调度期间相继开启 5号表孔、4号中孔、1号表孔,最大开启 3孔闸门下泄;19日 10时出现本场洪水洪峰流量 5140m³/s;21日 19时 5分关闭大底孔最终回蓄,23日 6时左右入库流量退至 606m³/s,入、出库平衡。石泉水库洪水与调度过程线见图 3.5-3。

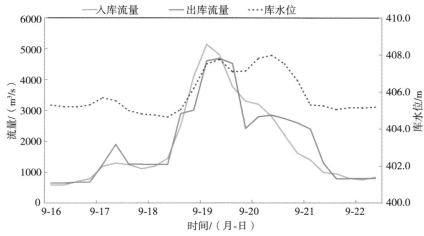

图 3.5-3 石泉水库洪水与调度过程线（9月 16—22日）

（3）安康水库

9月15—19日安康以上流域有持续降雨过程,本次洪水过程水库起涨水位 325.67m,安康水库 9月 19日 10时最大入库流量 12400m³/s,最大出库流量 8740m³/s（9月 19日 19时）,削峰率 29%,最高水位 328.39m（9月 20日 3时）。安康水库洪水与调度过程线见图 3.5-4。

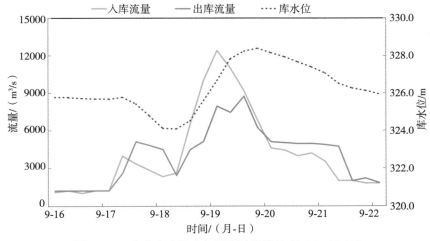

图 3.5-4 安康水库洪水与调度过程线（9月 16—22日）

（4）潘口水库

9月16—19日，潘口水库以上流域发生强降水过程，累计面雨量83.2mm，最大日降水量48.4mm（9月18日），潘口水库最大洪峰流量2520m³/s（19日14时），本次过程库水位自19日4时351.74m起涨，最高涨至353.92m（20日19时）。本场洪水被水库全部拦蓄，入库洪水总量3.10亿m³（17日8时至21日14时），水库拦蓄洪量1.217亿m³，最大出库流量631m³/s，削峰率75%。潘口水库洪水与调度过程线见图3.5-5。

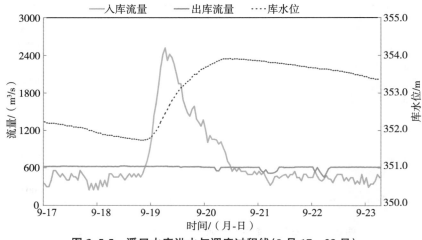

图 3.5-5　潘口水库洪水与调度过程线（9月17—23日）

3.5.7　小结

本次洪水的降雨预报时间较早、精度较高。对于本次洪水过程预报与实况入库洪水过程相比，预见期5天的洪峰预报误差基本在20%以内，通过滚动预报分析，逐渐降低预报误差至0.88%。从实际调度结果来看，中下游干流主要站水位均未超警戒水位，实现了既定的调度目标。

9月15—19日，丹江口水库以上流域发生强降雨过程，强降雨落区主要在石泉—丹江口，上游石泉、安康水库相继开闸泄洪，受此影响，丹江口水库发生入库洪峰流量22800m³/s（9月19日19时）的洪水过程，入库洪量48.1亿m³。本次洪水过程预报调度中，共发出5道调度令，调度丹江口水库在洪水来临前预泄腾库，自9月14日起将丹江口水库出库流量由1840m³/s加大至6400m³/s，预降水位至166.6m（9月18日5时）。水库水位自166.6m起涨，于19日13时再次突破167.0m。通过调度，将丹江口水库入库洪峰流量22800m³/s（9月19日19时）削减为6650m³/s（9月19日22时），削峰率71%，避免了汉江上游洪水与中下游丹皇区间洪水遭遇。丹江口水库最高调洪水位168.25m（9月20日22时），拦蓄洪量16.13亿m³，石泉、安康、潘口等水库拦洪5.38亿m³，有效控制汉江中下游不超警戒水位。丹江口水库调度过程见表3.5-4。

表3.5-4   丹江口水库第五次洪水调度过程

调度令下达时间/(月-日)	调度要求		说明
	时间/(月-日 时:分)	下泄流量/(m³/s)	
9-14	9-14 13:00	2400	根据洪水过程,逐步加大丹江口水库出库流量,并为下次洪水过程降低起调水位
	9-14 14:00	3400	
9-15	9-15 14:00	4300	
9-16	9-16 13:00	5300	
	9-16 18:00	6100	
9-20	9-20 20:00	7300	

3.6 第六次洪水防御(9月24日至10月1日)

3.6.1 预报与实况雨水情

(1)预报雨水情

长江委水文局于9月17日开始预报9月23日起的汉江流域强降雨过程,随后每天都对此次降雨过程作出更新预报。9月23日预计:石泉以上23—27日有大—暴雨,石泉—白河以中雨为主,白河—丹江口有小—中雨。9月23日对整个降雨过程累计面雨量的预报情况为:石泉以上190mm,预报偏大;石泉—白河70mm,预报偏小;白河—丹江口40mm,与实况相差不大;汉江中游(丹皇区间)27mm,较实况偏小;汉江下游(皇庄以下)4mm,与实况一致。在随后的预报中对降水量不断修正,较9月23日的预报更接近实况。

根据预见期降雨,洪水期间进行滚动预报分析,9月19日预报:丹江口水库在28日前后将出现20000m³/s量级的入库洪水过程;9月22—24日预报:丹江口入库洪水量级逐渐减小至15000m³/s;9月27日预报丹江口入库洪水量级增大,29日凌晨将出现20000m³/s量级的入库洪水过程;9月28日上午预报:丹江口水库29日2时将出现最大入库流量25000m³/s。

(2)实况雨水情

此阶段,汉江流域共发生两次降雨过程,分别为9月23—26日、27—28日,两次过程累计面雨量超100mm的笼罩面积达5.7万km²。汉江上游累计面雨量98.44mm,其中石泉以上152.1mm,石泉—白河111.19mm,白河—丹江口53mm;汉江中游(丹皇区间)81.63mm;汉江下游(皇庄以下)17.50mm。

根据9月23—28日汉江流域逐日雨量(表3.6-1)可知,受强降雨影响,汉江上游多条支流发生明显涨水过程,白河站超警戒,月河、旬河、丹江发生超警洪水,滑水河发生超保证洪水,溢水河发生超历史洪水;石泉、安康水库逐步拦蓄至正常蓄水位;丹江口水库发生近10年最大入库洪水过程,入库洪峰流量24900m³/s,最高调洪水位169.63m;鸭河口水库发生超历史特大洪水,最大入库流量18200m³/s(历史最大入库流量11700m³/s),最大出库流量5000m³/s;最高库水位179.91m,高于设计洪水位179.84m。汉江中下游干流主要站水位复涨并相继再次超警,超警幅度0.10~1.12m(详见2.3.1节洪水发展过程第六阶段)。汉江下游控制站最大流量和最高水位见表3.6-2。

表3.6-1   9月23—28日汉江流域逐日雨量   (单位:mm)

时间/(月-日)	汉江上游 (丹江口以上)	汉江中游 (丹皇区间)	汉江下游 (皇庄以下)	日雨量最大站点
9-23	16.39	23.90	0.96	粮东 142.0
9-24	9.72	16.03	0.04	杨西庄 453.5
9-25	7.04	0.72	0.00	华阳 96.0
9-26	22.10	0.73	0.00	三华石 128.0
9-27	32.12	0.25	0.00	观音堂 173.2
9-28	11.07	40.0	16.50	九道梁 46.5

表3.6-2   第六次洪水期间汉江下游控制站最大流量和最高水位

控制站	警戒水位 /m	保证水位 /m	最高水位		最大流量	
			出现时间 /(月-日 时:分)	水位/m	出现时间 /(月-日 时:分)	流量/(m³/s)
皇庄	48.00	50.62	9-30 22:00	48.11	9-30 13:00	11600
沙洋	41.80	44.50	10-1 19:00	42.05	—	—
仙桃	35.10	36.20	10-2 08:00	35.20	10-2 08:00	8290
汉川	29.00	31.69	10-2 20:00	30.12	—	—

与实况入库洪水过程相比,预见期5天以上的洪峰预报误差较大,随着预见期缩短,通过滚动预报分析,预见期24小时预报误差降低至0.4%。20210929丹江口入库场次洪水预报过程见图3.6-1,丹江口水库入库洪峰流量预报精度统计见表3.6-3。

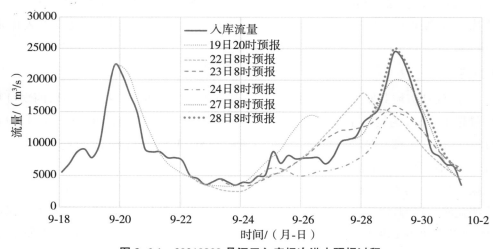

图3.6-1 20210929丹江口入库场次洪水预报过程

表 3.6-3　　　　　　　20210929 丹江口水库入库洪峰流量预报精度统计

洪峰编号	预报依据时间 /（月-日 时:分）	入库洪峰/（m³/s）		相对误差 /%	预见期 /h
		实况	预报		
"9·29-3"	9-19 20:00	24900	20000	−19.7	223
	9-22 08:00	24900	18000	−27.7	163
	9-23 08:00	24900	16000	−35.7	139
	9-24 08:00	24900	15000	−39.8	115
	9-27 08:00	24900	20000	−19.7	43
	9-28 08:00	24900	25000	0.4	19

3.6.2　防洪形势分析

本次强降雨过程石泉以上累计面雨量达 152mm，累计面雨量超 100mm 的笼罩面积达 5.7 万 km²。汉江上游累计面雨量 98.44mm，汉江中游（丹皇区间）81.63mm，汉江下游（皇庄以下）17.50mm，覆盖范围广、持续时间长、局部降雨强度大，且与前期多雨区高度重叠，致灾性强。汉江上游石泉、安康水库水位基本在正常蓄水位附近，拦洪能力有限。丹江口水库 29 日 3 时出现最大入库流量 24900m³/s，接近秋汛期 10 年一遇洪峰流量 26800m³/s，由于丹江口水库运行水位较高，存在库区回水淹没风险。根据雨水情预报和调洪演算，若丹江口等上游水库群不拦蓄，汉江中下游皇庄以下各控制站水位均将超过保证水位。

9 月 25 日，唐白河鸭河口水库最大入库流量 18200m³/s 的超历史特大洪水，最大出库流量 5000m³/s，汉江中下游防洪压力加大。汉江中下游皇庄站（9 月 30 日至 10 月 1 日）、沙洋站（9 月 30 日至 10 月 2 日）、汉川站（9 月 26 日至 10 月 4 日）发生超警洪水，汉江中下游堤防巡查防守压力大。

3.6.3　预警及应急响应

（1）水利部

针对严峻复杂的秋汛形势，国家防总副总指挥、水利部部长李国英要求迅即落实国务院领导重要批示，及时研判当前秋汛发生发展形势，及时做好"四预"工作，进一步实化细化秋汛防御措施，确保秋汛防得住，确保人民群众生命财产安全。9 月 25 日，水利部副部长刘伟平主持会商，进一步分析研判近期秋汛形势，安排部署防御工作，要求督促指导地方切实落实防御责任，加强监测预报预警，强化水利工程科学调度，抓好中小河流洪水、山洪灾害防御、中小水库特别是病险水库安全度汛，扎实做好各项防汛工作。9 月 30 日，李国英部长主持召开防汛会商时强调，要防好汉江秋汛。一是充分发挥丹江口水库拦蓄作用，秋汛过程中库水位调蓄至正常蓄水位（170m）；二是坚决避免启用杜家台分洪区；三是确保库区安全；四是确保汉江下游堤防安全。

9 月 22 日,水利部发出《水利部办公厅关于做好强降雨防范工作的通知》(水明发〔2021〕128 号),提醒陕西省汉江上游等支流将出现涨水过程,要求做好各项防御工作;9 月 24 日,发出《水利部办公厅关于认真贯彻落实国务院领导重要批示精神扎实做好秋汛防御工作的通知》(水明发〔2021〕130 号),要求认真贯彻落实李克强总理对应对秋汛工作作出的重要批示和胡春华副总理、王勇国务委员的明确要求,扎实做好秋汛防御工作;9 月 25 日,向河南省水利厅和长江委、淮河水利委员会发出《水利部办公厅关于进一步做好暴雨洪水防御工作的紧急通知》(水明发〔2021〕131 号),通报强降雨过程变化,要求做好暴雨洪水防御工作;10 月 1 日,向河南、湖北、陕西等省水利厅,以及长江委发出《关于迅速落实水利部会商会议精神的函》,要求全力打赢防秋汛这场硬仗。

9 月 25 日,向河南省紧急派出水利部工作组指导暴雨洪水防范应对工作。9 月 27 日,水利部启动水旱灾害防御Ⅲ级应急响应。

(2)长江委

长江委维持水旱灾害防御Ⅳ级应急响应。9 月 23 日,长江委向陕西、湖北、河南省水利厅发出汛情通报,通报 9 月 23—27 日汉江上游有大雨、局地暴雨的强降雨过程,汉江上游将发生较大涨水过程,提醒做好防范应对。9 月 25 日,长江委分别向河南省水利厅和湖北省水利厅发出汛情通报,通报鸭河口水库以上雨水情预报成果和唐白河、汉江上游雨水情监测预报成果,要求做好监测预报预警、水工程调度、水库堤防巡查防守等工作。鉴于此轮洪水防御形势,9 月 27 日,向湖北省水利厅发出关于做好丹江口水库库区安全管理和汉江中下游堤防巡查防守工作的紧急通知,要求切实做好丹江口水库库岸安全监测巡查、汉江中下游堤防及河道岸坡巡查防守、在建工程安全度汛等工作。9 月 28 日,向湖北省水利厅发出《关于做好丹江口库区十堰市郧阳区五峰乡陈家咀地质灾害隐患点安全管理工作的紧急通知》,在持续降雨和河道水位变幅较大的情况下,滑坡体前缘西部失稳可能性较大,滑坡体失稳将直接毁坏五将公路,滑坡涌浪将对汉江对岸公路和居民点造成一定影响,提醒湖北省水利厅督促指导地方政府及有关部门做好安全管理工作。

9 月 25 日 10 时,长江委水文局发布汉江中下游襄阳—仙桃河段洪水蓝色预警,通报未来 3 天,中下游皇庄以下河段将有 1～2m 的涨幅,9 月 27 日前后皇庄最大流量在 12000m³/s 左右,仙桃水位将接近警戒水位,提请汉江中下游襄阳—仙桃河段沿线有关单位和公众注意防范。9 月 27 日 14 时,升级发布汉江中下游襄阳以下河段洪水黄色预警,发布汉江上游白河河段、丹江口库区洪水蓝色预警,提请汉江上游白河河段、丹江口库区、汉江中下游襄阳以下河段沿线有关单位和公众注意防范。9 月 28 日 8 时,升级发布汉江上游白河河段洪水橙色预警,丹江口库区洪水黄色预警,继续发布汉江中下游襄阳以下河段洪水黄色预警,提请汉江上游白河河段、丹江口库区、汉江中下游襄阳以下河段沿线有关单位和公众注意防范。9 月 28 日 14 时,升级发布汉江下游仙桃河段洪水橙色预警,继续发布汉江上游白河河段洪水橙色预警,上游丹江口库区、中游襄阳—皇庄河段洪水黄色预警,提请汉江上游白河河段、丹江口库区、汉江中下游襄阳以下河段沿线有关单位和公众注意防范。9月30日10时,继续发布汉江中下游皇庄以下河段洪水黄色预警,提醒汉江中下游水位继续上涨,提请汉江中下游皇庄以下河段沿线有关单位和公众注意防范。

3.6.4 调度目标确定

经多次会商研究,调度目标确定为:前期与鸭河口水库下泄洪水错峰,逐步减小丹江口水库出库流量;随着上游洪水上涨,调度丹江口水库拦蓄洪水,控制汉江中下游河段不超保证水位,同时逐步加大丹江口水库出库流量,充分利用河道泄流能力以减轻枢纽防洪压力;随着洪水消退,逐步减小丹江口水库出库流量,加快汉江中下游退警速度。

3.6.5 丹江口水库调度过程

(1)9月24日

根据降雨实况,9月23日,汉江上中游干流北部有中—大雨、局地暴雨,日面雨量:汉江丹皇区间24mm,石泉以上23mm,石泉—白河19mm。9月24日,汉江上游来水波动消退,24日8时石泉水库、安康水库入、出库流量稳定;丹江口水库入、出库流量分别为3950m³/s、7560m³/s,库水位167.54m;汉江中下游干流主要控制站水位上涨,24日8时皇庄、仙桃、汉川站水位分别为46.88m(相应流量8710m³/s)、33.29m、28.78m(距警戒水位0.22m)。9月24日预报丹江口水库29日前后可能发生入库洪峰流量量级在15000m³/s左右的涨水过程。经会商讨论,长江委调度丹江口水库于12时起向汉江中下游下泄流量按6100m³/s控制,减少1个表孔至5个孔(3个深孔,2个表孔)维持。

(2)9月25日

9月24日,鸭河口水库以上有特大暴雨,鸭河口水库以上区域日面雨量165mm;汉江石泉以上有大雨、局地暴雨,日面雨量:石泉以上25mm,丹皇区间16mm,其中鸭河口水库以上区域165mm。受集中强降雨影响,鸭河口水库发生特大洪水,25日3时40分最大入库流量18200m³/s(历史最大入库流量11700m³/s,1975年8月),25日4时48分最大出库流量加至5000m³/s,25日10时最高库水位179.91m(设计洪水位179.84m,1000年一遇),14时入库流量退至1310m³/s,出库流量3000m³/s。由于24日强降雨过程,汉江上游来水增加,25日8时石泉水库入、出库流量分别为2300m³/s、2400m³/s,库水位405.30m;安康水库入、出库流量分别为3100m³/s、3700m³/s,库水位324.33m;丹江口水库入、出库流量分别为6980m³/s、6520m³/s,库水位167.52m;汉江中下游干流主要控制站水位上涨,25日8时皇庄、仙桃、汉川站水位分别为46.86m(相应流量8370m³/s)、33.51m、28.91m(距警戒水位0.09m)。9月25日预报丹江口水库29日前后入库洪峰流量在15000m³/s左右的结论不变。

考虑雨水情实况,经会商讨论,长江委决定逐步减小丹江口水库下泄流量,与鸭河口水库下泄洪水错峰,调度丹江口水库于9月25日10时30分起减少1个表孔至4个孔(3个深孔,1个表孔)维持,向汉江中下游下泄流量按5100m³/s控制,于9月25日16时起再减少1个深孔至3个孔(2个深孔,1个表孔,)维持,向汉江中下游下泄流量按4200m³/s控制。

(3)9月26日

9月25日,汉江石泉以上日面雨量25mm。受降雨影响,汉江上游来水增加,26日8时,石泉水库入、出库流量分别为5200m³/s、5000m³/s,库水位404.90m;安康水库入、出库流量分别为4280m³/s、4480m³/s,库水位324.13m;丹江口水库入、出库流量分别为7830m³/s、4640m³/s,库水位167.77m;汉江中下游干流主要控制站水位上涨,26日8时皇庄、仙桃、汉川站水位分别为46.96m(相应流量8570m³/s)、33.62m、29.01m(超警戒水位0.01m)。9月26日预报丹江口水库29日前后入库洪峰流量在15000m³/s左右的结论不变。

经26日会商讨论,为防御29日洪水过程,全力保障防洪安全,长江委决定加大丹江口水库下泄流量,调度丹江口水库于9月26日17时30分起向汉江中下游下泄流量按5300m³/s控制,增开1个表孔至4个孔(2个深孔,2个表孔)维持,于9月26日22时30分起向汉江中下游下泄流量按6200m³/s控制,增开1个深孔至5个孔(3个深孔,2个表孔)维持。

(4)9月27日

9月26日,石泉以上有暴雨,石泉—白河有大雨、局地暴雨;石泉以上日面雨量51mm,石泉—白河日面雨量22mm。受强降雨影响,汉江上游来水快速增加,27日8时,石泉水库入库流量涨至13100m³/s,出库流量加至12400m³/s,库水位涨至406.25m;安康水库入库流量涨至13200m³/s,出库流量加至8660m³/s,库水位325.90m;丹江口水库入库流量涨至10300m³/s,出库流量6620m³/s,库水位168.00m。汉江中下游干流主要控制站水位继续上涨,27日8时皇庄、仙桃、汉川站水位分别为47.30m(相应流量9310m³/s)、33.80m、29.04m(超警戒水位0.04m)。9月27日预报丹江口水库29日前后入库洪峰在20000m³/s左右,汉江干流白河站洪峰流量将达到17000m³/s左右,汉江中下游皇庄站最大流量12000m³/s左右,据此编制3种丹江口水库调度方案:方案一,维持向汉江中下游下泄流量6200m³/s,9月30日晚最高库水位170.2m左右;方案二,增加1个孔,向汉江中下游下泄流量7200m³/s,9月30日晚最高库水位170.0m左右;方案三,增加2个孔,向汉江中下游下泄流量8200m³/s,9月30日晚最高库水位169.8m左右。

经27日早上会商讨论,考虑本次洪水过程,丹江口水库调洪运用水位将再创历史新高;汉江干流白河站洪峰流量将超过秋汛5年一遇洪水标准,丹江口水库库尾孤山航电枢纽坝址以下25km范围内(大石沟—泥河口段)沿江部分河滩地可能被洪水淹没;汉江中下游宜城以下河段水位将有1.5~2.5m的涨幅,宜城以下河段水位将全线超警;面对下游河道水面比降大、流速快等严峻复杂的防洪形势,决定尽快加大丹江口水库泄量,按方案二调度丹江口水库,于 9 月 27 日 12 时起向汉江中下游下泄流量按 7300m³/s 控制,增开 1 个表孔至 6 个孔(3 个深孔,3 个表孔)维持;于 9 月 27 日 14 时起向汉江中下游下泄流量按 8400m³/s 控制,增开 1 个表孔至 7 个孔(3 个深孔,4 个表孔)维持;考虑水雨情实况变化,经 27 日下午会商讨论,决定继续加大丹江口水库下泄流量,调度水库于 9 月 27 日 20 时起向汉江中下游下泄流量按 9300m³/s 控制,增开 1 个深孔至 8 个孔(4 个深孔,4 个表孔)维持。

(5)9 月 28 日

9 月 27 日,汉江上游白河以上有大—暴雨,日面雨量:石泉以上 26mm、石泉—白河 58mm、白河—丹江口 12mm。受强降雨影响,汉江上游发生较大涨水过程,石泉水库 27 日 6 时 15 分出现最大入库流量 13900m³/s,28 日 8 时入库流量已退至 6200m³/s,出库流量 7000m³/s,库水位 408.73m;安康水库 27 日 18 时 2 分出现最大入库流量 18000m³/s,小幅消退后返涨,28 日 8 时入库流量涨至 14100m³/s,出库流量 12500m³/s,库水位 328.73m;28 日 8 时,白河站水位涨至 185.53m,相应流量 14400m³/s;丹江口水库入库流量涨至 14400m³/s,出库流量 9800m³/s,库水位 168.31m。汉江中下游干流主要控制站水位继续上涨,28 日 8 时襄阳、皇庄、仙桃、汉川站水位分别为 65.97m、47.06m(相应流量 8350m³/s)、34.07m、29.26m(超警戒水位 0.26m)。9 月 28 日预报丹江口水库于 29 日凌晨入库洪峰在 25000m³/s 左右,并编制两种调度方案(表 3.6-4),分别控制丹江口水库向汉江中下游下泄流量 9400m³/s(维持当前)、10200m³/s。经 28 日早上会商讨论,考虑到丹江口库区陈家咀滑坡监测点的路面裂缝和公路边坡垮塌险情情况,预报白河站 28 日 20 时将达到保证水位 191m,相应流量 22500m³/s,陈家咀滑坡处水位涨、退幅将达 7～10m,为尽量保障库区防洪安全,决定按方案二调度丹江口水库于 9 月 28 日 12 时 30 分起向汉江中下游下泄流量按 10200m³/s 控制,增开 1 个深孔至 9 个孔(5 个深孔,4 个表孔)维持。

表 3.6-4　　　　　　　　2021 年 9 月 28 日丹江口水库调度方案

项目		方案一	方案二
丹江口入库		来水预测:丹江口水库 29 日凌晨入库洪峰在 25000m³/s 左右	
丹皇区间		来水预测:30 日流量 2500～3000m³/s	
泄洪情况		维持当前 8 个孔下泄	28 日 12 时增加 1 孔(共 9 个孔下泄)
出库流量 /(m³/s)	合计	9800	10800
	向中下游	9400	10200
最高库水位/m		169.9(9 月 30 日)	169.8(9 月 30 日)
皇庄最大流量/(m³/s)		12000(30 日)	12500(30 日)
皇庄最高水位/m (警戒水位 48.00m)		48.40	48.70
沙洋最高水位/m (警戒水位 41.80m)		42.20	42.50

续表

项目	方案一	方案二
仙桃最高水位/m (警戒水位 35.10m、保证水位 36.20m)	35.70	36.00
汉川最高水位/m (警戒水位 29.00m)	30.30	30.60

(6)9月29日

9月28日,白河以下有中—大雨、局地暴雨,白河—丹江口日面雨量20mm、江汉平原19mm、丹皇区间12mm。本次降雨逐步往汉江中下游发展,汉江上游来水现峰转退,石泉水库29日8时入库流量已退至4200m³/s,出库流量3520m³/s,库水位405.94m;安康水库28日9时最大入库流量16500m³/s,28日13时最大出库流量15400m³/s,29日8时入库流量退至9270m³/s,出库流量10500m³/s,库水位328.39m;白河站于28日22时水位最高涨至190.08m(超警戒水位3.08m,距保证0.92m),相应流量21800m³/s,29日8时水位已退至187.75m(超警戒水位0.75m),相应流量17500m³/s;丹江口水库于29日3时出现最大入库流量24900m³/s(秋汛期10年一遇26800m³/s),29日8时入库流量退至23700m³/s,出库流量11100m³/s,库水位涨至169.18m。汉江中下游干流主要控制站水位继续上涨,29日8时襄阳、皇庄、仙桃、汉川站水位分别为66.25m、47.56m(相应流量10800m³/s)、34.11m、29.31m(超警戒水位0.31m)。9月29日预报丹江口水库入库流量将快速消退,未来3天(30日、10月1日、2日)8时入库流量分别为10600m³/s、5700m³/s、4600m³/s。经29日早上会商讨论,考虑本次洪水洪峰已现,决定逐步减小丹江口水库出库流量,调度水库于9月29日10时30分起向汉江中下游下泄流量按9400m³/s控制,减少1个表孔至8个孔(5个深孔,3个表孔)维持。

(7)9月30日

9月29日汉江流域基本无降雨。汉江上游来水持续消退,30日8时,石泉水库入、出库流量分别为1550m³/s、1280m³/s,库水位409.32m;安康水库入、出库流量分别为2350m³/s、4130m³/s,库水位325.98m;白河站水位181.06m(超警戒0.75m),相应流量6590m³/s;丹江口水库入库流量退至9060m³/s,出库流量10000m³/s,库水位涨至169.61m;汉江中下游干流主要控制站水位继续上涨,30日8时皇庄、仙桃、汉川站水位分别为48.00m(警戒水位48.00m,相应流量11300m³/s)、34.45m、29.45m(超警戒水位0.45m)。9月30日,李国英部长主持召开防汛会商时强调,要防好汉江秋汛。一是充分发挥丹江口水库拦蓄作用,秋汛过程中库水位调蓄至正常蓄水位170m;二是坚决避免启用杜家台分洪区;三是确保库区安全;四是确保汉江下游堤防安全。经30日会商讨论,决定继续减小丹江口水库出库流量,调度水库于9月30日12时起向汉江中下游下泄流量按8200m³/s控制,减少1个表孔至7个孔(5个深孔,2个表孔)维持,于9月30日18时起向汉江中下游下泄流量按 7100m³/s 控制,减少 1 个表孔至 6 个孔(5 个深孔,1 个表孔)维持。

(8)10 月 1—2 日

9 月 30 日至 10 月 2 日,汉江上游来水继续消退,10 月 2 日 8 时,石泉水库入、出库流量分别为 1000m³/s、622m³/s,库水位 409.16m;安康水库入、出库流量分别为 807m³/s、1400m³/s,库水位 324.81m;丹江口水库入、出库流量分别为 3900m³/s、5320m³/s,库水位退至 169.30m。中下游各站陆续现峰转退,皇庄站 9 月 30 日 22 时最高水位 48.11m(超警戒水位 0.11m,相应流量 11500m³/s),10 月 1 日 15 时退出警戒水位,2 日 8 时退至 47.61m,相应流量 9980m³/s;沙洋站已现峰转退,1 日 19 时最高水位 42.05m(超警戒水位 0.25m),2 日 8 时水位 41.91m(超警戒水位 0.11m);2 日 8 时,仙桃、汉川站水位分别为 35.20m(超警戒水位 0.10m)、30.08m(超警戒水位 1.08m)。10 月 1—2 日,长江委继续调度丹江口水库减小下泄流量,加快汉江中下游退警速度,先后关闭 3 个深孔和 1 个表孔,于 10 月 2 日 20 时起向汉江中下游下泄流量按 3200m³/s 控制(维持 2 个深孔)。丹江口水库洪水与调度过程线见图 3.6-2。

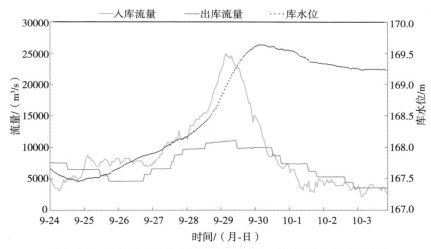

图 3.6-2 丹江口水库洪水与调度过程线(9 月 24 日至 10 月 3 日)

3.6.6 其他水工程调度过程

(1)南水北调中线一期工程

本次洪水期间,陶岔供水流量 25 日 19 时由 380m³/s 调整至 360m³/s,26 日 7 时调整至 380m³/s。

(2)石泉水库

受 9 月 23—28 日降雨影响,23 日 18 时水库入库流量开始起涨,起涨流量 663m³/s,24 日 8 时 50 分开启大底孔下泄,随着流量的起涨持续加大泄量,最大开启 9 个孔的闸门泄洪,

27 日 7 时出现本场洪水洪峰,最大洪峰流量 14000m³/s,10 时最大出库流量 12700m³/s;调度期间先后发布防汛 1 号、2 号命令,累计闸门操作 33 次,严控下泄流量,为下游石泉县城控泄不超警戒流量(12800m³/s)1 次,为安康城区削峰滞洪、减轻度汛压力 2 次,为汉江流域整体防灾减灾作出贡献。随着本次洪水消退,相继关闭闸门减少下泄,逐步控制水位回蓄,29 日 21 时关闭 1 号表孔,10 月 1 日 23 时 9 分关闭大底孔,水位开始回蓄,2 日 6 时左右入库流量退至 832m³/s,水位回蓄至 409.03m。石泉水库洪水与调度过程线见图 3.6-3。

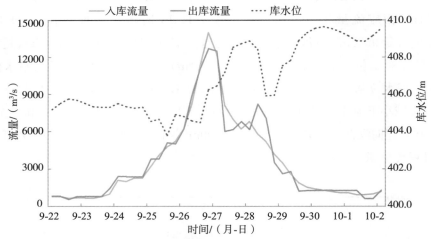

图 3.6-3　石泉水库洪水与调度过程线(9 月 22 日至 10 月 2 日)

(3)安康水库

本次洪水过程水库起涨水位 325.32m,安康水库于 27 日 18 时 2 分出现最大入库流量 18000m³/s,最大出库流量 15400m³/s(9 月 28 日 14 时),削峰率 14%,最高水位 329.17m(9 月 28 日 14 时)。安康水库洪水与调度过程线见图 3.6-4。

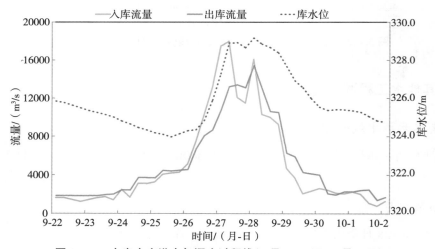

图 3.6-4　安康水库洪水与调度过程线(9 月 22 日至 10 月 2 日)

（4）鸭河口水库

受 2021 年 15 号台风"电母"和副热带高压北抬及西南季风共同影响,9 月 24—25 日,鸭河口水库流域普降大—暴雨,部分地区大暴雨、特大暴雨,平均降水量 182.3mm,占流域多年平均降水量的 1/4。受此特大暴雨影响,鸭河口水库流域发生特大洪水,入库洪峰流量 18200m³/s,为建库以来最大入库流量;1 日洪量 3.91 亿 m³,3 日洪量 5.29 亿 m³,7 日洪量 6.11 亿 m³;最高洪水位 179.91m,为建库以来最高水位。由于此次超强降雨暴雨中心在水库流域中下部的鸭河、黄鸭河等支流上,源短流急、洪水来势迅猛。库水位于 9 月 24 日 8 时起涨,12 个小时上涨 2.78m;入库流量从起涨时的 150m³/s,至 25 日 3 时即达到 10000m³/s 以上,持续时间 3 小时;洪峰流量 18200m³/s(25 日 3 时 30 分);库水位在 9 月 25 日 3 时 23 分达到 100 年一遇水位 179.10m,25 日 7 时 30 分达到 1000 年一遇设计洪水位 179.84m,25 日 10 时最高达到 179.91m,为建库以来历史最高水位。水库于 22 日 12 时 33 分开始提前预泄,下泄流量 150m³/s,此后逐步加大泄量,25 日 4 时 50 分最大下泄流量 5000m³/s,削峰率 73%,泄洪总量 6.93 亿 m³。经过调蓄,9 月 25 日 11 时库水位开始缓慢回落,10 月 12 日 11 时库水位回落至 177.0m。鸭河口水库洪水与调度过程线见图 3.6-5。

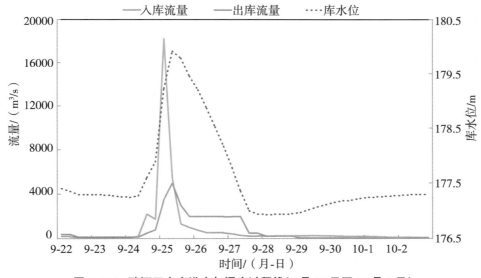

图 3.6-5 鸭河口水库洪水与调度过程线（9 月 22 日至 10 月 2 日）

3.6.7 小结

本次洪水的降雨预报时间较早、精度较高。对于本次洪水过程预报,与实况入库洪水过程相比,预见期 5 天的洪峰预报偏小,通过滚动预报分析,预见期 24 小时预报误差降低至 0.4%。从实际调度结果来看,中下游干流主要站水位均未超保证水位,实现了既定的调度目标。

9 月 23—28 日,丹江口水库以上流域发生强降雨过程,强降雨落区主要集中在安康以上及左岸丹江流域,上游石泉、安康水库均开闸泄洪,受此影响,水库发生了入库洪峰流量 24900m³/s(29 日 3 时)的洪水过程,入库洪量 76.41 亿 m³,为近 10 年来最大入库洪水。9 月 25 日唐白河鸭河口水库发生最大入库流量 18200m³/s 的超 1000 年一遇(17400m³/s)超历史特大洪水,为水库建库以来最大入库流量,远超下游河道安全泄量(南阳市城区段 4370m³/s),鸭河口水库最大下泄流量 5000m³/s。

本次洪水调度过程中,共发出 13 道调令,联合调度丹江口水库与鸭河口水库,逐步减少丹江口水库出库流量,成功与支流白河洪水错峰。随后,为控制皇庄流量不超过 12000m³/s,将丹江口水库入库洪峰流量 24900m³/s(9 月 29 日 3 时)削减为出库流量 11100m³/s(9 月 29 日 3 时),削峰率 55%。丹江口水库水位最高调洪至 169.63m(9 月 30 日 2 时),拦蓄洪量 21.8 亿 m³,上游石泉、安康和中下游支流鸭河口等水库共计拦蓄洪量约 6 亿 m³。皇庄站最大流量 11600m³/s,避免了皇庄以下河段水位超保证和杜家台分蓄洪区分洪运用。丹江口水库调度过程见表 3.6-5。

表 3.6-5   **丹江口水库第六次洪水调度过程**

调度令下达时间/(月-日)	调度要求		说明
	时间/(月-日 时:分)	下泄流量/(m³/s)	
9-24	9-24 12:00	6100	逐步减小丹江口水库出库流量,与鸭河口水库下泄洪水错峰
9-25	9-25 10:30	5100	
	9-25 16:00	4200	
9-26	9-26 17:30	5300	随洪水上涨,逐步加大丹江口水库出库流量
	9-26 22:30	6200	
9-27	9-27 12:00	7300	
	9-27 14:00	8400	
	9-27 20:00	9300	
9-28	9-28 12:30	10200	
9-29	9-29 10:30	9400	随洪水消退,逐步减小丹江口水库出库流量,加快汉江中下游退警速度
9-30	9-30 12:00	8200	
	9-30 18:00	7100	
10-1	10-1 13:00	5800	
	10-1 18:00	5000	
10-2	10-2 14:00	4100	
	10-2 20:00	3200	

3.7 第七次洪水防御与丹江口水库蓄水(10 月 2—10 日)

3.7.1 预报与实况雨水情

(1)预报雨水情

长江委水文局于 9 月 28 日预计:10 月 3—4 日石泉以上有中雨,此后的预报中均对 3—7 日的降雨过程更新预报;10 月 3 日对整个降雨过程累计面雨量的预报情况为:石泉以上 114mm,石泉—白河 56mm,白河—丹江口 24mm,汉江中游(丹皇区间)9mm,汉江下游(皇庄以下)基本无降雨,各分区雨量与实况非常接近。在随后的滚动预报中对降水量进行了小幅修改,总体来看,此次降雨过程预报的落区和强度预报较为准确。

根据预见期降雨,洪水期间进行滚动预报分析,10 月 1 日预报:丹江口水库在 8 日前后将出现 8000m³/s 量级的入库洪水过程;10 月 2—6 日,预报丹江口入库洪水量级逐渐增加至 15000m³/s 左右。

(2)实况雨水情

根据 10 月 3—7 日汉江流域逐日雨量(表 3.7-1)可知,10 月 3—7 日,汉江上游有大—暴雨,强降雨落区主要位于石泉以上,过程累计面雨量超 100mm 的笼罩面积约 1.7 万 km²。汉江上游累计面雨量 56.66mm,其中石泉以上 132.0mm,石泉—白河 41.39mm,白河—丹江口 22.71mm;汉江中游(丹皇区间)2.8mm;汉江下游(皇庄以下)基本无降雨。

表 3.7-1　　　　　　　　10 月 3—7 日汉江流域逐日雨量　　　　　　　(单位:mm)

时间/(月-日)	汉江上游 (丹江口以上)	汉江中游 (丹皇区间)	汉江下游 (皇庄以下)	日雨量最大站点
10-3	4.00	0.01	0.00	张家河 77.0
10-4	18.52	0.28	0.00	喜神坝 130.2
10-5	9.78	0.47	0.00	铁锁关 69.0
10-6	16.16	1.30	0.00	庙坝桥北 59.0
10-7	8.20	0.74	0.00	小河 22.6

受降雨过程影响,汉江上游多条支流发生明显涨水过程,石泉、安康前期预泄至汛限水位以下,此后拦蓄洪水至正常蓄水位附近;丹江口水库再次发生 10000m³/s 量级以上的洪水过程,库水位回落至 168.99m 后开始拦蓄;10 月 4 日,汉江中下游主要站已全面退出警戒水位(详见 2.3.1 节洪水发展过程第七阶段)。汉江下游控制站最大流量和最高水位见表 3.7-2。

表 3.7-2　　　　　　　　第七次洪水期间汉江下游控制站最大流量和最高水位

控制站	警戒水位 /m	保证水位 /m	最高水位		最大流量	
			出现时间 /(月-日 时:分)	水位/m	出现时间 /(月-日 时:分)	流量/(m³/s)
皇庄	48.00	50.62	10-8 09:00	46.40	10-8 9:00	7930
沙洋	41.80	44.50	10-8 20:00	39.88	—	—
仙桃	35.10	36.20	10-9 13:00	32.40	10-9 9:34	5610
汉川	29.00	31.69	10-9 15:00	27.76	—	—

　　与实况入库洪水过程相比,预见期 1 天以上的洪峰预报误差稍大,随着预见期缩短,通过滚动预报分析将预报误差降低至 5%。20211007 丹江口入库场次洪水预报过程见图 3.7-1,丹江口水库入库洪峰流量预报精度统计见表 3.7-3。

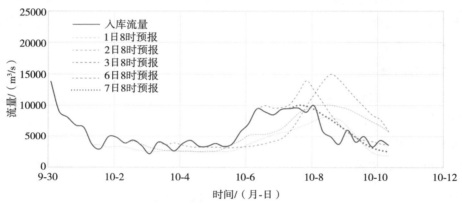

图 3.7-1　20211007 丹江口入库场次洪水预报过程

表 3.7-3　　　　　　　20211007 丹江口水库入库洪峰流量预报精度统计

洪峰编号	预报依据时间 /(月-日 时:分)	入库洪峰/(m³/s)		相对误差 /%	预见期 /h
		实况	预报		
"10·7-12"	10-1 08:00	10500	8100	29.6	148
	10-2 08:00	10500	10000	5.0	124
	10-3 08:00	10500	15000	−30.0	100
	10-6 08:00	10500	14000	−25.0	28
	10-7 08:00	10500	10000	5.0	4

3.7.2　调度目标确定

　　经会商研究,调度目标确定为:统筹防洪、供水等兴利和蓄水需求,做好丹江口水库调洪运用和汛末承接前期调洪水位逐步蓄水,以避免汉江中下游水位超警和丹江口水库蓄至正常蓄水位 170m 为目标,按照批复的丹江口水库 2021 年汛末提前蓄水计划,根据洪水过程实时动态调整丹江口水库调度。

3.7.3　预警及应急响应

（1）水利部

10 月 6 日,国家防总副总指挥、水利部部长李国英主持防汛会商,视频连线长江委及丹江口水库管理单位,进一步分析研判秋汛洪水形势,深入部署防御工作。李国英强调,要坚决贯彻习近平总书记关于防汛救灾工作的重要指示精神,认真落实李克强总理重要批示要求,高度重视、高度警惕,毫不松懈、毫不轻视,强化岗位、强化责任,精准调度、精准防御,确保实现"人员不伤亡、水库不垮坝、重要堤防不决口、重要基础设施不受冲击"的防御目标。关于汉江洪水防御,他强调:一是加密滚动精准预报汉江流域来水。二是加强汉江上游干支流水库调度,发挥拦蓄洪水作用,减轻下游河段防洪压力。三是尽早做好山洪影响区、超保证水位河段受威胁区域群众转移撤离方案。四是精准调度丹江口至 170m 高程正常蓄水位。五是再次对丹江口库区进行拉网式检查,确保库区安全。六是强化丹江口水库大坝及库区安全监测,落实水库安全防范措施。七是加强堤防巡查防守,预置抢险力量、物料、设备,确保汉江下游堤防安全。八是密切关注汉江上下游来水情况,本次汉江洪水调度避免杜家台蓄滞洪区分洪运用。九是加大南水北调中线渠首陶岔枢纽向北输水流量。十是充分发挥长江流域防汛抗旱总指挥部办公室职能作用,协调有关地方落实属地责任,共同做好汉江洪水防御工作。刘伟平副部长提出:汉江进退相对有余地,尽管丹江口水库水位高,但汉江下游河道均未超警,水库下泄有余地,相对有利。要精细调度,在确保上下游安全、水库大坝安全的前提下,平稳蓄至 170m。同时还要紧盯汉江后续的降雨和来水形势,综合决策水库蓄水时机,同意长江委关于三峡、丹江口水库的调度方案。

10 月 10 日上午,李国英部长主持召开防汛会商时强调,关于丹江口水库安全运用:一是严密监测、严阵以待,做到险情早研判、早发现、早处置,做到大坝绝对安全。二是保障库区安全,逐人清查核实蓄至最高蓄水位下可能淹没区人口情况,确保人员安全。刘伟平副部长提出:黄河、漳河、汉江是洪水防御的重点,从洪水入库情况来看,以小浪底、丹江口、岳城水库为代表,洪水入库过程已基本结束,形势正逐渐向更加可控转化,从最不利的顶点状态向好的方向发展。10 月 10 日晚,李国英部长主持召开防汛会商时强调,确保小浪底、丹江口、岳城水库高水位运用安全。

水利部维持水旱灾害防御Ⅲ级应急响应。10 月 2 日,发出《水利部办公厅关于做好强降雨防范工作的通知》(水明发〔2021〕136 号),要求充分发挥丹江口等水库拦蓄作用,在确保防洪安全的前提下,丹江口水库适时调蓄至正常蓄水位 170m,坚决避免启用杜家台分洪区,确保水库库区和汉江下游堤防安全。10 月 6 日,水利部水旱灾害防御司向河南、湖北、陕西省水利厅,以及长江委等发出《关于迅速落实水利部秋汛洪水防御会商会议精神的函》,要求丹江口水库等工程大坝安全监测、安全防守预案和措施要提前到位,并考虑利用南水北调中线加大向北送水;协商南水北调司利用丹江口水库秋汛洪水之机,尽量加大南水北调中线向北输水。10 月 6 日 19 时前,南水北调中线工程入渠流量调整至 390m³/s(之前维持

380m³/s 左右），后续根据实际情况实时调整。

（2）长江委

长江委维持水旱灾害防御Ⅳ级应急响应。鉴于长江流域汛情总体趋于平稳，自10月8日18时终止水旱灾害防御Ⅳ级应急响应。

10月2日，发布汛（旱）情通报，提醒湖北、陕西、河南省水利厅注意10月3—7日汉江白河以上有中—大雨、局地暴雨，要求继续强化监测预报预警，做好堤防巡查防守，做好水工程调度等工作。10月5日发布汛（旱）情通报，汉江中下游主要控制站水位将陆续返涨，部分河段水位可能接近甚至超过警戒水位，汉江上游孤山航电枢纽以下30km范围河道河滩地可能被洪水淹没，提醒陕西、湖北水利厅做好防范工作。10月5日9时，长江委水文局发布汉江上游白河河段、丹江口库区洪水蓝色预警，汉江上游白河站7日最大流量在14000m³/s 左右，丹江口水库8日最大入库流量在17000m³/s 左右，提请汉江上游白河河段、丹江口库区沿线有关单位和公众注意防范。

10月6日，李国英部长防汛会商后，长江委及时安排中线水源公司派员赴丹江口库区，就河南、湖北已报丹江口水库170m正常蓄水位土地征收线下共计7户14人剩余人口逐一开展检查复核，未发现返迁现象。为确保丹江口水库顺利蓄水，长江委加强组织领导，部署汉江集团公司、中线水源公司主要负责人坚守一线，认真开展大坝安全监测巡查、水质监测、库区巡查监测，并与地方政府建立了协同联动机制，确保工程运行安全和水库蓄水安全。

10月8日，向国网湖北省电力公司发出《关于商请丹江口水库蓄水至170米期间配合实时调整发电流量的函》，商请共同做好丹江口水库蓄水工作。10月10日，长江委派出工作组赴丹江口水库，现场督导丹江口水库蓄至170m后的安全管理工作。

3.7.4　前期蓄水准备工作

根据水利部工作部署，长江委统筹防洪与蓄水，综合考虑汉江防洪和南水北调中线供水等水资源综合利用需求，提前谋划丹江口水库汛末蓄水工作。

（1）工程准备

长江委会同湖北、河南省水利厅协调相关部门和地方政府完成丹江口水库库区清理和防洪安全管理工作；组织汉江集团公司和中线水源公司等单位持续强化大坝安全监测与巡查值守、水库移民搬迁排查清理、库岸稳定安全管理，认真做好调洪运用和蓄水准备工作；组织开展大坝安全评估。大坝安全评估结果表明，大坝整体稳定，坝体应力及变形可控，新老混凝土结合良好，左右岸土石坝工作性态正常，库区地质灾害监测未发现重大异常情况，库区土地征收线下人口和房屋已全部清理；汛期水质监测指标总体符合Ⅱ类及以上水质标准，具备正常蓄水位170m运用条件。

为提前做好水库蓄水准备工作，汉江集团公司组织制定《丹江口水库蓄水170m监测巡查工作方案》，完善了蓄水工作组织机构和应急指挥机构，对各成员工作职责、工作要求等内容进行了调整和明确,重新研判了蓄水期间可能的突发事件、风险点,完善突发事件信息报告内容和应急响应程序等内容,对巡查部位、路线及内容进行了完善,加强了重点部位巡视检查工作内容。

为指导丹江口水利枢纽防汛和汛末蓄水工作的有序开展,丹江口水利枢纽管理局防汛指挥部(以下简称"丹防指")于 9 月 2 日组织召开防汛工作会议暨防汛会商会。会议传达了水利部、长江委有关做好水旱灾害防御工作的要求,分析研判近期丹江口水库防汛度汛形势,安排部署枢纽、库区防汛、蓄水有关工作。9 月 7 日,丹江口水库水位突破 167m 历史最高水位,丹防指印发《关于切实做好丹江口水库高水位运行期间防洪安全管理工作的函》(丹防函〔2021〕6 号),向库区县(市)通报水库水位运行趋势,提前做好蓄水至 170m 正常蓄水位各项准备工作。

为统筹做好库区防汛及蓄水准备工作,汉江集团公司组织相关部门和单位成立专班,以往年巡查掌握的数据资料为基础,通过卫星遥感影像排查和现场巡查相结合,全面开展库区 170m 线下人员、房屋专项排查工作。7 月中旬,形成了《丹江口水库管理范围内(含孤岛)建房项目清单》,下旬汉江集团公司与中线水源公司召开专题会议,会后正式形成两公司调查成果。针对库区发现的问题,8 月汉江集团联合中线水源公司配合地方人民政府及相关部门开展现场核查和处置工作,督促地方做好蓄水前线下人员安置和房屋拆除工作。汛期,为完成丹江口水库 170m 蓄水目标,对库区 170m 蓄水位线下房屋建设及居住使用情况开展专项巡查,巡查过程中记录相关住户联系方式,统计常住人口数量、房屋高程等情况,累计排查线下房屋 149 处,编制上报 170m 线下房屋专项报告 1 期。

同时,组织开展受 170m 蓄水影响的地质灾害项目巡查工作。累计核查 163 处地质灾害隐患点,其中丹江口市 29 处,武当山特区 2 处,张湾区 18 处,郧阳区 52 处,郧西县 13 处,淅川县 49 处;编制地质灾害巡查专项报告 2 期。

中线水源公司与地方政府、专业监测单位及库区相关管理单位构建了多层次、立体化、全覆盖的库区安全巡查及监测工作机制,全方位监控库区安全。在时间和空间维度上,形成 24 小时不间断开展地震和地质灾害自动化监测和人工值守,每日开展库周日常自动监测分析和涉及居民点隐患部位的群测群防,组织库区管理中心每周对库岸全线开展库区全覆盖巡查,公司至少每旬开展库区针对性专项联合巡查。在业务维度上,形成库区管理单位人工巡视巡查、地震和地质灾害专业监测预警分析、联合库周各方综合协调和信息共享等巡查监测和应急处置工作体系。对发现的异常情况和可能存在的重点隐患,及时通报联络,确保及时发现问题、报告问题和妥善处置问题,与地方政府一道共同推动保障库区安全。该机制在 2021 年汛期及 170m 蓄水中发挥了积极作用。

(2)调度准备

为全面贯彻落实习近平总书记关于南水北调后续工程高质量发展的重要指示精神,充分发挥丹江口水库综合效益,增加南水北调中线一期工程可供水量,提高京津冀地区供水保证率,全面检验丹江口水利枢纽工程在正常蓄水位运行的安全性态,合力营造南水北调中线一期工程总体竣工验收的有利条件,各方面积极协调推进实施丹江口水库汛末提前蓄水,准备抓住 2021 年秋汛期来水持续偏多,对汛末蓄水有利的形势,争取蓄至 170m 正常蓄水位。

2021 年 9 月 10 日,丹江口水利枢纽管理局报送《丹江口水库 2021 年汛末提前蓄水计划》(丹局发〔2021〕2 号),分析了前期来水及调度简况、蓄水期降雨来水预测,说明了提前蓄水的必要性及可行性,提出了提前蓄水计划内容。长江水利委员会于 9 月 14 日组织技术审查,形成审查意见:当预报未来 3～7 天丹江口水库以上地区不发生中等及以上强度降雨时,丹江口水库 9 月下旬可承接前期防洪调度的调洪水位开始逐步蓄水,9 月末水位可按 169m 左右控制,10 月 10 日之后可蓄至 170m。

9 月 22 日,长江委印发了《关于丹江口水库 2021 年汛末提前蓄水计划的批复》(长水调〔2021〕503 号),明确了丹江口水库 2021 年提前蓄水的必要性,基本同意《丹江口水库 2021 年汛末提前蓄水计划》的水位控制进程。在蓄水过程中,当预报未来 3～7 天丹江口水库以上地区及丹皇区间将发生中等及以上强度降雨、可能发生较大洪水过程时,水库应暂停蓄水,必要时实施预报预泄调度,降低库水位。要求蓄水期间,根据实时和预报雨水情、枢纽状况和上下游防汛形势,适时调整出库流量,合理控制蓄水进程。

3.7.5 丹江口水库调度过程

(1)10 月 3—4 日

汉江上游来水波动缓退。3 日 8 时,石泉水库入、出库流量分别为 $1110m^3/s$、$1300m^3/s$,库水位 408.94m(汛限水位 405m);安康水库入、出库流量分别为 1830m^3/s、1830m^3/s,库水位 324.55m(汛限水位 325m)。白河站水位 179.47m,相应流量 3290m^3/s;丹江口水库 2 日 14 时、20 时分别关闭 1～2 个孔下泄,3 日 8 时入、出库流量分别为 4050m^3/s、3570m^3/s,库水位退至 169.24m。中下游各站现峰转退,3 日 8 时,皇庄站退至 46.75m,相应流量 7510m^3/s;沙洋站 2 日 15 时退出警戒水位,3 日 8 时退至 41.37m;仙桃站 3 日 0 时退出警戒水位,3 日 8 时退至 34.96m;汉川站已现峰转退,2 日 20 时最高水位 30.12m(超警戒水位 1.12m),8 时水位 29.96m(超警戒水位 0.96m)。考虑上游水库调度及预见期降雨影响,10 月 3 日预报:丹江口水库来水消退,10 月 5 日前在 3000～3500m^3/s 波动,8 日前后将有一次 15000m^3/s 左右量级涨水过程。

经会商研究,为预泄腾库迎接本次洪水过程,长江委发出调度令,调度丹江口水库于 10 月 3 日 20 时起向汉江中下游下泄流量(含发电流量)按 4300m^3/s 控制。10 月 4 日预报丹江口水库 8 日入库洪峰在 15000m^3/s 左右结论不变,当天继续维持水库 3 个孔(2 个深孔,1 个表孔)下泄。

(2)10 月 5 日

10 月 4 日,石泉以上有暴雨—大暴雨,日面雨量 62mm。受降雨影响,汉江上游来水增加,5 日 8 时,石泉水库入、出库流量分别为 4500m^3/s、4800m^3/s,库水位 404.56m;安康水库入、出库流量分别为 3590m³/s、3980m³/s,库水位 323.05m;丹江口水库入、出库流量分别为 3360m³/s、4770m³/s,库水位退至 169.08m;中下游各站水位波动或缓退。10 月 5 日早上预报丹江口水库 8 日入库洪峰流量在 17000m³/s 左右,因此制定 4 种丹江口水库调度方案,分别是当天维持 3 个孔、增开 1 个孔、增开 2 个孔、增开 3 个孔。经会商讨论,决定按增开 3 个孔(1 个深孔,2 个表孔)方案加大预泄,调度丹江口水库分别于 5 日 12 时、14 时、20 时加开 1 个孔至 6 个孔,(3 个深孔,3 个表孔),5 日 20 时起向汉江中下游下泄流量按 7700m³/s 控制。

(3)10 月 6 日

10 月 5 日,石泉以上有大—暴雨,日面雨量 34mm。汉江上游来水明显增加,石泉水库 6 日 8 时入、出库流量分别为 9000m³/s、9600m³/s,库水位 405.43m;安康水库来水持续增加,5 日 14 时出库流量加大至 7700m³/s 后维持,6 日 8 时入、出库流量分别为 9360m³/s、7630m³/s,库水位 322.77m;丹江口水库来水转涨,6 日 8 时入、出库流量分别为 9470m³/s、8060m³/s,库水位 169.03m。中下游各站水位波动或缓退。10 月 6 日预报丹江口水库 8 日入库洪峰在 14000m³/s 左右,经当晚会商讨论后,长江委调度丹江口水库于 6 日 22 时起向汉江中下游下泄流量按 6700m³/s 控制,减少 1 个深孔至 5 个孔(2 个深孔,3 个表孔)维持。

(4)10 月 7 日

10 月 6 日,汉江上游有中—大雨、局地暴雨,日面雨量:石泉—白河 23mm,石泉以上、白河—丹江口 13mm。汉江上游来水即将现峰转退,石泉水库 6 日 23 时最大入库流量 10500m³/s,7 日 8 时入库流量退至 9400m³/s,出库流量 9650m³/s,库水位 407.23m;安康水库来水增加,7 日 8 时入库流量涨至 10900m³/s,出库流量 7920m³/s,库水位 325.04m;丹江口水库来水增加,7 日 8 时入、出库流量分别为 9530m³/s、7170m³/s,库水位 169.15m;中下游各站水位波动或返涨。预报丹江口水库入库流量 7 日在 10000m³/s 左右波动,此后快速消退,10 日退至 2500m³/s 以下,7 日上午会商讨论后,长江委调度丹江口水库分别于 7 日 12 时、18 时、22 时各减少 1 个孔至 2 个孔(1 个深孔,1 个表孔)维持,7 日 22 时起向汉江中下游下泄流量按 3500m³/s 控制;7 日晚上会商讨论后,长江委调度丹江口水库于 8 日 2 时起向汉江中下游下泄流量按 2600m³/s 控制,减少 1 个深孔至 1 个表孔维持。

(5)10 月 8 日

10 月 7 日,汉江上游有中雨,日面雨量:石泉—白河 10mm,石泉以上、白河—丹江口 7mm。汉江上游来水快速消退,8 日 8 时,石泉水库入库流量 3200m³/s,出库流量 2270m³/s,库水位 407.73m;安康水库入库流量 4010m³/s,出库流量 2400m³/s,库水位 328.54m;丹江口水库来水消退,7 日 12 时入库流量 10500m³/s,8 日 8 时入库流量退至 5940m³/s,出库流量 3090m³/s,库水位 169.46m。中下游各站水位返涨,8 日 8 时,皇庄站水位涨至 46.39m,相应流量 7900m³/s;仙桃站水位 31.79m,相应流量 4920m³/s;汉川站水位 27.18m。8 日预报丹江口水库来水快速消退,入库流量 9 日将退至 3000m³/s 以下,13 日将退至 1700m³/s 左右,8 日上午会商讨论后,长江委调度丹江口水库于 8 日 11 时 30 分起向汉江中下游下泄流量按 1400m³/s 控制,关闭最后 1 个表孔维持满发下泄。

为如期实现丹江口水库蓄水至 170m 目标,10 月 8 日长江委致函国网湖北省电力公司,协商将 10 月 9 日、10 日丹江口水库发电流量调减至 850m³/s,在丹江口水库蓄水至 170m 后再将丹江口水库发电流量调整至机组满发流量,之后根据来水情况实时调整发电流量,维持库水位在 169.9～170m 运行 10 天左右。之后下发调度令,调度丹江口水库自 10 月 9 日起向汉江中下游供水流量按日均 850m³/s 控制。

(6)10 月 9—10 日

10 月 8—10 日汉江流域无降雨,汉江上游来水快速消退,丹江口水库水位接近正常蓄水位。为保障水库顺利蓄水至正常蓄水位 170m,长江委调度丹江口水库于 10 月 9 日起向汉江中下游下泄流量按 850m³/s 控制,至 10 日 8 时,丹江口水库入、出库流量分别为 3590m³/s、1260m³/s,库水位涨至 169.93m(正常蓄水位 170m)。

长江委统筹协调上游安康、黄龙滩等水库,优化丹江口水库蓄水进程。10 月 10 日 14 时,丹江口水库顺利蓄水至正常蓄水位 170m,自 2013 年水库大坝工程加高完成以来第一次蓄至正常蓄水位。蓄水调度期间,皇庄站最大流量 7930m³/s,最高水位 46.4m(低于警戒水位 1.6m),汉江中下游水位均未再次超警戒水位。10 月 10 日,长江委发布调度令,调度丹江口水库水位蓄至 170m 后维持出入库平衡调度,控制库水位不超过 170m。丹江口水库洪水与调度过程线见图 3.7-2。

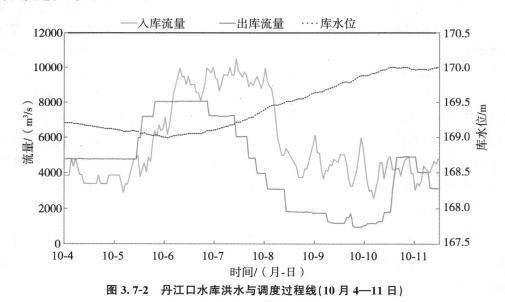

图 3.7-2 丹江口水库洪水与调度过程线(10 月 4—11 日)

3.7.6 其他水工程调度过程

(1)南水北调中线一期工程

本次洪水期间,陶岔供水流量共调增两次,10 月 6 日 19 时由 380m³/s 调整至 390m³/s,

10 月 7 日 22 时由 390m³/s 调整至 400m³/s。

（2）石泉水库

石泉以上降雨主要集中在 3—8 日，后续连阴雨过程；前期由于上游石门水库泄洪，石泉水库来水从 10 月 2 日 6 时开始起涨，6 日 3 时出现第一个洪峰流量 9890m³/s，6 日 23 时出现第二个洪峰流量 10500m³/s，最大出库流量 9730m³/s；最大开启 7 个孔的闸门下泄，调度期间严格执行防汛部门指令，控泄泄量，减轻下游度汛压力，最大削峰 770m³/s。石泉水库洪水与调度过程线见图 3.7-3。

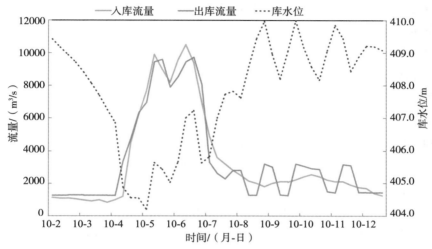

图 3.7-3　石泉水库洪水与调度过程线（10 月 2—12 日）

（3）安康水库

本次洪水过程水库起涨水位 324.72m，安康水库 10 月 7 日 9 时最大入库流量 11100m³/s，最大出库流量 8000m³/s（10 月 6 日 15 时），削峰率 28%，最高水位 329.45m（10 月 11 日 12 时）。安康水库洪水与调度过程线见图 3.7-4。

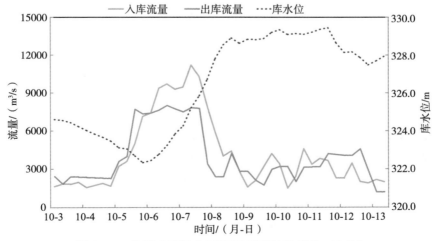

图 3.7-4　安康水库洪水与调度过程线（10 月 3—13 日）

3.7.7　小结

本次洪水的降雨预报时间较早、精度较高。本次洪水过程预报与实况入库洪水过程相比，预见期1天以上的洪峰预报误差稍大，随着预见期缩短，通过滚动预报分析将预报误差降低至5%。

10月3—7日，丹江口水库以上流域发生强降雨过程，强降雨区为石泉以上，受此影响，丹江口水库发生了入库洪峰流量10500m³/s的洪水过程，入库洪量46.95亿 m³。本次洪水过程预报调度中，长江委认真贯彻落实李国英部长会商指示，在调度丹江口水库减小泄量加快汉江中下游水位退出警戒水位后，自10月3日起逐步加大出库流量腾库迎峰，3—5日将出库流量自3600m³/s增加至8090m³/s，库水位最低降至168.99m（10月6日3时）。其间根据水文气象滚动预报和上游水库调度运行情况，统筹汉江中下游防洪和水库汛末蓄水，实时动态调整丹江口水库出库流量，丹江口水库入库洪峰流量10500m³/s（10月7日12时），最大出库流量8090m³/s（10月6日22时），削峰率23%。10月3—10日，发出10道调度令，精准控制出库流量和蓄水进程，同步协调上游安康、黄龙滩等水库优化调度和国网湖北省电力公司配合实时调整发电流量，精细合理控制丹江口库水位，拦蓄洪量10.36亿 m³，石泉、安康、潘口、黄龙滩等水库拦洪6.85亿 m³。10月10日14时，丹江口水库蓄水至正常蓄水位170m，自2013年水库大坝工程加高完成以来第一次蓄至正常蓄水位，为南水北调中线工程和汉江中下游供水打下了坚实的基础。蓄水调度期间，皇庄站最大流量7930m³/s，最高水位46.4m（低于警戒水位1.6m），汉江中下游水位均未再次超警戒水位。丹江口水库调度过程见表3.7-4。

表 3.7-4　　　　　　　　　丹江口水库第七次洪水调度过程

调度令下达时间/（月-日）	调度要求		说明
	时间/（月-日 时：分）	下泄流量/（m³/s）	
10-3	10-3 20：00	4300	加大丹江口水库出库流量,腾库迎峰
10-5	10-5 12：00	5600	
	10-5 14：00	6800	
	10-5 20：00	7700	
10-6	10-6 22：00	6700	统筹防洪与蓄水,精细合理控制丹江口水库水位
10-7	10-7 12：00	5600	
	10-7 18：00	4400	
	10-7 22：00	3500	
10-8	10-8 02：00	2600	
	10-8 11：30	1400	
	10-9 起	850	

调度令	调度要求		说明
下达时间 /(月-日)	时间/(月-日 时:分)	下泄流量 /(m³/s)	说明
10-10	丹江口水库在蓄至170m后维持出入库平衡,控制库水位不超过170m		

3.8　后期高水位维持

按照丹江口水库蓄水工作安排,在 10 月 10 日蓄水至 170.00m 后仍应维持库水位 169.90～170.00m 约 10 天,以检验大坝新老坝体结合部的安全性态及高水位条件下库岸稳定性,并为未来遭遇汉江中下游防洪标准 1935 年同大洪水水库调洪至 171.70m 提供实践基础。

汉江集团公司按照长江委要求开展精细化调度,控制丹江口水库出入库基本维持平衡,控制库水位维持在 169.96～170.00m,至 11 月 1 日止共计 23 天。其间汉江上游又发生两次明显降水过程,丹江口水库出现两次入库洪峰流量超 5000m³/s 洪水,水库最大出库流量 6000m³/s 左右。在丹江口水库调洪和蓄水过程中,汉江集团公司领导和相关技术人员昼夜值守,密切关注高水位下水库运行情况,及时调整水库运行方案,灵活控制水库闸门开启数量及时长,10 月 10 日至 10 月底,丹江口水库共启闭闸门 58 次,精准控制库水位至 169.96～170.00m 运行。

同时,丹江口水库 170.00m 蓄水及高水位维持期间,长江委加强组织领导,汉江集团公司、中线水源公司主要负责人坚守一线,认真开展大坝安全监测巡查、水质监测、库区巡查监测,并与地方政府建立了协同联动机制,确保了工程运行安全和水库蓄水安全。2021 年 10 月丹江口水库调度过程线见图 3.8-1。

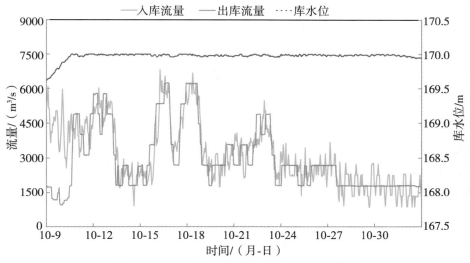

图 3.8-1　2021 年 10 月丹江口水库调度过程线

第 4 章 **工程备汛与度汛巡查监测**

4.1 汛前准备

4.1.1 省级自查情况

（1）湖北省

湖北省水利厅于 2021 年 2 月启动全省防汛备汛工作，组织各地对各类水利工程开展全方位隐患排查，对发现的问题落实"一市一单"、限期销号；组织 8 个厅领导带队的检查组赴各市（州）检查，推动汛前准备工作落实。水利厅汛前组织开展徒步检查，对所辖的堤防、涵闸安全及存在的问题进行认真梳理，在责任制落实、预案方案编制和修订、工程设施运行维护、各类隐患排查整改、涉河工程监督检查、水毁工程修复、水利工程调度运用、物资器材储备清理等方面开展深入细致的检查，针对检查中发现的问题，落实责任清单和任务清单，制定整改措施和整险方案，确保汛前落实到位。

（2）河南省

河南省水利厅于汛前安排 11 位厅领导分片包干检查各地防汛备汛工作，形成 65 项"问题、责任、整改"3 个清单，并移交给对应省辖市，压实防汛责任。入汛后，不间断组织明察暗访，突出问题导向，坚持汛期不过、检查不停、整改不止，累计开展各类防汛检查 60 余次，督促各市（县）围绕水库水闸、河道堤防、蓄滞洪区、南水北调、在建工程、淤地坝等重点领域开展拉网式排查，摸清防汛风险隐患，落实整改及应急保障措施。尤其是强降雨期间，适时派出工作组不间断在防汛重点区域开展专项督导，协助当地开展防汛工作；降雨过后，立即到汛情较重地区检查核实受灾情况，指导做好汛后恢复工作。组织对全省水文设施、监测设备、视频会商系统等进行全面检修，确保运转正常。

（3）陕西省

陕西省于 2021 年 4 月 8 日下发关于组织开展 2021 年水旱灾害防御汛前检查的通知。重点检查超标准洪水防御准备、山洪灾害监测预警、大中型水库调度运用和小型水库安全度汛以及水毁修复等。陕西省水利厅派出 3 名厅级领导带领 3 个检查小组于 4 月中下旬分别对汉中、安康、商洛三市开展检查,重点检查超标准洪水防御准备、山洪灾害监测预警、大中型水库调度运用和小型水库安全度汛以及水毁修复等,针对检查发现的问题及时按要求陕南 3 市文件进行整改。

4.1.2　汛前检查发现的主要问题

4.1.2.1　国家防总及长江委汛前检查发现的主要问题

2021 年 4 月 19—23 日,时任国家防总秘书长、应急管理部副部长兼水利部副部长周学文率国家防总检查组检查长江流域防汛抗旱工作,与湖北省防指进行了座谈交流,对长江流域防汛抗旱工作提出明确要求。

2021 年 3 月 29 日至 4 月 1 日,长江委赴河南省和陕西省检查水旱灾害防御工作。检查组现场检查了河南省南阳市石步河水库、虎山水库除险加固工程、毛堂乡白水河村山洪灾害防治措施、老灌河分洪工程、金河镇江沟移民文化园应急疏通工程,陕西省安康市城区西坝工程、安康水电站,汉中市铁锁关水文站、汉江源头治理工程及宁强县山洪灾害防治县级监测预警平台运行情况。现场检查后,检查组分别与河南、陕西省召开座谈会,听取两省及相关县(市)关于防汛工作部署、防御责任落实、水毁设施修复、监测预报预警、方案预案编制审批等防汛准备工作的汇报,反馈检查发现的问题,就相关问题进行讨论,对下一步工作提出具体要求。检查结束后,长江委就发现的 4 项问题(河南省 2 项,陕西省 2 项)印发"一省一单"督促整改。4 项问题均按期得到整改。2021 年河南省和陕西省汛前检查发现问题和整改情况分别见表 4.1-1 和表 4.1-2。

表 4.1-1　　　　　　　　　2021 年河南省汛前检查发现问题和整改情况

序号	发现的问题	整改情况
1	虎山水库除险加固工程涉及跨汛期施工,目前主要泄水建筑物尚未完工,影响安全度汛;工程安全度汛方案和应急抢险预案尚未正式获批	截至 5 月底,虎山水库建设任务完成 80%,满足度汛条件。施工期度汛方案、防洪抢险应急预案、大坝安全管理应急预案均已批复,唐河县水利局按要求落实了应急抢险队伍,备足备齐防汛物资,于 5 月 10 日组织开展了应急演练
2	南阳市毛堂乡白水河村山洪灾害群测群防建设有待加强,《山洪灾害威胁区安全撤离路线及安置点示意图》转移路线标志不清、指示作用不强,简易雨量报警器操作面板按钮不灵敏、数据显示不正常	对白水河村山洪灾害危险区的转移路线、安全区等标识牌进行了更新,购置雨量自动报警器

表 4.1-2   2021 年陕西省汛前检查发现问题和整改情况

序号	发现的问题	整改情况
1	宁强县山洪灾害监测预警平台中自动监测站点在线率不高,自建站点在线率仅30%;目前监测预警平台设在县防办,县水利局还无法获取监测数据	督导地方迅速进行整改。针对辖区内山洪灾害预警设施设备进行全面检查,确保汛期正常运行。宁强县山洪灾害监测预警平台于5月12日搬迁至县水利局,落实了维护单位,平台运行正常,监测数据能共享
2	据河南省南阳市反映,丹江上游陕西省商南县莲花台水电站泄洪对下游河南省淅川县影响较大,但泄洪运用前并未提前告知信息,造成下游地区工作的被动,存在安全隐患	加强水库汛情上下游共享。陕西省水利厅和河南省水利厅加强上下游汛情数据和调度指令互通,南阳市水务局和商洛市商南县水务局建立信息互通机制

4.1.2.2   水库运行管理单位汛前检查情况

汉江集团公司、中线水源公司认真落实水利部关于切实做好水库安全度汛工作的要求,2021 年 3 月 22 日、24 日先后由公司领导带队对丹江口水利枢纽、孤山航电枢纽、王甫洲水利枢纽、潘口水电站、小漩水电站汛前准备工作进行检查。检查共发现度汛安全隐患 14 个,汛前均得到有效处置。

2021 年 3 月 22—25 日,长江委对汉江集团公司、中线水源公司所辖水库(水电站)汛前准备工作进行检查。检查组检查了孤山航电枢纽尾水平台、中控室、生态放水闸,王甫洲水利枢纽泄水闸、防汛料场、压重平台、防汛物资仓库、中控室、上游清污平台,丹江口水利枢纽丹郧路农夫山泉工厂段副坝防洪闸口、防汛物资仓库、44 坝段监测中心站(监测自动化系统)、18 坝段坝顶、丹江口库区水质监测站网中心实验室、丹江口水库鱼类增殖放流站、陶岔渠首工程大坝、电站厂房、控制室、水质自动监测站,清泉沟引丹工程进口竖井及闸门,潘口水电站大坝、中控室和防汛物资仓库、库区移民安置点,小漩水电站大坝等工程现场。

检查组针对各水库、水电站发现的问题,逐一提出了整改要求,汉江集团公司、中线水源公司按照要求进行了整改。2021 年工程汛前自查发现问题和整改情况见表 4.1-3,2021 年委直管水库汛前检查发现问题和整改情况见表 4.1-4。

表 4.1-3   2021 年工程汛前自查发现问题和整改情况

序号	水库、水电站名称	发现的问题	整改情况
1	丹江口水利枢纽	左岸胡家岭坝头未完全纳入管理范围进行封闭	中线水源公司已于4月28日在未封闭的开口部位设置隔离墩,以防止机动车辆进入坝面

续表

序号	水库、水电站名称	发现的问题	整改情况
2	丹江口水利枢纽	162m 廊道无通信信号	已在 162m 廊道安装信号放大器,保持信号畅通
3		部分深孔启闭机柜门未关闭,防汛电话尚未安装到位	关闭深孔启闭机柜门并上锁,丹江口水力发电厂继续强化设备日常管理,加强排查,确保设备设施安全;已安装普通电话机
4		坝顶门机与绿化植物之间运行安全距离未校核	对坝面门机轨道上下游侧进行了全面检查,对可能影响门机正常运行的花箱及杂物进行了清理,将紧挨门机轨道边树冠较大的花箱更换为树冠较小的花箱,同时增大了花箱与轨道之间的距离
5	王甫洲水利枢纽	防汛物资未定额配备,部分物资种类和数量不全,铁锹已过报废日期,现场无产品相关资料等	根据防汛物资储备定额的要求,结合公司 2021 年计划资金安排,增补了铅丝 500kg、救生衣 50 件、反光背心 50 件等防汛物资,购置一台 30kW 柴油发电机;对报废物资进行了更新,完善产品资料
6		15 号泄水闸闸门局部有漏水现象	对 15 号闸门止水进行更换,5 月 18 日完成漏水处理工作
7		左岸围堤处排水沟有破损,老河道左岸围堤 3+340m 坝后排水沟内侧坡面存在翻砂和塌陷现象	5 月 27 日开始实施修复,6 月 20 日完成该段排水沟局部缺陷处理
8	潘口水电站	防汛仓库责任人标志牌没有电话,部分物资设备报废年限不规范,个别应急灯经检查不亮等	已规范防汛物资设备报废年限,完善现场的责任人标识牌信息;对应急灯进行了检查,采购了一批应急灯,对无法满足要求的灯具进行了更换
9		防汛料场大门入口较窄,车辆出入不便,砂石料数量小于标志牌标明数量等	于 4 月 6 日组织相关专业人员对砂石料存放数量进行了现场复核,经复核并初步测算,现场存放量约为 2500m³,多于现场标志牌标明量 2000m³。5 月 18 日组织相关专业人员进行了潘口水电站防汛抢险物资调运演练,运输车辆在防汛料场可正常通行

序号	水库、水电站名称	发现的问题	整改情况
10	潘口水电站	大坝下游坝坡个别块石突出,有滚落风险	安排人员对潘口下游坝坡进行检查,堆石面完好,表面整体平整,无突出的大块石;对可能出现滑落的石块进行了处理
11	小漩水电站	右岸下游平台石笼有钢丝锈蚀现象	组织人员对小漩右岸下游 257 平台铁丝石笼进行全面检查,石笼整体情况正常,部分铁丝网已生锈,但整体强度良好,无锈断情况
12	孤山航电枢纽	防汛仓库未建成,防汛物资定额不明确	已建设完成永久防汛仓库,已按防汛物资定额要求足额采购防汛物资入库
13		个别闸门存在漏水现象	已完成了漏水的 1、2、3、6、7 号孔闸门振动处理及止水更换工作
14		左岸下游围堰未经洪水考验,有待补强	已组织参建单位制定方案,对二期上下游围堰进行了防渗补强施工,强化安全监测措施,确保围堰处于安全稳定状态

表 4.1-4   **2021 年委直管水库汛前检查发现问题和整改情况**

序号	水库、水电站名称	发现的问题	整改情况
1	孤山航电枢纽	二期下游围堰未经受洪水考验,围堰安全度汛存在隐患	截至 2021 年 5 月底,二期下游围堰补强底部混凝土基座、左岸边坡侧和纵向围堰侧趾板混凝土浇筑完成,土工膜施工完成,6 月 10 日前完成围堰补强工作
2		1 号、3 号、6 号和 7 号泄洪闸门存在漏水现象	3、6、7 号泄洪闸门已完成止水更换,闸门漏水现象消除;1 号泄洪闸门进行临时封堵,在 6 月 20 日前完成止水更换
3		防汛仓库尚未建成	防汛仓库已建成,6 月 15 日具备防汛物资存放条件
4		未落实水库防汛抢险物资储备	防汛抢险物资已按防汛物资储备定额要求采购到位
5	王甫洲水利枢纽	泄水闸下游左侧护岸部分模袋混凝土坡面存在局部断板、裂缝现象	修复工程已招标,2021 年汛后开工。在修复工作完成前,按《汉江王甫洲水利枢纽水库防洪抢险应急预案》的要求做好防护措施和应急处理

序号	水库、水电站名称	发现的问题	整改情况
6	王甫洲水利枢纽	水库库区水草生长繁殖旺盛,泄洪时影响枢纽运行安全	开展了两次生态调度试验,改变水草生长环境;在电厂进水口设计并增设了 4 套手摇机械式活动卸草位,购置了一台清污机,增加清草能力
7	丹江口水利枢纽	丹陨路农夫山泉工厂段防洪闸口尚未建成,影响安全度汛	已发函督促丹江口市抓紧组织开展防洪闸口建设;丹江口市委托长江设计集团完成了可研报告编制;6 月开工

4.1.3 汛前"83·10"洪水调度演练

4.1.3.1 基本情况

1983 年 10 月汉江流域发生了有实测记录以来最大的一场秋季洪水,汉江干流控制站皇庄站洪峰流量约 37400m³/s,重现期约 50 年一遇;7 天洪量约 124.5 亿 m³,重现期约 40 年一遇;丹江口水库入库洪峰流量 34300m³/s,洪水总量约 102 亿 m³;丹皇区间洪水,演算到皇庄的洪峰流量为 9500~10000m³/s。"83·10"洪水是丹江口水库建成后发生的最大一场洪水,洪水发生在丹江口水库汛末蓄水的关键节点,受制于当时水文气象预报条件,洪水发生前,初期规模条件下丹江口水库已基本蓄满,为尽量减轻汉江中下游洪灾损失,丹江口水库超标准运用,共拦蓄洪水 26 亿 m³,削减洪峰流量 14000m³/s,库水位最高运用至 160.07m,承担了巨大的防洪压力;同时,为保证中下游两岸堤防的安全,及时动用杜家台分洪工程和邓家湖、小江湖两座民垸分洪,其中杜家台分洪总量 23.06 亿 m³,最大分洪流量 5100m³/s;邓家湖、小江湖共分洪 8.83 亿 m³,削减了沙洋洪峰流量约 3400m³/s。采取以上防洪调度措施后,降低仙桃水位 2.2m,汉川水位 2.19m,保住了汉江中下游两岸 727km 长的干堤,使两岸 16 个县(市)1200 万人口和 1700 万亩农田免受灾害,但由于此次洪水峰高量大,汉江中下游仍出现了十分严重的灾情。

4.1.3.2 "83·10"洪水调度演练过程

2021 年距"83·10"洪水发生已近 40 年,丹江口大坝已加高至后期规模,水库秋季防洪库容增加至 80.5 亿 m³;同时,流域水文气象预报有效预见期延长、预报可靠性和精度也明显提高;加上汉江干支流陆续建成了安康、潘口、三里坪等防洪水库,编制了汉江洪水与水量调度、丹江口水库优化调度等方案,汉江流域防洪不论是从工程"硬件"上,还是在水文预报、方案预案等"软件"上,较"83·10"洪水实际发生时都有显著的改进。演练假设在当前工情条件下发生 1983 年 10 月洪水,进行预报调度推演,既可以起到预报调度实战练兵的作用,又能检验汉江流域水库群、分蓄洪措施联合调度运用的协同效果。为充分演练现状防洪条件下遭遇 1983 年 10 月洪水调度过程中涉及的汉江流域控制性水库群联合调度、中下游河道堤防运用、蓄滞洪区和分洪民垸分蓄洪运用等关键决策过程,长江委于 2021 年 6 月 9 日上午,以视频形式开展汉江 1983 年 10 月洪水防洪调度演练(图 4.1-1)。主会场设在水利部,在长江委和湖北、陕西、河南省水利厅设分会场参与演练,汉江流域丹江口、石泉、安康、潘口、黄龙滩、鸭河口、三里坪等水库管理单位在长江委和各省分会场参加,四川、重庆、湖南、江西、安徽等省(直辖市)水利厅(局)参加观摩。选择 10 月 3 日和 10 月 5 日作为调度演练时间节点开展防洪调度综合会商演练。

图 4.1-1 2021 年防洪调度演练长江委分会场

(1)演练场景一(10 月 3 日)

1)雨情

降雨实况:9 月 21—23 日,汉江白河以上有中—大雨、局地暴雨的降雨过程;24—30 日汉江无明显降雨过程。10 月 1—2 日,汉江上游大部地区基本无雨,中下游有小雨。降雨过程累计面雨量:汉江石泉以上 50mm、石泉—白河 21.3mm。

降雨预报:短中期预计 3 日降雨开始,汉江上游有大—暴雨,丹皇区间有中雨;4 日,降雨范围扩大,强度加强,汉江皇庄以上有暴雨,皇庄以下有大雨;5 日,强降雨维持并加强,汉江石泉以下有暴雨;6 日,汉江上游的降雨减弱,汉江皇庄以上有小—中雨,皇庄以下有暴雨;7—9 日,降雨停止,汉江基本无雨。从 10 月 3—6 日的累计降雨来看,预报汉江上游、汉江的累计面雨量在 140mm 左右。延伸期预报,预计未来 8~20 天,汉江有两次明显降雨过程。10 月 10—12 日,汉江上游有小—中雨的降雨过程;17—21 日,汉江有中—大雨强度的强降雨过程,其中,17—18 日汉江上游有中雨,18—21 日汉江中下游有中—大雨。

2)水情预报及调度方案

受9月下旬汉江上游发生两次较大涨水过程影响,中下游来水明显增加。流域来水总体平稳,汉江中下游主要控制站沙洋、仙桃、汉川均在距警戒水位1～3m运行,底水较高。考虑未来一周降雨过程,预报丹江口将迎来一次将近30000m³/s量级的涨水过程,丹皇区间流量将涨至5000m³/s以上,汉江防洪形势将趋于紧张。

水库可用库容:自9月21日以来,调度丹江口对中下游实施拦洪调度,拦蓄洪量16.37亿m³。统计汛限水位至防洪高水位的可用库容,汉江流域主要水库已用库容18.39亿m³,可用库容76.98亿m³,其中汉江上游水库群剩余库容73.86亿m³(含丹江口67.04亿m³)。10月3日汉江水库群可用库容情况见图4.1-2。

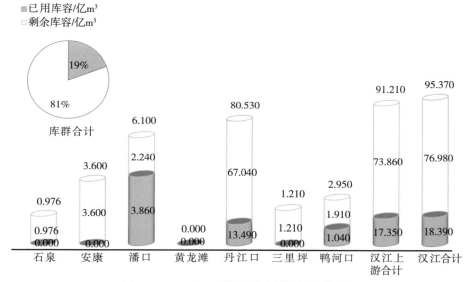

图4.1-2　10月3日汉江水库群可用库容情况

流域来水情况及预测:受到区间降雨及上游来水增加影响,丹江口水库分别在9月24日和29日发生两次较大涨水过程,洪峰流量分别为14600m³/s和11800m³/s。其间,丹江口水库为减轻中下游防洪压力,控制最大出库流量不超过7000m³/s,两场洪水削峰率在50%左右。丹江口水库来水已退至2000m³/s左右,库水位在164.99m。考虑未来上游水库拦洪及支流来水影响,预报4日前后丹江口水库来水将快速上涨,6日前后洪峰流量在28000m³/s左右。

防洪形势分析及调度方案:据雨水情预报可知,未来一周汉江流域将有明显涨水过程,如果丹江口水库不进行拦洪运用,预报皇庄站合成流量将超过33000m³/s量级,重现期将超过20年一遇,届时,汉江中下游将全线超警甚至超保。根据调度规程,丹江口水库应尽快加大出库,降低库水位。按照长江委防御局要求,制作了4种调度方案供领导专家参考。

方案1:丹江口水库3日14时起按皇庄出库流量不超过11000m³/s进行调度。

方案2:丹江口水库3日14时起按皇庄出库流量不超过10000m³/s进行调度。

方案3:丹江口水库先按皇庄出库流量不超过8000m³/s,后按其不超过12000m³/s进行调度。

方案4:丹江口水库先按满发,后按皇庄出库流量不超过8000m³/s进行调度。

从4种方案可以看到,方案4预泄量最小,6日8时库水位最高、拦洪力度最大、中下游水位涨幅最小,均没有超过警戒;方案1预泄量最大,6日8时库水位最低,但沙洋在7日8时将超警戒0.5m左右;方案2、方案3,6日8时水位在166.4~166.5m,中下游主要控制站8日前均没有超过警戒水位。场景1调度方案对比见表4.1-5。

表 4.1-5　　　　　　　　　　　　　　　场景1调度方案对比

站名	统计项	方案 1	方案 2	方案 3	方案 4
上游水库群	出库方案	石泉、安康、三里坪、鸭河口水库最大出库流量分别按5300m³/s、10500m³/s、685m³/s、2600m³/s控制			
丹江口水库	出库方案	3日14时起按皇庄出库流量不超过11000m³/s进行调度,陶岔、清泉沟设计流量供水	3日14时起按皇庄出库流量不超过10000m³/s进行调度,陶岔、清泉沟设计流量供水	先按皇庄出库流量不超过8000m³/s,后按其不超过12000m³/s进行调度,陶岔、清泉沟设计流量供水	先按满发,后按皇庄出库流量不超过8000m³/s进行调度,陶岔、清泉沟设计流量供水
	最低库水位/m	164.30	164.60	164.80	164.95
	6日8时库水位/m	166.00	166.40	166.50	166.85
皇庄	6日8时流量/(m³/s)	11000	9200	7500	6500
沙洋	7日8时水位/m	42.30（超警0.5m）	41.30	40.80	40.35
仙桃	8日8时水位/m	33.10	32.25	31.80	31.25
汉川	8日8时水位/m	27.80	27.45	27.20	27.00

3)调度决策

考虑本次预报丹江口入库洪峰流量近30000m³/s量级,根据水利部批复的《丹江口水库优化调度方案(2021年度)》,丹江口水库应尽快加大水库下泄流量预降水位。方案1会使得沙洋河段超警,方案2、3、4均不会引起下游河段超警,按方案2调度,在洪水来临前能将库水位降得更低。因此建议按方案2调度,14时开始加大下泄,下泄流量按皇庄10000m³/s左右控制,后期视实际降雨及滚动预报情况再实时调整(图4.1-3)。建议向陕西、湖北、河南省水利厅发布汛情通报,提醒各地加强监测预报预警,强化水工程科学调度,做好堤防、水库

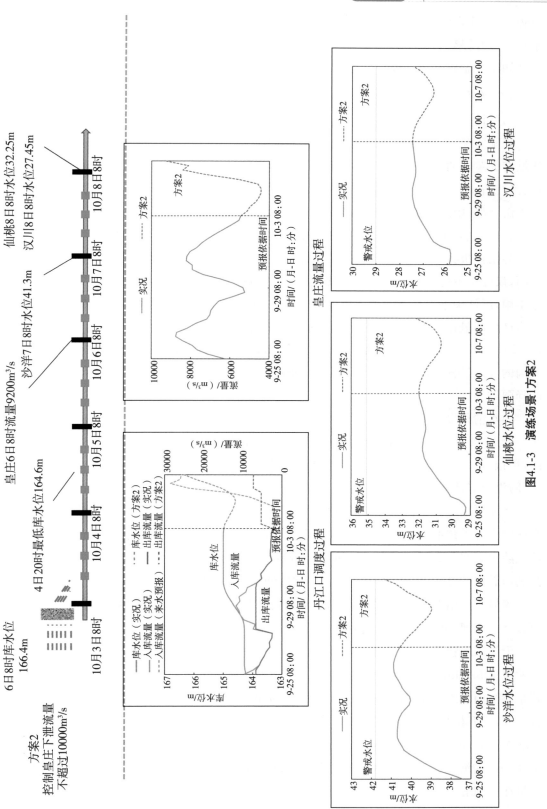

图4.1-3 演练场景1方案2

巡查防守,注意中小河流洪水和山洪灾害防范应对工作。印发通知要求陕西、湖北、河南省水利厅做好堤防和水库的巡查防守,洪水来临前做好河滩地清障,必要时做好人员转移。印发通知要求做好在建工程安全度汛。

(2)演练场景二(10 月 5 日)

1)雨情

降雨实况:10 月 3 日,汉江石泉—白河、白河—丹江口北部有大—暴雨;10 月 4 日,汉江流域有大范围的大—暴雨。3 日强雨区主要位于汉江石泉以上,白河—丹江口北部,日面雨量:汉江石泉以上 33mm、石泉—白河 38mm,白河—丹江口 28mm;4 日强雨区主要位于汉江上游、汉江中游北部,日面雨量:汉江石泉以上 40mm、石泉—白河 50mm、白河—丹江口 35mm、丹皇区间 51mm、皇庄以下 32mm。

降雨预报:预计 5 日汉江石泉以下有大—暴雨;6 日,强降雨维持,汉江上游有中雨、局地大雨,汉江中下游有暴雨;7—9 日,降雨停止,汉江基本无雨;10—11 日,汉江上游有小雨、局地中雨,汉江中下游基本无雨。根据 10 月 5—11 日 7 天的累计降雨,预报汉江上游及汉江的累计面雨量在 100mm 左右。延伸期预报:预计未来 8~20 天,汉江有 4 次降雨过程。10 月 12—13 日,汉江白河以上有中雨强度的降雨过程;14—15 日,汉江白河以下有中雨、局地大雨的降雨过程;17—21 日,汉江有大—暴雨强度的降雨过程;24—25 日,汉江有小雨强度的降雨过程。

2)水情预报及调度方案

受 3—4 日强降雨影响,汉江上游和中游唐白河发生洪水过程;考虑 5—6 日仍有持续降雨,预报丹江口入库流量将涨至 30000m³/s 以上,丹皇区间亦将迎来 10000m³/s 量级的洪水,防洪形势严峻。

水库可用库容:自 10 月 3 日以来,石泉、安康、鸭河口等水库陆续开始拦洪运用,丹江口水库则进行了预泄操作,总体而言,3 日以来,水库群累计拦蓄水量 0.63 亿 m³;统计汛限水位至防洪高水位的可用库容,汉江水库群合计已使用约 19.02 亿 m³、剩余约 76.34 亿 m³,分别占总数的 20%和 80%;其中丹江口水库使用 11.76 亿 m³,剩余 68.77 亿 m³。

流域来水情况及预测:受强降雨影响,丹江口以上各支流普遍发生洪水过程,其中子午河、月河、旬河、夹河、丹江等支流洪水较大。

干流来水快速上涨,石泉水库入库流量为 4910m³/s,昨日 20 时已开始拦蓄洪水,最大出库流量 5310m³/s,库水位涨至 406.77m,预报入库流量将上涨至 6600m³/s 左右后转退,若维持当前出库流量,库水位 6 日 20 时最高 410m;安康水库入库流量快速上涨至 9310m³/s,4 日 20 时起开始拦洪,出库流量 8000m³/s,库水位涨至 326.21m,预报入库流量 6 日 2 时最大涨至 14000m³/s 左右后转退,若出库流量加大至 10500m³/s,库水位 6 日 14 时最高将拦至 330m;旬河、夹河、丹江等主要支流总体处于过峰阶段,向家坪、长沙坝、荆紫关等站洪峰流量在 3000m³/s 左右;堵河来水仍在上涨,预报潘口、黄龙滩水库的入库洪峰流量在

4000～5000m³/s,考虑到两座水库已在正常蓄水位附近运行,后续按出入库平衡操作。受上述水库的拦洪运用及支流来水影响,丹江口入库来水快速增加,入库流量已涨至 15600m³/s,根据《长江干流及流域重要跨省支流洪水编号规定》,"第3号洪水"在汉江上游形成,3日14时起按控制皇庄 10000m³/s 加大下泄,4日20时最低降至 164.59m,当前库水位为 164.8m,考虑预见期降雨,预报6日2时入库流量最大将涨至 32000m³/s 左右,依据《长江水情预警管理办法》,长江委水文局升级发布丹江口库区洪水橙色预警。10月5日汉江水库群可用库容情况见图 4.1-4。

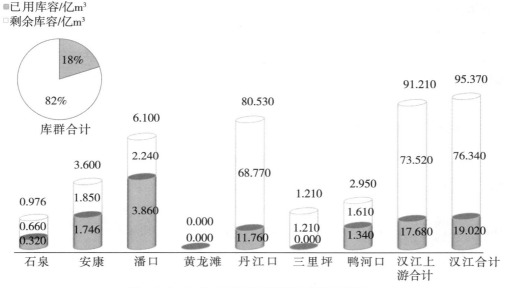

图 4.1-4 10月5日汉江水库群可用库容情况

汉江中游南河、白河、唐河等支流发生明显涨水过程。三里坪水库来水刚起涨,预报入库流量6日20时最大涨至 1500m³/s 左右,若出库按规程的最大流量 685m³/s 进行控泄拦洪,7日2时将涨至正常蓄水位 416m;鸭河口水库已现峰转退,2时入库洪峰流量 3500m³/s,4日14时起出库流量按最大 2600m³/s 进行拦洪,库水位拦至 177.36m,若维持当前出库,库水位最高拦至 177.42m。受水库拦蓄影响并考虑预见期降雨,新店铺、郭滩、谷城等站洪峰流量将在 2230～3670m³/s,丹皇区间7日20时洪峰流量在 10000m³/s 左右。

中下游干流来水当前较为平稳,皇庄、沙洋、仙桃、汉川站水位8时水位分别为 44.64m、39.03m、31.39m、27.0m,均在警戒水位以下,距警戒水位幅度 2.00～3.71m;汉口站实时水位约 23.5m。

防洪形势分析及调度方案:汉江流域洪水过程仍在持续,考虑其余水库总体按拦蓄至正常蓄水位附近,丹江口水库6日入库洪峰流量在 32000m³/s 左右,接近20年一遇,丹皇区间8日洪峰流量 10000m³/s 左右,若丹江口水库不拦蓄,皇庄洪峰流量将接近 40000m³/s,远超汉江中下游安全泄量,面临杜家台蓄滞洪区和中游分蓄洪民垸的启用,防洪形势异常严峻。

根据丹江口水库调度规程中对皇庄的不同补偿量级,以及对应的汉江中下游不同分洪措施的运用情况,将皇庄补偿流量分别按 $21000 \mathrm{m}^3/\mathrm{s}$、$17000 \mathrm{m}^3/\mathrm{s}$、$15000 \mathrm{m}^3/\mathrm{s}$、$12000 \mathrm{m}^3/\mathrm{s}$ 考虑,陶岔和清泉沟均按设计流量供水,制定丹江口水库 4 种不同补偿调度方案如下。

方案 1:补偿皇庄流量 $21000 \mathrm{m}^3/\mathrm{s}$,需启用小江湖、邓家湖 2 个分蓄洪民垸和杜家台蓄滞洪区分洪。

方案 2:补偿皇庄流量 $17000 \mathrm{m}^3/\mathrm{s}$,需启用杜家台蓄滞洪区分洪。

方案 3:补偿皇庄流量 $15000 \mathrm{m}^3/\mathrm{s}$,启用杜家台分洪道分流。

方案 4:补偿皇庄流量 $12000 \mathrm{m}^3/\mathrm{s}$,不启用杜家台和民垸分洪。

方案 1、2、3 的丹江口水库最高调洪库水位均可控制在 170m 以下,但方案 1 需启用两个分蓄洪民垸和杜家台蓄滞洪区分洪,方案 2 需要启用杜家台蓄滞洪区分洪,方案 3 仅使用杜家台分洪道分流;方案 4 虽不启用杜家台和民垸分洪,但丹江口最高调洪水位超过 170m。场景 2 调度方案对比见表 4.1-6。

表 4.1-6　　　　　　　　　　　　　　　　　　场景 2 调度方案对比

站名	统计项	方案 1	方案 2	方案 3	方案 4
上游水库群	出库方案	石泉、安康、三里坪、鸭河口水库水位分别拦至 410.00m、330.00m、416.00m、177.42m,潘口、黄龙滩水库维持在正常蓄水位附近运行			
丹江口水库	出库方案	补偿皇庄流量 $21000\mathrm{m}^3/\mathrm{s}$,陶岔、清泉沟按设计流量供水	补偿皇庄流量 $17000\mathrm{m}^3/\mathrm{s}$,陶岔、清泉沟按设计流量供水	补偿皇庄流量 $15000\mathrm{m}^3/\mathrm{s}$,陶岔、清泉沟按设计流量供水	补偿皇庄流量 $12000\mathrm{m}^3/\mathrm{s}$,陶岔、清泉沟按设计流量供水
	最高调洪水位/m	168.06 (8 日 8 时)	169.14 (8 日 20 时)	169.71 (8 日 20 时)	170.60 (9 日 2 时)
皇庄	最大流量 /(m³/s)	21000 (8 日 23 时)	17000 (10 日 3 时)	15000 (10 日 3 时)	12000 (10 日 4 时)
蓄滞洪区及民垸运用	启用方式	10 月 8 日 8 时、9 日 12 时需分别启用小江湖、邓家湖分蓄洪民垸分洪,9 日 10 时开启杜家台蓄滞洪区分洪,分洪流量 $2500\mathrm{m}^3/\mathrm{s}$	10 月 9 日 15 时开启杜家台蓄滞洪区分洪,后破区内民垸蓄洪,分洪流量 $3000\mathrm{m}^3/\mathrm{s}$	10 月 10 日 1 时开启杜家台分洪道分流 $1500\mathrm{m}^3/\mathrm{s}$	无

站名	统计项	方案 1	方案 2	方案 3	方案 4
蓄滞洪区及民垸运用	影响人口/万人	6.13	0.34	无	无
	淹没耕地/万亩	19.03	1.43	无	无
沙洋	最高水位/m	44.43（9 日 16 时）	44.45（10 日 15 时）	43.86（10 日 14 时）	42.82（10 日 16 时）
潜江	最高水位/m	40.90（10 日 19 时）	41.03（11 日 1 时）	40.53（11 日 2 时）	39.55（11 日 5 时）
仙桃	最高水位/m	36.13（11 日 7 时）	36.11（11 日 14 时）	35.99（11 日 14 时）	35.35（12 日 1 时）
汉川	最高水位/m	31.65（11 日 17 时）	31.57（11 日 21 时）	31.60（12 日 1 时）	31.01（12 日 9 时）

3）调度决策

考虑到中下游防洪形势十分紧张，建议石泉、安康、鸭河口、三里坪等水库参与联合调度，继续拦洪削峰，其中石泉、安康、三里坪拦蓄至正常蓄水位后不再拦蓄，鸭河口水库按出库流量 2600m³/s 控制下泄。4 种调度方案中，方案 1、2、3 丹江口水库均未超过正常蓄水位 170m，而方案 4 超过正常蓄水位 170m。方案 1 需同时运用小江湖、邓家湖分蓄洪民垸和杜家台蓄滞洪区的分洪道及蓄滞洪区分仓蓄水，方案 2 需运用杜家台蓄滞洪区的分洪道和蓄滞洪区分仓蓄水，方案 3 则只需运用杜家台蓄滞洪区的分洪道分流。统筹考虑库区淹没和中下游防洪风险，建议下一步按方案 3 调度（图 4.1-5）；同时，流域其他水库配合丹江口水库拦蓄洪水，削减洪峰。建议启动水旱灾害防御Ⅳ级应急响应；继续加强堤防和水库巡查守护；建议做好杜家台分蓄洪区分洪运用准备；做好水库高水位情况下的防洪安全管理；强化在建涉水工程安全度汛工作。

4.1.3.3 演练收获

（1）提高了政治站位

2021 年是中国共产党成立 100 周年，也是实施"十四五"规划开局之年和全面建设社会主义现代化国家新征程起步之年，做好水旱灾害防御工作意义重大、任务艰巨。为统筹做好 2021 年水旱灾害防御工作，深入贯彻习近平总书记关于建设安澜长江的重要指示精神，按照李国英部长在水旱灾害防御工作、全国水库安全度汛视频会议上的工作部署，强化"四预"措施，"根据雨水情预报情况，对水库、河道、蓄滞洪区蓄泄情况进行模拟预演"，下好风险防控的先手棋，牢牢守住水旱灾害防御底线，确保人民生命财产安全和经济社会发展安全。

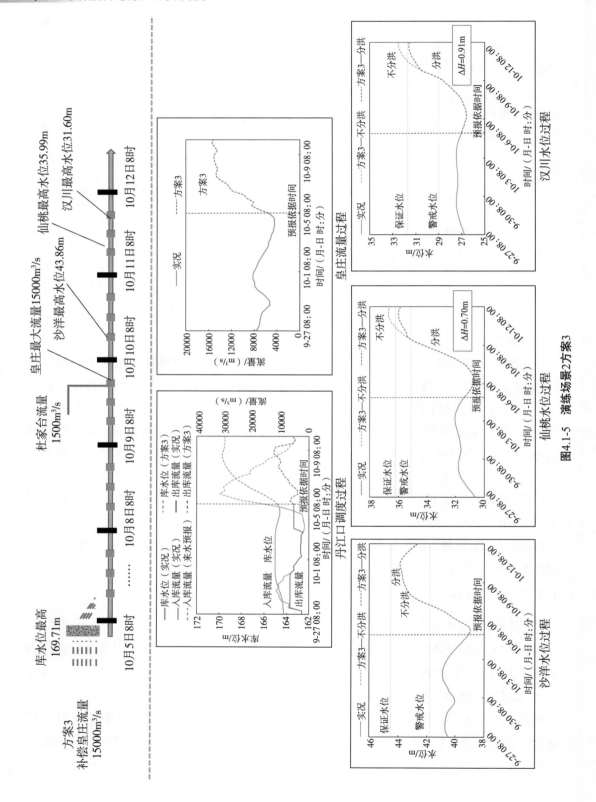

图4.1-5 演练场景2方案3

（2）模拟了实战场景

演练设置水文预报、调度预演、方案制定、会商讨论、风险分析、指挥决策、应急响应等多个环节，全方位检验了洪水调度方案的可行性、有效性。本次防洪调度演练以汉江"83·10"洪水为背景，结合汉江流域防洪工程体系现状，重点选取了1983年10月3日、5日作为调度演练时间节点，充分演练了汉江"83·10"洪水调度过程中涉及的汉江流域控制性水库群联合调度、中下游河道堤防防守、蓄滞洪区和分洪民垸分蓄洪运用等关键决策过程，起到了预报调度实战练兵的作用，检验了汉江流域水库群、分蓄洪措施联合调度运用的协同效果，真正达到了检验方案、查找问题、锻炼队伍、提高防洪调度和决策指挥能力的目的。

（3）挖掘了调度潜力

与1983年洪水当年实际洪灾损失相比，本次演练避免中下游民垸分洪量约9.1亿 m^3、杜家台蓄滞洪区分洪量约23亿 m^3，减少耕地淹没约16万亩、受灾人口约9.5万人，取得了显著的防洪减灾效益。若丹江口水库预降水位调度时机提前至10月2日，则在保障中下游防洪安全的前提下充分利用河道泄流能力对汉江中下游实施补偿调度，可进一步避免开启杜家台蓄滞洪区分洪道，同时丹江口水库最高调洪水位可控制在170m以下，充分发挥汉江上中游水库群的防洪作用。

（4）锻炼了人才队伍

此次防洪调度演练涉及水文预报、水库调度、规划设计、网络通信、多媒体宣传等专业人才队伍。各专业人才队伍通过演练进一步优化了预报调度一体化、调度策略实时分析、方案影响比选等工作，通过调度演练，提升了应对超标准洪水防御的应急处置能力，锻炼了专业人才队伍，确保关键时刻拉得出、冲得上、打得赢。

4.1.4 丹江口水库大坝蓄水试验与安全评估结论

2012年12月至2013年6月，中国水利水电科学研究院对丹江口大坝加高工程的蓄水安全进行了评估，提出了《南水北调中线一期丹江口大坝加高工程蓄水安全评估（鉴定）报告》。评估（鉴定）结论认为：丹江口水利枢纽初期工程已正常运行了40年，经历过设计洪水位的考验，大坝是安全的；本次加高期间对初期工程的混凝土质量和缺陷进行了全面检查，并对发现的问题进行了相应处理；各类缺陷检查细致，分类明确，处理方案合理可行，各类缺陷的处理施工质量良好，符合设计要求；初期工程质量可满足大坝加高条件，其缺陷经过处理后，大坝加高并抬高水位运行是安全的。

2013年8月29日，加高工程顺利通过国务院南水北调办公室组织的蓄水验收，验收主要结论有"大坝加高工程形象面貌满足蓄水要求……质量缺陷经处理后满足设计要求，工程质量合格……综上所述，同意南水北调中线一期丹江口大坝加高工程通过蓄水验收"。蓄水验收以后，丹江口水利枢纽开始按后期规模蓄水，库水位于2017年秋汛期间超过初期工程坝顶高程，最高达到167.0m。

2017 年秋汛期间,在长江委的组织下分 164.0m、167.0m 两级水位开展了丹江口水库蓄水试验。2018 年 7 月 10—11 日,水利部组织专家在湖北省丹江口市召开丹江口水库蓄水试验报告审查会议,会议主要审查意见为:"丹江口混凝土坝坝体位移量正常,变形符合一般规律,坝基扬压力系数低于设计值,新老大坝混凝土结合面的结合度高于设计指标;左右岸土石坝变形、渗压和渗流监测值均在设计允许范围内……同意丹江口水利枢纽具备正常运行条件的结论意见。"

2019 年中线水源公司委托长江设计集团以 2017—2019 年监测资料(截至 2019 年 10 月 31 日)为依据,对初期工程混凝土坝缺陷处理效果及建筑物性态进行评估,编写了《丹江口大坝蓄水及缺陷处理效果评价报告》。2020 年 3 月底,南水北调工程专家委员会以函询方式对该报告进行了技术咨询。咨询意见指出:报告内容丰富,资料翔实,技术路线正确,分析思路清晰,得出的"大坝稳定、应力、变形、渗流、渗压等均在设计允许范围内,混凝土坝的工作性态总体正常,满足正常蓄水要求",基本结论总体上合理可信。

2020 年,在《丹江口大坝蓄水及缺陷处理效果评价报告》的基础上,将监测数据延长至 2020 年 11 月 30 日,同时结合本年度针对右岸土石坝与混凝土坝结合部的研究成果,对混凝土坝缺陷处理效果及建筑物性态进行评估,成果汇总后形成《丹江口大坝蓄水及缺陷处理效果评价报告(2020 年度)》。2021 年 4 月,水利部南水北调规划设计管理局组织对报告进行了技术咨询。咨询意见指出:根据监测资料及相关分析研究,混凝土坝坝体变形符合一般规律,坝基扬压力系数低于设计值,新老混凝土结合面结合比例高于设计预期指标;初期工程中存在的混凝土质量缺陷处理措施有效可靠,加高工程蓄水过程中发现的混凝土缺陷处理效果明显;除右岸土坝与混凝土坝结合部外,左、右岸土石坝变形、渗压和渗流监测值均在设计允许范围内。丹江口大坝工作性态总体正常,满足正常蓄水要求。

2021 年,中线水源公司委托中国水利水电科学研究院编制了《丹江口大坝加高工程设计单元工程完工验收安全评估补充报告》,作为丹江口大坝加高工程完工验收的技术支撑。报告指出,自 2013 年 9 月开始后期规模蓄水运行以来,大坝加高工程已两次经历了 164.0m 和 167.0m 的高水位运行考验,运行期监测成果表明建筑物和金属结构工作性态总体正常,大坝加高工程具备正常运行条件。鉴于此,安全评估专家组认为,丹江口大坝加高设计单元工程满足设计单元工程完工验收的条件。

4.2 丹江口水库洪水期间安全监测及巡查

4.2.1 检查依据与组织分工

(1)检查依据

巡查工作参照长江设计集团编制的《丹江口水库 167m 以上水位蓄水监测技术要求》、

汉江集团公司制定的《丹江口水库蓄水 170m 监测巡查工作方案》和中线水源公司制定的《2021 年汛期及汛后蓄水加强大坝工况监测实施方案》执行。

（2）组织机构与分工

为确保 2021 年汛期及汛后蓄水大坝安全，中线水源公司会同长江设计集团、汉江集团公司成立了加强大坝监测工作领导小组和现场工作组，现场工作组又分为安全监测组、巡查组和技术组。

1）加强大坝监测工作领导小组

督促各现场小组落实责任与分工，根据现场情况进行重点巡查，对发现问题或隐患组织初步分析，及时处理，并上报上级单位和部门。

2）安全监测组

负责大坝安全监测及安全监测系统的运行等工作，由长江空间信息技术工程有限公司（武汉）会同汉江集团公司丹江口水力发电厂组织实施。

3）巡查组

负责混凝土坝廊道、混凝土坝面、土石坝、金结机电设备巡视检查，由汉江集团公司丹江口水力发电厂组织实施。

4）技术组

负责安全监测、巡视检查的技术工作，由中线水源公司工程部会同长江设计集团、长江空间信息技术工程有限公司（武汉）、汉江集团公司丹江口水力发电厂组织实施。

另外，长江委成立了丹江口水库蓄水安全评估专家组，根据安全监测及巡查结果，每天进行枢纽大坝安全分析，上报丹江口水库大坝安全评估日报。

4.2.2　工程巡查

（1）坝体巡查

巡查分 3 个小组。其中，第 1 小组负责混凝土坝廊道、混凝土坝面；第 2 组负责左右岸土石坝；第 3 组负责金结机电设备。同时，现场建立了丹江口大坝蓄水期间巡查工作责任制，明确了各巡查组责任范围、巡查人员及责任、巡查要求、巡查部位及路线等。8 月 14 日，库水位超过 162m，巡查频次由日常 3 次/周增加为 1 次/天；8 月 25 日，库水位超过 164m，巡查频次增加为 2 次/天，上午为全面巡查，下午为重点部位巡查；9 月 6 日，预报库水位接近 167.0m，巡查频次为 2 次/天，上午、下午均为全面巡查；9 月 28 日起，为应对年度秋汛最大洪峰流量 24900m³/s，增加了夜间巡查。

巡查的范围覆盖左右岸土石坝坝面、坝坡，混凝土坝坝面及廊道，巡查未发现明显异常，未发现蓄水安全隐患，大坝运行安全稳定。巡查坝顶两台门机、堰孔闸门、150 启闭机廊道、

137 廊道深孔弧形闸门、防汛变电所、防汛备用电源,以及其他机电设备,结论为防汛设备设施完好,运行正常。

9 月 23 日和 10 月 5 日,汉江集团公司与中线水源公司联合对董营副坝进行了巡查,坝面、坝坡及排水管沟等未发现明显异常,副坝运行正常。

10 月上旬,大坝持续处于高水位工况下,丹江口水力发电厂进一步对土石坝坝顶防浪墙、迎水坡、背水坡、坝趾及近区,混凝土坝面、廊道、深孔及堰顶泄洪状态等开展夜间加密巡查,未发现异常。

丹江口水库 170m 蓄水及高水位维持期间,长江委领导、汉江集团公司领导多次检查指导丹江口水利枢纽大坝安全监测工作,并慰问防汛、安全监测一线员工。

(2)库区巡查监测

9 月 14—19 日,中线水源公司组织库区管理中心开展库区地质灾害专项巡查,出动多名巡查人员,巡查数十个地质灾害项目。

9 月 16 日,中线水源公司领导带队赴丹江口库区湖北区域开展汛期巡查,查看了库周部分地质灾害隐患点现场情况,与郧阳区人民政府就陈家咀地质灾害险情及库区受蓄水影响及其他地质灾害隐患点防治规划落实工作进行了座谈交流。9 月 17 日下午,汉江集团公司、中线水源公司联合开展防汛会商,就当前防汛工作做了安排部署。9 月 18 日,中线水源公司组织长江岩土工程有限公司召开库区地质灾害全面深入巡查监测工作会议,安排部署自 9 月 19 日起对库周地质灾害隐患点开展一次全面巡查监测。9 月 16—18 日,中线水源公司致函十堰市人民政府、淅川县人民政府、郧阳区人民政府,商请共同保障丹江口水库蓄水安全。

9 月 22—27 日,中线水源公司共巡查郧阳区、丹江口市、淅川县库区地质灾害隐患点119 处,行程数千米,除个别地质灾害隐患点部分区域有变形和开裂外,其余无异常。

10 月 3—7 日,中线水源公司组织库区管理中心继续开展库区地质灾害专项巡查,出动巡查 15 人次,巡查 30 个地质灾害项目,未发现异常。

10 月 5 日,中线水源公司组织"十一"期间库区高水位安全巡查,对部分库岸及前期涉库违规整改项目进行现场核查,未发现异常。

截至 2021 年 10 月 10 日,将丹江口水库本年度汛和 170m 蓄水期间巡视检查发现的问题作为重点关注部位和项目。其中,混凝土坝问题大多出现在 131 廊道、基础廊道,部分为前期处理缺陷,根据分析,新发现缺陷不影响大坝安全,前期处理缺陷较处理前有显著改观;土石坝问题主要集中在右岸土石坝与混凝土坝结合部,部分测压管(HY000-3)测值异常由外水影响导致,结合部沉降问题已有不影响大坝安全的研究结论;金属结构及机电主设备无异常。综上,巡查未见影响大坝安全的问题,已发现问题已妥善处置。

4.2.3 大坝安全监测

4.2.3.1 重点部位及监测对象

根据丹江口大坝加高工程结构特点及前期运行情况,蓄水安全监测的重点部位及重点监视对象主要包括:

(1)土石坝与混凝土坝结合部

重点监视结合部附近的变形、渗流场以及结合面开度等量值、变化趋势及其对库水位变化的敏感性。

(2)2~右6坝段高程143m水平裂缝

重点监视大坝反拱效应、裂缝的开度、缝内渗压、现有排水廊道渗流量变化情况,及其对库水位变化的敏感性。

(3)3~7坝段纵向裂缝

重点监视纵向裂缝的开度大小、变化趋势及其对库水位的敏感性。

(4)深孔坝段组合缝

重点监视裂缝的开度、缝内渗压变化趋势及其对库水位变化的敏感性。

(5)18坝段上游竖向缝

重点监视裂缝的开度、缝内渗压变化趋势及其对库水位变化的敏感性。

(6)溢流坝段闸墩裂缝

重点监视裂缝的开度变化趋势及其对库水位变化的敏感性。

(7)大坝水平位移

重点监视典型坝段水流向水平位移量值、变化规律及其对库水位变化的敏感性。

(8)大坝基础扬压力及渗流量

重点监视扬压力和渗流量值与库水位变化的敏感性及其发展趋势。

(9)新老混凝土结合面渗水

重点监视新老混凝土结合面排水设施渗水量变化情况。

(10)廊道渗水

重点监视大坝廊道裂缝、横缝、坝体排水孔渗水量变化与库水位变化敏感性。

(11)大坝横缝渗水

重点监视库水位超过165.0m高程后,大坝横缝渗水量变化情况。

(12)土坝坝坡渗流与变形

重点监视左右岸土坝、副坝蓄水期间坝体浸润线变化,下游坝坡、坝脚渗水状况,坝坡及马道变形情况。

4.2.3.2　监测频次

丹江口大坝安全监测利用工程已有的监测设备进行,通过系统整合以及安全监测,自动化系统可以实现数据自动采集,根据安全监测系统升级现状,日常监测项目及频次见表4.2-1。

表4.2-1　　　　　　　　　　　　　日常监测项目及频次

监测项目	监测仪器	监测频次		备注
		人工监测	自动化监测	
变形	水平和垂直位移监测网	水平2次/年; 垂直1次/年		水平位移监测网在6月、12月 各测1次;垂直位移监测网 在6月测一次
	前方交会;正、倒垂线及引 张线等(大坝水平位移)	1次/月	1次/天	前方交会
		2次/月	1次/天	正、倒垂线及引张 线等自动化装置
	水准点(大坝垂直位移)	1次/月		
	基岩变形计	2次/月	1次/天	坝踵、坝趾部位
	多点位移计	2次/月	1次/天	重点是转弯坝段
	测缝计	2次/月	1次/天	新老混凝土结合面
	裂缝计	2次/月	1次/天	初期混凝土坝裂缝
	三维变形仪	2次/月	1次/天	
渗流	渗压计	2次/月	1次/天	
	量水堰	2次/月	1次/天	
	测压管	2次/月	1次/天	
应力、应变 及温度	钢筋计	2次/月	1次/天	新老混凝土结合面
	温度计	2次/月	1次/天	
	应变计	2次/月	1次/天	
	应力计	2次/月	1次/天	
	无应力计	2次/月	1次/天	
气温				逐日测量
库水位				逐日测量
强震				实时监测

在库水位达到或超过164.0m水位后,大坝安全监测频次应按加密监测要求进行;并在加密期间每周对测点、监测站、中心站的仪器设备及其相关电源、通信装置等进行一次巡视检查,确保设备工作正常。蓄水加密期间监测中心站采用24小时值班制,按监测频次对数据进行检查,异常数据应及时复测,排除现场干扰和仪器故障后,异常数据应及时上报。加密监测项目及频次见表4.2-2。

表 4. 2-2　　　　　　　　　　　　　加密监测项目及频次

监测项目	监测仪器	监测频次			备注
		人工监测	自动化监测	人工及自动化同时监测	
变形	水平和垂直位移监测网	2 次		数据偏差较大时,及时比测	汛前、汛后各测 1 次
	前方交会;正、倒垂线及引张线等(大坝水平位移)	1 次/周	1 次/天		汛前就近确定加测工作基点,蓄水后复核
			1 次/天		正、倒垂线及引张线等自动化装置
	水准点(大坝垂直位移)	1 次/周		数据偏差较大时,及时比测,视情况调整为 2 次/天	汛前就近确定加测工作基点,蓄水后复核
	基岩变形计		1 次/天		坝踵、坝趾部位
	多点位移计		1 次/天		重点是转弯坝段
	测缝计		1 次/天		新老混凝土结合面
	裂缝计		1 次/天		初期混凝土坝裂缝
	三维变形仪		1 次/周~1 次/天		
渗流	渗压计		4~6 次/天	数据偏差较大时,及时比测	
	量水堰		4~6 次/天		
	测压管		4~6 次/天		
应力、应变及温度	钢筋计		1 次/天	数据偏差较大时,及时比测,视情况调整为 2 次/天	新老混凝土结合面
	温度计		1 次/天		
	应变计		1 次/天		
	应力计		1 次/天		
	无应力计		1 次/天		
气温					逐日测量
库水位					逐日测量
强震					实时监测

当丹江口水库水位上升到新的高度后,在表 4.2-1 的基础上,针对库水位的特征点增加自动化监测频次。

8 月 25 日,库水位超过 164.0m,开始进行加密监测,水准监测由 1 次/月增加为重点部位测点 4 次/月,前方交会由 1 次/月增加为重点部位测点 4 次/月,混凝土坝及土石坝测压管、量水堰监测由 2 次/月增加为 4 次/月。

在高水位运行期间,充分运用自动化监测系统,将监测频次提高至 4 次/天,利用空、天、地、内传感技术对大坝 2000 多个测点安全状态进行实时感知,保证了监测数据的连续、及时、有效;在人工监测方面,做到了监测项目全覆盖,重点部位监测频次加密至 1 次/天,保证了监测数据的准确、可靠。同时,按照行业规范要求,做好内业数据处理和监测月报的编写工作。

截至 2021 年底,丹江口大坝人工加密监测 10.7 万多点次,自动化加密监测超过 107 万点次,上报监测日报 122 期,防汛信息 124 期。为大坝安全运行和蓄水至 170m 正常蓄水位提供重要技术支撑,为全面掌握大坝运行状况打下了坚实基础。

4.2.3.3 安全监测成果

(1)变形监测网成果

库水位变化对近坝区各网点沉降变形影响较为明显。当水位上升时,各网点普遍表现为沉降变形;当水位回落时,各网点普遍上抬。沉降变形符合测点沉降规律,即离库区较近测点,蓄水对测点的沉降变化影响较大;离库区越远,蓄水对测点的沉降变化影响越小。

(2)混凝土坝监测成果

1)变形监测成果

各坝段水平位移总体受温度变化影响呈周期性变化,受库水位变化影响相对较小;除个别测点位移量略有增大外,其他测点位移量均在历史最大值范围内,未出现明显趋势性变化;各坝段测点相对垂直位移变化总体平稳,相邻坝段沉降测值较为相近,未见明显的沉降差;基岩变形呈微张或闭合状态,总体稳定。

2)渗压渗流监测成果

混凝土坝坝基扬压力及坝基、坝体渗流量变化总体正常;防渗帷幕、排水孔等措施的综合作用,对减小坝基扬压力效果明显;坝基扬压力系数无明显影响,各坝段坝基扬压力系数均在设计允许值范围内。

3)应力应变及温度监测成果

各坝段坝址压应力计均处于受压状态,主要受温度影响呈负相关变化,受水位影响不明显;测值变化规律与前期基本一致,未出现明显趋势性变化。

4)新老混凝土结合面开度变化

除部分缝面开度呈张开状态外,大部分缝面处于闭合或开度稳定状态;缝面开度未现明显变化。

5)初期混凝土坝裂缝监测成果

经处理后的裂缝总体呈闭合或微张开状态,各裂缝开度变化较为稳定,无明显增大趋势;前期 18 坝段竖向裂缝开度呈增大趋势,基本稳定;32 坝段 5 号裂缝缝面开度仍有增大趋势,但暂未超历史最大值。

6)反拱效应对比

加高后反拱效应虽未完全消除,但明显得到缓解。

(3)左岸土石坝监测成果

1)变形监测成果

左、右岸方向累计位移量为－18.13～8.4mm,上、下游方向累计位移量为－23.38～19.61mm;垂直位移分布呈距离与混凝土坝接缝部位越近,沉降量越大,向左岸逐渐减小的趋势;目前水平及垂直位移均未收敛,但沉降量总体较小,应加强观测。

2)应力应变及温度监测成果

左下挡 2 缝面开度变化相对稳定;土石坝与混凝土坝结合缝面上下游向位移基本稳定,160.3m 高程左右及垂直向位移变化速率减缓,渐趋稳定,174.0m 高程左右及垂直向位移尚未收敛,应加强观测;钢筋计测值与温度呈负相关,即温度升高,钢筋计测值变小,反之增大;钢筋计测值均在 14MPa 以内。

3)渗压渗流监测成果

坝体防渗墙前渗压水位较库水位低,但与库水位变化相关。坝体防渗墙前的渗压水位一般高于防渗墙后的渗压水位,但低于上游水位;心墙后渗压水位受上游库水位变化影响不明显;渗漏量变化平稳。

(4)右岸土石坝监测成果

1)变形监测成果

右岸土石坝与混凝土坝结合部沉降表现为距接触面越近,沉降量越大,与左岸土石坝表现一致;结合部沉降变形持续增大,尚未收敛,应加强观测及资料分析。

2)应力应变及温度监测成果

0＋092、0＋442 断面内部沉降变形基本稳定;右下挡缝面闭合良好。

3)渗压渗流监测成果

渗压计监测成果表明,防渗墙前测压管(渗压计)水位变化与上游水位明显相关,部分防渗心墙内的测压管(渗压计)水位变化也与上游水位相关,但变幅较小;蓄水期间坝体实测渗压水位较低,渗流性态稳定;渗漏量总体较小,变化稳定。

(5)右岸土石坝与混凝土坝结合部专项监测

土石坝与混凝土坝结合部坝顶沉降变形表现为距结合部越近,沉降量越大,变形尚未收敛;其他部位各测点测值均较小,变形基本正常;坝体内部接缝位移基本稳定,未出现明显趋势性变化;坝基帷幕和心墙防渗效果较好,渗流性态稳定;结合部渗流基本正常,未出现渗漏通道。

4.2.3.4　大坝工作性态及缺陷处理效果分析评估

（1）混凝土坝运行状态及缺陷处理效果分析评估

1）典型混凝土坝段三维有限元仿真分析

在2017年丹江口大坝蓄水试验阶段，长江科学院采用三维有限元仿真分析手段分析了典型混凝土坝的工作性态，仿真计算结果与监测资料的对比结果表明，大坝处于正常工作状态，设计阶段所采用的计算模型及分析方法、计算参数及边界条件是合理的，同时基于反演分析对部分参数进行了微调。在2018—2020年混凝土坝工作状态分析中，再次验证了大坝处于正常工作状态，以及计算模型和参数的合理性。2021年10月，丹江口水库水位历史性地蓄至170m水位，其蓄水期间大坝的工作性态尤为重要。采用2020—2021年的实测气温、水温、水位变化等计算条件，针对丹江口大坝典型混凝土坝段——右联转弯坝段、右联7坝段、深孔10坝段和18坝段（图4.2-1至图4.2-4），采用三维有限元仿真分析手段，分析大坝温度场、变形和应力，新老混凝土结合面状态，初期大坝裂缝状况等，通过与监测资料的对比，对2021年的混凝土大坝工作状态作出总体评价。

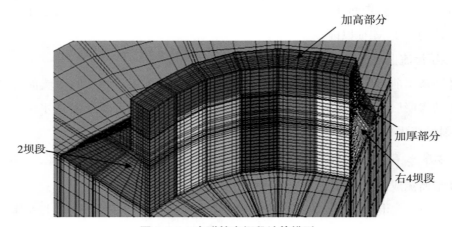

图4.2-1　右联转弯坝段计算模型

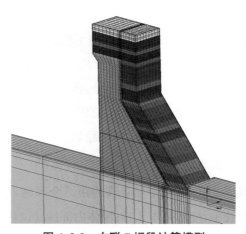

图4.2-2　右联7坝段计算模型

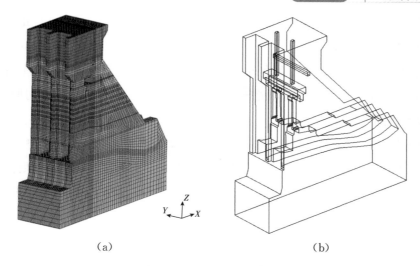

（a）　　　　　　　　　　　　　（b）

图 4.2-3　深孔 10 坝段计算模型

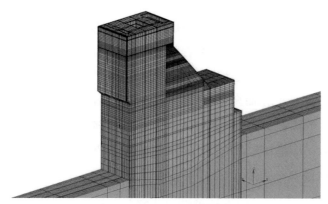

图 4.2-4　18 坝段计算模型

2）混凝土坝运行状态及缺陷处理效果评估

①混凝土坝坝基防渗帷幕、排水孔等综合措施对降低坝基扬压力效果明显，工程蓄水后坝基扬压力折减系数远小于设计取值，本年度内水位变化过程中坝基渗压无明显变化，坝基抗滑稳定满足规范要求。

②坝体变形主要受温度和水压等荷载作用呈周期性变化，各坝段的坝顶顺流向位移计算结果与实测资料变化规律一致，数值接近，计算值略大于监测值，即大坝位移实际测值在计算值的预测范围内。

③坝体应力变化除与上游库水位相关外，与环境温度也有一定相关，与加高前相比，坝踵应力呈受压趋势；计算和实测的坝趾处均为压应力，满足设计控制标准；在 2021 年 8 月至 10 月上旬水位抬升期间，坝体内部应力变化不大。

④新老混凝土结合面大部分处于闭合或开度稳定状态，少部分略呈张开趋势，水位抬升

后,新老混凝土结合面张开度减小,有压紧的趋势,结合比例相较设计控制标准有余度,计算结果与监测数据基本相符。

⑤大坝加高期间对初期大坝存在的主要混凝土裂缝进行了处理,在水库蓄水至 170m 的过程中,老坝存在的裂缝等缺陷均处于闭合状态,或稳定的非扩展状态,初期大坝混凝土缺陷处理效果达到了设计要求。

⑥计算分析成果与监测资料吻合良好,表明水库蓄水至 170m 的过程中大坝工作状态正常,同时再次验证了计算模型和计算参数的合理性。综上所述,混凝土坝坝体稳定满足要求,变形规律及量值正常,应力满足设计控制标准,新老混凝土结合比例相较设计控制标准有余度,缺陷处理效果达到了设计要求,坝体总体工作性态正常。

(2)土石坝运行状态评估

①监测数据表明,左右岸土石坝均呈现与混凝土坝结合面距离越远变形越小、距离越近变形越大的特点;结合部沉降变形虽未收敛,但沉降速率下降趋势明显,结合数值模型计算成果,可认为大坝变形仍符合土石坝的一般规律,坝体变形整体可控,不影响大坝安全。

②渗流计算结果表明,蓄水过程中左右岸土石坝填料承受的最大比降小于允许比降,坝体渗透稳定安全;与计算值相比,心墙靠下游侧各渗压计测值低于计算值,心墙后坝壳料水位多年来一直不随库水位变化而变化,而且坝后各量水堰渗漏测值小,由此可见心墙防渗和截渗效果较好,结合部沉降变形不影响土石坝的整体防渗性能。综上所述,左右岸土石坝工作性态正常,土石坝与混凝土坝结合部沉降尚未收敛,后期运行仍应加强监测分析。

4.2.3.5 水力学试验

根据《关于水力学观测的通知》(长丹设枢监字〔2018〕第 1 号)要求,在丹江口水库蓄水至 170m 水位附近时,中线水源公司组织相关单位完成了 170m 水位泄洪雾化降雨、坝体振动和坝身泄洪水力学参数观测。

在 170m 库水位条件下,丹江口大坝工程安全行洪。各泄洪闸孔上游进口流态较好,无漩涡及明显的侧向进流现象;表孔与中孔挑流水舌出口连成一片,外缘落点下游区域水流旋滚剧烈;开启 8 号表孔后,表孔鼻坎水舌左侧侧向扩散不明显,与河道下游中隔墙边有一定的安全距离。行洪主流区位于河道右岸,对右岸坡产生一定强度的冲击,右岸进场公路边坡波浪较大。受大坝泄洪影响,右岸自备电站尾渠内存在回流。左岸电站尾水出流总体较为平顺,水面波动较小。各泄洪工况下,泄洪区均产生了一定强度的雾化现象,雾化降雨范围主要集中在右岸自备电站尾水平台及下游岸坡附近;变压器附近雾化雨量为小雨级别,电站尾水检修闸门及其下游岸坡附近等局地可达大雨—特大暴雨级别。170m 水位观测工况下,深孔沿程压力分布正常,未观测到负压值;表孔坝面沿程压力变化平缓,表孔闸门槽后侧墙布置了 F08~F10 测点,F09 测点时均压力最小值为 -0.24×9.81 kPa,F10 测点失效。堰面

F07 测点存在较小负压,最小值为 -0.3×9.81 kPa。表孔反弧底部流速约为 32m/s,反弧起点底部流速约为 31m/s。水流空化噪声观测数据表明,堰顶及溢洪道出口挑坎处于空化初生阶段。根据相同位置的原型模型观测数据对比分析,部分区域仍存在空化空蚀风险,需加密高水位泄洪水力学观测,汛后检查过流面,并视情况采取措施。

4.2.3.6 结论

2021 年,长江设计集团开展了丹江口水库 170m 水位蓄水大坝工作性态评估。10 月 25 日,长江设计集团提交了《丹江口水库 170m 水位蓄水大坝工作性态评估报告》。评估报告根据 170m 蓄水期间大坝巡查、安全监测分析、典型坝段工作状态反演分析成果以及水力学试验结果,对大坝工作性态进行了评估,评估结论为:大坝稳定、应力、变形、渗流、新老混凝土结合状态等重要指标均在设计允许范围内,初期大坝混凝土质量缺陷处理效果良好,达到了预期效果,建筑物和机电设备工作状态平稳,大坝总体工作性态正常。2021 年 10 月 29 日,长江委组织完成了评估报告的审查工作。

4.2.4 地震监测

(1)总体情况

在高水位期间,管理单位每日组织对监测设施设备完好性和监测系统运行状况进行检查,确保设施设备和系统正常运行;安排 24 小时不间断开展地震监测值守;由原来的提供监测月报调整为每日开展动态监测分析;发现库区震情数据异常时,立即组织分析研判并内部通报信息;发生震情,组织开展震中区的现场宏观调查和增设临时测震台站,对其性质和可能发展趋势作出判断,提出应急措施和工程对策建议。

根据每日监测数据分析,水库地震各测点(井)现场监测设施完好,地震台网中心、数据分析中心、地下水实时监测系统运行稳定正常。库区地震活动无明显异常,重点监测区内未发生 $M>2.5$ 级以上地震,未发现明显的较大级别地震前兆。

2021 年 1—12 月地震监测系统共分析触发事件 2000 余次,排除人工震干扰事件和远震,能够定位在监测区域内的触发事件共 1077 次,校核后确定的地震事件 194 次,发生在重点监测(111.25°~111.75°E,32.5°~33°N)区内的地震 138 次,占丹江口水库诱发地震监测区 2021 年统计总次数的 72.3%。经统计,本年度监测区内发生 $M \leq 0.9$ 级的地震共 100 次,$0.9 < M \leq 1.9$ 级的地震共 82 次,$1.9 < M \leq 2.9$ 级的地震共 7 次,$2.9 < M \leq 3.9$ 级的地震共 5 次,重点监测区内发生的最大震为 6 月 13 日 18 时 20 分发生在河南省南阳市淅川县黄庄村和 11 月 17 日 4 时 1 分发生在淅川县卧牛山的 $M2.1$ 级地震。监测区内记录到的最大震为 2021 年 5 月 22 日 7 时 58 分发生在陕西商南县的 $M3.6$ 级地震。2021 年每月强度、频度与库水位分析见图 4.2-5,震中分布见图 4.2-6、图 4.2-7。

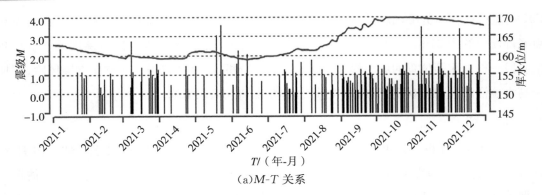

（a）M-T 关系

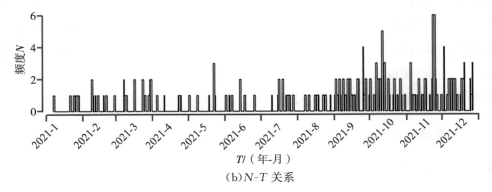

（b）N-T 关系

图 4.2-5　2021 年每月强度、频度与库水位分析

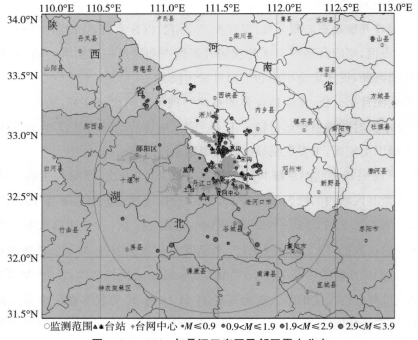

○监测范围▲▲台站◆台网中心・$M \leqslant 0.9$　$0.9 < M \leqslant 1.9$　$1.9 < M \leqslant 2.9$　$2.9 < M \leqslant 3.9$

图 4.2-6　2021 年丹江口库区及邻区震中分布

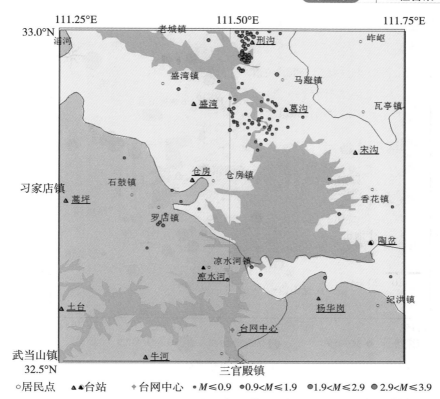

○居民点　▲▲台站　◆台网中心　• $M{\leqslant}0.9$　○$0.9{<}M{\leqslant}1.9$　●$1.9{<}M{\leqslant}2.9$　●$2.9{<}M{\leqslant}3.9$

图 4.2-7　2021 年重点监测区震中分布

2021 年发生的地震与 2020 年进行对比，$M{\leqslant}0.9$ 级地震数量有所减少，$0.9{<}M{\leqslant}1.9$ 级数量增加约 60%，$1.9{<}M{\leqslant}2.9$ 级数量从 2 个增加到 7 个，$2.9{<}M{\leqslant}3.9$ 级数量从 0 增至 5 个。微震($M{\leqslant}1.9$)的发震密度和强度较上年度有所上升，小、中地震($1.9{<}M{\leqslant}3.9$)的发震频次和强度均较上年度大幅提升。从地震分布位置(图 4.2-8)看，2020 年地震主要分布在盛湾—马蹬镇的峡谷库段(F5 荆紫关—师岗断裂)。2021 年地震除了在 2020 年集中的区域外，在 F6 毛堂—淅川断裂和 F9 厚坡断裂也有集中分布。

(2)重点监测区及周缘地区地震活动情况

1)重点监测区地震活动情况

2021 年重点监测区记录到 $M{\geqslant}2.0$ 级地震 3 次，均位于河南省淅川县境内，见表 4.2-3。

表 4.2-3　　　　　　　　　　**2021 年丹江口重点监测区 M2.0 以上地震情况**

序号	时间 /(月-日 时:分:秒)	北纬	东经	震级 M	震源深度 /km	参考震中	震中距 /km
1	6-13 18:20:39	32°56.06′	111°33.86′	2.1	4.7	河南省淅川县黄庄公社	42.6
2	11-17 04:01:26	32°59.92′	111°30.40′	2.1	5.0	河南省淅川县卧牛山	49.7
3	12-6 02:05:43	32°59.44′	111°31.82′	2.0	4.7	河南省淅川县邢沟	48.8

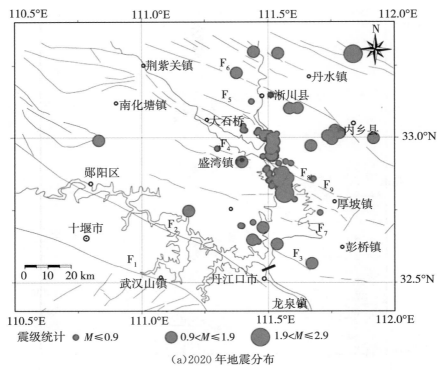

（a）2020 年地震分布

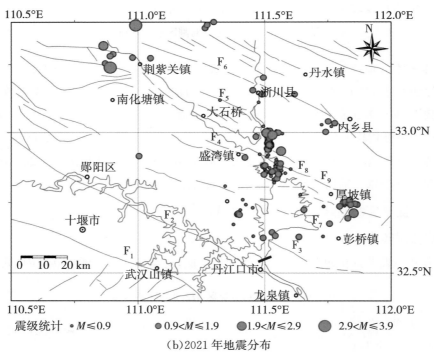

（b）2021 年地震分布

图 4.2-8 丹江口库区 2020 年与 2021 年地震分布对比

断裂 F1：白河—石花街断裂；F2：两郧断裂（汉江断裂）；F3：金家棚断裂；F4：黄龙泉断裂；

F5：荆紫关—师岗断裂；F6：毛堂—淅川断裂；F7：陶岔断裂；F8：周山断裂；F9：厚坡断裂

2）2021年地震活动情况及地震成因分析

丹江口水库位于秦岭构造带的东段南缘，与南襄盆地相接壤。主要由元古界片岩、震旦系—石炭系碳酸盐岩类、白垩—第三系碎屑岩等组成，形成一系列北西西向紧密线状褶皱和断裂（带），其中主要有均郧断裂（带）、汉江断裂带、金家棚断裂、上寺断裂、陈庄—唐山断裂等。以汉江断裂带和上寺断裂为代表的具有多期活动的断裂，横贯全区，切割和控制白垩—第三系红层，它们早期主要以压性—压扭性活动为主，晚期则多呈张性或张扭性活动；垂直水平位移比较明显，多为倾向滑动或走向—倾向滑动型。如上寺断裂以早更新世活动最强烈，晚更新世以后断裂活动逐渐减弱。

丹江口以西为上升山区，发育有两级夷平面和多级河流阶地，汉江中"V"形谷、孤山多见；东部南襄盆地与丹江库段毗邻，有3000余米下第三系和100余米的第四系黏土层沉积。在王岗一带并有第四系黏土层组成的近SN走向的"丹唐分水岭"。库区内第四纪以来，西部大幅度上升，东部下降，丹江水库恰好位于山区与平原的转折处。第四系地层和盆地中NNE走向的隐伏褶皱，显示新华夏系构造控制，反映了应力作用方式以NWW向挤压为主。库坝区发育多组断裂，其地震活动主要与近SN和NW走向的破裂关系较为密切，水文地质条件较为复杂，在峡谷地带的灰岩中，有多组断裂交叉，节理密集，将岩层切割成网格状。特别是在宋湾地区，有NW—NWW走向的陡倾角、规模不等的数条平行断裂，其间夹有宽50～100m的岩石破碎带和火成岩体，区域岩层的不完整性促进了库水的渗透和循环，可能是1973年宋湾M4.7地震活动的成因基础之一。而在羊山和朱连山灰岩地带，沿破碎带和断裂面，岩溶发育，连通性好，裂隙水的活动形成了一系列落水洞、漏斗和溶洞，其中强岩溶带厚度可到100m以上，可能与林茂山和凉水河地震活动有一定联系。

（3）地震与库水位关联性分析

大型水库蓄水活动会影响区域地质稳定性，南水北调中线工程通水以来丹江口水库多年平均水库面积从700多km²增加至1023km²，库水位从142m（2013年平均水位）增加至162.2m（2020年平均水位），库容增加116亿m³，2021年丹江口水库最高（170.0m）、最低（159.0m）水位相差约11m，库水应力（水体荷载产生的剪应力、附加主应力和超孔隙水压力）的扰动和库水物理化学作用（软化、泥化、膨胀、溶蚀）持续增强。

2021年库水位从年初163.0m阶梯式平缓降至最低6月中旬159.0m，入秋汛上涨至10月中旬的最高170m并持续高位运行超一周。综合2019年6月至2021年12月的地震记录和每日库水位记录，本时间段内包含2个完整蓄水周期（2019年7月至2020年6月，2020年7月至2021年6月），其间发生的地震具有明显呈圈、条带状集中特征，比较集中的区域有羊角洼—卧牛山—邢沟一带（111.50°～111.55°E，32.92°～33.00°N）和门前山—太白滩—余沟一带（111.53°～111.60°E，32.79°～32.88°N）。

综合分析 2019—2021 年蓄水情况,短时间内库水位提升至最高点或由最高点回落到低点,间隔 1～3 个月后会出现发震高峰,发震强度跟水位抬升(下降)速率、蓄水(放水)总量、新增淹没区面积相关。

结合近年来监测情况(图 4.2-9),按照监测单位初步提出的《丹江口水库蓄水至 170m 高程过程中地震监测情况及后期活动预判》,近期丹江口水库的地震活动比较平静,后期库区地震活动趋势及强度如何发展有待连续监测研究。预测后期库区地震发生区域主要集中在羊角洼—卧牛山—邢沟一带、门前山—太白滩—余沟一带和凉水河—林茂山一带,汉库周边也存在发生地震的可能性,但强度不大,水库蓄水诱发 5.0 级以上地震概率较小。

4.2.5 库岸稳定监测

(1)前期地质灾害规划治理情况

南水北调丹江口库区移民初步设计阶段根据前期勘测工作,对蓄水后不稳定或欠稳定的 26 处崩滑体及较易塌岸的 136 处地质灾害点影响范围内的人口纳入移民规划进行了避险搬迁,概算内计列 5000 万元投资用于库周地质灾害监测系统的建设和少量险情的处理。为了确保库岸安全,工程建设期国家陆续批复了库区地质灾害紧急项目、应急项目共 1.55 亿元,湖北、河南共 11 个项目。

中线水源公司自 2013 年起通过地方政府委托专业单位对 44 处(其中河南 14 个点、湖北 30 个点,包括库区 17 处滑坡和崩塌体,27 处坍岸段居民点,见表 4.2-4 和表 4.2-5)蓄水诱发地质灾害隐患点开展日常监测分析及群测群防工作,按规定出具监测报告周报、月报、年报,并及时与库周地方共享信息。同时,为推动库区地质灾害项目及时有效治理、保障 170m 蓄水工作有序安全推进,在河南、湖北 2018 年编制上报的地质灾害防治规划的基础上,2020 年组织编制并上报了《丹江口库区受蓄水影响地质灾害防治专题报告》。

2020 年,国家自然资源部、水利部等六部委发文,明确丹江口库区地质灾害治理(含自然灾害及与蓄水相关因素)由地方党政负责,资金通过多渠道筹集。

(2)2021 年防治情况

1)制定工作方案,落实工作责任

汛前依据突发地质灾害应急预案并结合库区实际情况,联合库周地方政府和专业监测单位制定并印发了《丹江口水库 2021 年汛期水库地质灾害巡查监测责任制》,落实联合巡查监测工作责任和地方政府防治主体责任。8月下旬,针对秋汛,组织编制并印发了《丹江口水库 2021 年汛期及蓄水至 170m 库区巡查监测工作方案》,深入细化做好汛期及蓄水至 170m 库区安全管理工作。

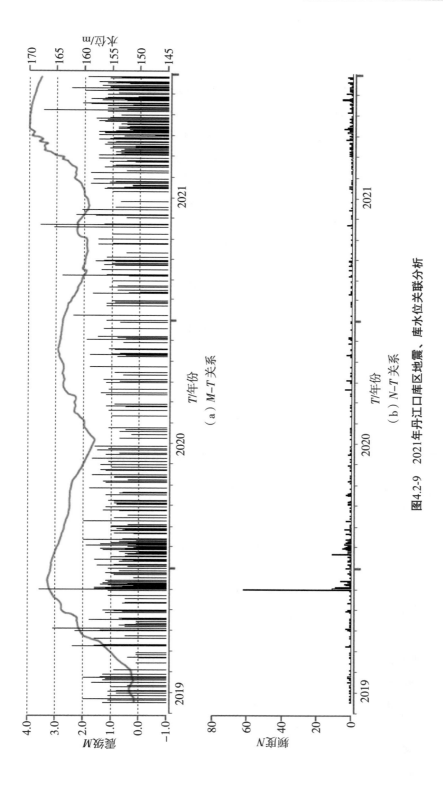

图4.2-9　2021年丹江口库区地震、库水位关联分析

表 4.2-4 丹江口库区 17 处滑坡和崩塌体地质灾害隐患点

序号	滑坡和崩塌体名称	人工监测	自动监测	巡查
1	湖北省十堰市丹江口市六里坪镇马家岗村白庙 3 组滑坡	✓	✓	✓
2	湖北省十堰市丹江口市六里坪镇孙家湾村 1 组滑坡	✓	✓	✓
3	湖北省十堰市张湾区方滩乡王家山 8 组滑坡	✓	✓	✓
4	湖北省十堰市郧阳区柳陂镇崩滩湾滑坡	✓	✓	✓
5	湖北省十堰市郧阳区柳陂镇陈家坡滑坡	✓	✓	✓
6	湖北省十堰市郧阳区柳陂镇段家沟滑坡	✓	✓	✓
7	湖北省十堰市郧阳区柳陂镇辽瓦中学东侧滑坡	✓	✓	✓
8	湖北省十堰市郧阳区柳陂镇山跟前崩塌体	✓	✓	✓
9	湖北省十堰市郧阳区青曲镇吴家庄东侧滑坡			✓
10	湖北省十堰市郧阳区青曲镇郑家河 1 号滑坡	✓	✓	✓
11	湖北省十堰市郧阳区青曲镇郑家河 2 号滑坡	✓	✓	✓
12	湖北省十堰市郧阳区青曲镇郑家河 3 号滑坡			✓
13	湖北省十堰市郧阳区青山镇陈家湾滑坡			✓
14	湖北省十堰市郧阳区五峰乡陈家咀滑坡	✓	✓	✓
15	湖北省十堰市郧阳区五峰乡核桃树湾滑坡	✓	✓	✓
16	湖北省十堰市郧阳区五峰乡金家沟滑坡	✓	✓	✓
17	湖北省十堰市郧阳区五峰乡杨家院滑坡	✓	✓	✓

表 4.2-5 丹江口库区 27 处坍岸段居民点库岸地质灾害隐患点

序号	坍岸段居民点名称	人工监测	自动监测	巡查
1	湖北省十堰市丹江口市六里坪镇马家岗村 3 组怀家沟路口居民点库岸	✓		✓
2	湖北省十堰市张湾区方滩乡方滩村方滩居民点库岸	✓	✓	✓
3	湖北省十堰市张湾区黄龙镇黄龙滩村 4 组居民点库岸	✓		✓
4	湖北省十堰市郧西县涧池乡泥河口居民点库岸	✓		✓
5	湖北省十堰市郧阳区柳陂镇庙沟村庙沟居民点库岸	✓		✓
6	湖北省十堰市郧阳区柳陂镇庙沟村田湾居民点库岸	✓		✓
7	湖北省十堰市郧阳区柳陂镇肖家湾村吴家湾居民点库岸	✓		✓
8	湖北省十堰市郧阳区青曲镇店子河村赵家沟居民点库岸	✓		✓
9	湖北省十堰市郧阳区五峰乡安成桥居民点库岸	✓		✓
10	湖北省十堰市郧阳区五峰乡东峰村庹家洲居民点库岸	✓		✓
11	湖北省十堰市郧阳区五峰乡西峰村李家咀居民点库岸	✓		✓
12	湖北省十堰市郧阳区五峰乡西峰村西峰咀居民点库岸	✓		✓

续表

序号	坍岸段居民点名称	人工监测	自动监测	巡查
13	湖北省十堰市郧阳区柳陂镇西流村西流居民点库岸	✓	✓	✓
14	河南省南阳市淅川县仓房镇党子口村曾家沟居民点库岸	✓	✓	✓
15	河南省南阳市淅川县仓房镇磊山村葛家庄居民点库岸	✓	✓	✓
16	河南省南阳市淅川县仓房镇刘裴村黄棟树居民点库岸	✓		✓
17	河南省南阳市淅川县大石桥乡东岳庙村东岳庙居民点库岸	✓		✓
18	河南省南阳市淅川县大石桥乡郭家渠村曹家营居民点库岸	✓	✓	✓
19	河南省南阳市淅川县马蹬镇崔湾村贾湾组居民点库岸	✓	✓	✓
20	河南省南阳市淅川县马蹬镇吴营村小学居民点库岸	✓		✓
21	河南省南阳市淅川县盛湾镇黄龙泉村王家营居民点库岸	✓		✓
22	河南省南阳市淅川县盛湾镇黄龙泉村曾家沟居民点库岸	✓		✓
23	河南省南阳市淅川县盛湾镇宋湾村郭圈至老李湾居民点库岸	✓		✓
24	河南省南阳市淅川县盛湾镇宋湾村金属镁厂居民点库岸	✓		✓
25	河南省南阳市淅川县滔河乡申明铺小学居民点库岸	✓		✓
26	河南省南阳市淅川县香花镇黄庄村上伊沟居民点库岸	✓	✓	✓
27	河南省南阳市淅川县香花镇土门村土门组居民点库岸	✓		✓

2)强化工作组织,与地方政府一道共同推动落实库区安全

一是建立库区防汛联络群,"责任制"相关人员均在其中。

二是自9月10日起,中线水源公司每日编制防汛日报发库区防汛联络群,让库周6县(市、区)联络员第一时间了解情况。

三是在9月17日郧阳区人民政府就陈家咀地质灾害隐患点治理相关情况给中线水源公司来函,明确陈家咀地质灾害项目由郧阳区水利湖泊局负责后,中线水源公司协调长江岩土工程公司(湖北库区地质灾害监测单位)将每日监测成果直报该局;为进一步促进对陈家咀地质灾害防范的重视,自10月4日起,中线水源公司分管领导每日通过微信将防汛日报直接发给郧阳区水利局主要负责人。

四是中线水源公司分别于8月下旬,9月上、中、下旬赴湖北省十堰市、河南省淅川县开展丹江口库区防汛巡查,重点勘查了库区高水位现场运行状况和相关地质灾害隐患点,并分别与地方政府领导及自然资源、水利、移民等相关部门和专业监测单位进行了10余轮次座谈,通报交流汛情和库区安全现状,提请关注险情,及时组织人员转移,保障人民群众生命财产安全。

五是自8月以来,为做好库区安全工作,中线水源公司就170m线下清理、地质灾害隐患等库区安全事宜,向地方政府反馈、通报行文7次,向上级单位请示报告行文3次。

3) 深入开展地质灾害巡查监测, 全方位多角度对库区地质灾害隐患点进行"体检"

一是按照制定的监测实施方案加密监测。汛期开展加密监测, 对 21 个自动监测点安排专人 24 小时不间断在监测中心值守; 对 23 个人工监测点由 1 次/月加密为 2 次/月监测, 遇大暴雨等特殊情况根据需要适时到现场监测。监测分析由原来的提供月报调整加密为每日分析形成当日监测简讯, 每周整理分析形成周报。

二是开展覆盖全库区的涉及蓄水影响地质灾害隐患点全面专项巡查监测, 重点关注涉及居民的地质灾害隐患点。9 月 19—25 日, 中线水源公司组织专业单位, 对丹江口库区地质灾害防治规划报告涉及蓄水影响的 163 处 (除日常监测的 44 处外) 地质灾害隐患点逐一进行了现场巡查监测。经汇总和分类整理分析, 未发现重大险情。其中, 特别针对巡查梳理的涉及居民的 70 处地质灾害隐患点, 分别向地方政府行文通报, 提请关注险情, 保障安全。此后, 组织库区管理中心每周开展地质灾害隐患点全覆盖的巡视巡查。

三是针对历史性高水位组织专业单位分 168m、169m、170m 三个水位段开展库区地质灾害隐患点全面加密监测分析工作。

通过全方位、多角度监测数据和群测群防信息分析, 除 9 月 8 日监测发现郧阳区五峰乡陈家咀滑坡体险情并及时联络地方政府处置外, 其他监测点未发生地质灾害预警信息, 仅有个别地质灾害点监测数据有位移变化趋势, 已及时将相关情况通报地方政府。

4) 开展综合分析评估

中线水源公司组织专业单位对汛期及 170m 蓄水以来各项监测、巡查成果进行系统分析, 初步形成了《丹江口水库受 170m 蓄水影响的地质灾害情况分析》。专业单位的评估为: "从汛期以来监测结果来看, 涉水地质灾害点经过了高库水位长时间考验, 除陈家咀滑坡等个别地质灾害点局部变形较大外, 其他均无明显变形, 即使变形较大滑坡失稳, 也不会对蓄水安全和大坝安全造成明显影响。根据当地反映, 发生变形的一般地质灾害点数量不多。现库水位仍在高位运行, 库水位消落期仍然需要加强监测预警工作。"

中线水源公司组织编制了《南水北调中线水源工程丹江口水库 2021 年度汛期库区地质灾害监测报告》。根据分析结果:

郧阳区五峰乡金家沟滑坡、郧阳区柳陂镇肖家湾村吴家湾居民点库岸、郧阳区青曲镇店子河村赵家沟居民点库岸、郧阳区五峰乡西峰村西峰咀居民点库岸等 4 个地质灾害点汛期发生较明显的变形, 处于不稳定状态, 仍处于警示级别。

同时, 根据以往监测数据定性分析, 在水库高水位运行和强降雨等不利工况下, 王家山 8 组滑坡、崩滩湾滑坡、陈家坡滑坡、辽瓦中学东侧滑坡、方滩居民点库岸等 5 处地质灾害隐患点处于不稳定或欠稳定状态, 仍属于注意级别, 其余地质灾害隐患点将处于基本稳定或稳定状态。

河南段 14 个库岸居民点均无预警信息提醒。根据以往监测数据定性分析,淅川县香花镇黄庄村上尹沟、大石桥乡郭家渠曹家营村、盛湾镇黄龙泉村曾家沟、盛湾镇宋湾村老李湾、仓房镇刘裴村黄楝树、仓房镇磊山村葛家庄、仓房镇党子口村曾家沟等 7 个居民点库岸处于欠稳定状态,其余地质灾害隐患点处于稳定状态。

5)陈家咀滑坡体险情应急处置情况

受持续强降雨及洪水等因素影响,2021 年 9 月 8 日,监测发现丹江口库区郧阳区五峰乡陈家咀滑坡体下部 S304 五将公路下沉拉裂,滑坡体存在局部失稳现象。险情发生后,中线水源公司及时赴现场核查;地方政府相关部门紧急应对,及时采取交通管制并避险转移居民;长江委高度关注,组织对风险评估报告进行咨询,并将有关情况向水利部行文报告。

中线水源公司就陈家咀地质灾害险情及库区受蓄水影响其他地质灾害隐患点防治规划落实工作与郧阳区人民政府领导及相关部门进行了多次座谈交流。9 月 17 日,十堰市郧阳区人民政府以《关于丹江口水库蓄水诱发地质灾害紧急处置的函》,向中线水源公司提出郧阳区涉险群众搬迁和工程治理急需资金 12000 万元,并建议从库区移民国控特殊预备费中解决。9 月 19 日,中线水源公司又收到十堰市国土(地质)安全生产专业委员会办公室《关于做好丹江口库区因蓄水引发地质灾害防范应对工作的通知》,随后,经初步梳理分析,于 9 月 27 日向水利部报送《中线水源公司关于十堰市郧阳区五峰乡陈家咀等受水库蓄水影响地质灾害项目防治资金渠道有关事宜的请示》,建议适当动用丹江口库区移民安置工程国控特殊预备费,并提请推动库区地质灾害防治规划早日全面解决。

根据连日监测数据分析,监测单位研判认为陈家咀滑坡体仍处于蠕变阶段。主要情况为:陈家咀滑坡体道路 9 月 8—10 日出现裂缝拉裂明显之后,至 30 日未发生大的变化;10月 1 日出现数条新的裂纹,中部裂缝扩大,中线外侧道路出现沉陷;10 月 3 日发现新五将路裂纹增多,中部裂缝增宽,下挫增大。滑坡体监测发现,9 月 8—10 日深部位移 IN01 孔在 13m处变形较大,其后至 9 月 20 日,监测未发现异常;9 月 21 日,监测表明,滑坡中部和滑坡前缘(靠近公路处)监测点位移明显,其后至 30 日,监测未发现异常;10 月 1 日滑坡体中下部深部位移累计变化不大,但滑移趋势明显;10 月 3 日滑坡体上部变化不大,滑坡体中部和滑坡体前缘(靠近公路处)监测点位移明显,尤其是下部西区变化较快。

4.2.6 库区水质监测

(1)水质监测内容

根据《丹江口水库 2021 年汛期及汛后蓄水加密库区水质监测方案》,2021 年 8 月 23 日至 12 月 30 日,完成了坝前水质加密监测工作,库中 16 个监测断面 167m、168m、169m 和170m 水位下的常规 24 项、补充 5 项、透明度及叶绿素 a 监测工作,16 条入库支流河口监测断面 168m、169m 和 170m 水位下的常规 24 项指标监测工作,以及 32 个监测断面 9—12 月例行水质监测工作。

（2）坝前水质情况

2021 年汛期及汛后坝前断面水质优良。36 次人工监测中符合Ⅰ类水质标准的有 3 次,占比 8.33%;符合Ⅱ类水质标准的有 33 次,占比 91.67%,总氮的变化范围为 0.98～1.64mg/L,基本保持稳定。按均值评价,2021 年汛期坝前人工监测断面水质符合Ⅱ类水质标准。

（3）库区水质情况

按均值进行总体评价,2021 年汛期（9—10 月）水库 16 个断面水质符合Ⅰ类水质标准的断面占 6.25%,符合Ⅱ类水质标准的断面占 62.50%,符合Ⅲ类水质标准的断面占 25.00%,符合Ⅳ类水质标准的断面占 6.25%;2021 年汛后（11—12 月）水库 16 个断面水质均为Ⅱ类以上。

从汛前到汛期再到汛后的蓄水过程中,整体上溶解氧呈现先下降后上升的趋势,高锰酸盐指数、氨氮、总磷、总氮和粪大肠菌群呈现先上升后下降的趋势,表明汛期水库水质较汛前有所降低,汛后水质状况又有好转。

（4）入库支流水质情况

按均值进行总体评价,2021 年汛期（9—10 月）入库支流河口 16 个断面水质为Ⅰ～Ⅲ类,符合Ⅰ类水质标准的断面占 6.25%,Ⅱ类水质标准的断面占 50.00%,Ⅲ类水质标准的断面占 43.75%。2021 年汛后（11—12 月）16 个断面水质为Ⅰ～Ⅲ类,符合Ⅰ类水质标准的断面占 12.50%,Ⅱ类水质标准的断面占 68.75%,Ⅲ类水质标准的断面占 18.75%。汛后支流整体水质有所改善,汛后Ⅰ～Ⅱ类水质占比相比于汛期上升 25%。

除泗河河口外,其余各断面 9—12 月平均水质评价符合或优于Ⅲ类水的比例均高于 80%,其中将军河河口、天河河口、翟河河口、堵河河口、曲远河河口、淘沟河河口、滔河河口、老灌河河口每月水质监测评价结果均为Ⅰ～Ⅲ类;泗河河口水质较不稳定,平均水质评价符合或优于Ⅲ类水的比例为 71.43%。

整体而言,2021 年 1—8 月、9—10 月和 11—12 月丹江口水库水质状况呈现先下降后上升的趋势。汛期 16 个库中监测断面中,总磷超标情况较为突出。

4.2.7 库周渗漏监测

（1）监测对象

丹江口水库四周分水岭宽阔雄厚,水库封闭条件良好,初期工程时不存在向邻谷渗漏的问题。丹江口大坝加高后,正常蓄水位 170m,水位抬高 13m。大坝加高初步设计阶段勘察表明:大坝加高后,仅在丹唐分水岭南段的汤—禹山、朱连山北坡和羊山南坡等地段存在可能渗漏途径。其中,汤—禹山地段可能的渗漏途径:一是沿岩溶裂隙和构造裂隙向东侧约 12km 处的龙潭河泉一带渗漏,二是向陶岔渠首闸后总干渠产生绕闸或闸基渗漏;朱连山北坡、羊山南坡地段可能的渗漏排泄区域分别为梁房泉和六股泉。

陶岔渠首闸基渗漏和绕闸渗漏已由南水北调中线一期陶岔渠首工程进行了专门防渗处理。因此,丹江口水库渗漏的主要任务是对汤禹山—龙潭河泉、朱连山北坡—梁房泉、羊山南坡—六股泉 3 个可能渗漏带排泄区域的流量与水温动态进行观测,以取得丹江口水库 170m 蓄水前后连续、完整的地下水观测数据。

(2)监测方法

在丹江口水库蓄水期间,对上述可能的岩溶渗漏地段相应排泄区域的梁房泉、六股泉以及龙潭河泉等 3 处泉水进行水文地质调查与监测。

①调查各泉水点的出露高程、出露的地层岩性及地质构造条件;泉的类型和涌出地面的特点。

②观测泉水的物理性质(色、味、嗅、透明度等),视需要取水样进行水化学分析。

③调查泉水动态的影响因素,包括气象因素(降雨、蒸发、气温及暴雨),水文因素(丹江口水库水位、附近小水库水位、周边地表洪水),人为因素(抽水)等。

④野外实测泉水的流量、水温(同时观测气温)。

a. 监测点布置:根据泉水点的流向、集流情况,结合现场排水设施,在 3 个泉水点分别布置固定的监测断面进行流量观测。

b. 流量监测:采用间接观测法,使用 LS300-A 型流速仪,通过定点量测水位、过水断面面积、流速等来确定流量。

c. 水温监测:采用数显水温仪直接读取水温值。

d. 观测频率:在 170m 蓄水及水位回落期间,库水位每升高(或降低)0.5m,对泉水流量和水温进行观测,170m 水位附近时加密观测。

e. 观测时间:以取得丹江口水库 170m 水位前后,连续、完整的泉水观测数据作为观测结束的控制条件,观测时间不少于 1 个水文年。若第一年度库水位未达到 170m,则第二年度继续观测,以此类推,直至库水位达到 170m,观测工作结束。

⑤资料分析。对获取的水文调查及流量观测成果进行整理与分析,绘制泉水流量与库水位历时变化曲线图,分析泉水流量变化与库水位涨落的相互关系,确定库水可能渗漏的途径和渗漏量,提出处理措施与建议。

(3)监测成果

2021 年 9 月至 2022 年 1 月,中线水源公司在丹江口水库 170m 水位蓄水期间及库水位回落至167m期间,对上述3个泉水点进行了流量、水温观测,由于龙潭河泉地处龙潭河支沟内,沟口被当地改造,170m蓄水期间,泉水点被河水淹没,无法观测,故仅对六股泉和梁房泉进行了观测。泉水点流量监测成果见表4.2-6、表4.2-7。

表 4.2-6　　　　　　　　　　　六股泉流量监测成果

观测日期 /(年-月-日)	同期库 水位/m	流量 /(L/s)	水温 /℃	天气	气温 /℃	物理性质 (色、味、嗅、透明度)
2021-09-06	166.67	6.52	19.2	小雨	22.0	无色、无味、无嗅、透明
2021-09-07	167.27	4.90	19.3	阴	22.5	无色、无味、无嗅、透明
2021-09-08	167.39	4.84	19.2	阴	20.8	无色、无味、无嗅、透明
2021-09-20	168.09	4.16	19.7	晴	22.5	无色、无味、无嗅、透明
2021-09-28	168.49	4.29	19.3	晴	22.0	无色、无味、无嗅、透明
2021-09-29	169.30	3.19	19.5	晴	22.4	无色、无味、无嗅、透明
2021-09-30	169.60	3.76	18.2	晴	19.0	无色、无味、无嗅、透明
2021-10-10	170.00	4.88	18.9	阴	14.0	无色、无味、无嗅、透明
2021-10-21	170.00	4.41	18.5	小雨	14.6	无色、无味、无嗅、透明
2021-11-23	169.46	3.83	18.8	晴	14.8	无色、无味、无嗅、透明
2021-12-04	169.04	4.73	18.2	晴	10.0	无色、无味、无嗅、透明
2021-12-19	168.46	4.77	18.0	晴	9.0	无色、无味、无嗅、透明
2021-12-28	168.00	4.96	18.0	晴	7.6	无色、无味、无嗅、透明
2022-01-11	167.01	5.12	17.8	晴	2.0	无色、无味、无嗅、透明

表 4.2-7　　　　　　　　　　　梁房泉流量监测成果

观测日期 /(年-月-日)	同期库水位 /m	流量 /(L/s)	水温 /℃	天气	气温 /℃	物理性质 (色、味、嗅、透明度)
2021-09-06	166.55	13.89	19.5	小雨	19.9	无色、无味、无嗅、透明
2021-09-07	167.18	12.78	18.8	阴	22.0	无色、无味、无嗅、透明
2021-09-08	167.39	10.69	19.0	阴	22.0	无色、无味、无嗅、透明
2021-09-20	168.03	6.67	18.2	晴	22.5	无色、无味、无嗅、透明
2021-09-28	168.43	6.58	18.5	晴	22.0	无色、无味、无嗅、透明
2021-09-29	169.22	5.66	17.9	晴	22.4	无色、无味、无嗅、透明
2021-09-30	169.60	5.77	18.5	晴	19.0	无色、无味、无嗅、透明
2021-10-10	170.00	4.18	17.6	阴	14.0	无色、无味、无嗅、透明
2021-10-21	170.00	8.19	18.0	小雨	14.6	无色、无味、无嗅、透明
2021-11-23	169.46	7.10	18.2	晴	14.8	无色、无味、无嗅、透明

续表

观测日期 /(年-月-日)	同期库水位 /m	流量 /(L/s)	水温 /℃	天气	气温 /℃	物理性质 （色、味、嗅、透明度）
2021-12-04	169.04	7.94	17.8	晴	10.0	无色、无味、无嗅、透明
2021-12-19	168.46	7.78	18.0	晴	9.0	无色、无味、无嗅、透明
2021-12-28	168.00	7.52	17.8	晴	7.6	无色、无味、无嗅、透明
2022-01-11	167.01	7.98	17.0	晴	2.0	无色、无味、无嗅、透明

由表 4.2-6 可知,六股泉流量总体较为稳定,2021 年观测期间在 3.19～6.52L/s 小幅度波动。

由表 4.2-7 可知,2021 年 9 月 6 日及之前,当地降雨频繁,梁房泉流量相对较大,9 月6—8 日梁房泉流量在 10.69～13.89L/s,随着降雨影响消除,在库水位上升的情况下,流量反而减小,2021 年 10 月 10 日,库水位达 170m 时,泉水流量反而处于低值(4.18L/s),库水位由 170m 回落至 167m 期间,泉水流量在 7.10～8.19L/s 小幅度波动,总体较平稳。

对比 2021 年丹江口水库蓄水与 2017 年 167m 试验性蓄水期间实测数据,发现 2021 年170m 蓄水前后观测到的流量总体减小,这可能与 2021 年汛期之前当地长时间偏于干旱,导致周边地下水位较低有关。总体而言,两个泉水点流量变化受降雨及周边地下水影响显著,与丹江口水库水位涨落无明显对应关系。

（4）监测结论

通过 2021 年 9 月至 2022 年 1 月丹江口水库 170m 水位蓄水前后,对丹江口水库库水可能渗漏通道排泄区域的流量进行监测,已取得了连续、完整的地下水观测数据。通过分析蓄水前后泉水流量、水温动态及其与库水位历时变化的关系,得到的主要结论为:泉水点流量变化与丹江口水库水位涨落未见明显对应关系,且流量均很小,无库水渗漏迹象。

4.3 其他工程度汛检查

4.3.1 孤山航电枢纽

孤山航电枢纽为汉江干流 15 个梯级开发的第 8 个梯级,坝址位于汉江上游干流湖北省十堰市郧西县及郧阳区境内,上距白河梯级坝址约 35km,下距丹江口水利枢纽坝址 179km,坝址控制流域面积 60440km²,约占汉江全流域集水面积的 38%。工程开发任务为以航运为主,兼顾发电等综合利用。2021 年孤山航电枢纽处于二期工程施工高峰期,二期导流建筑物度汛标准为全年 20 年一遇设计洪水,洪峰流量 24800m³/s;上、下游全年土石围堰设计挡水位分别为 181.0m、178.6m。汛期汉江上游发生持续时间长、洪水量级大的秋汛,面对极为严峻复杂的防汛形势,孤山水电开发有限责任公司(以下简称"孤山公司")汛前成立以公司为主体,地方政府、参建各方及雨水情测报单位参加的防汛指挥部,统一协调、指挥防汛工作,明确以项目法人责任制为核心的防汛责任制,建立健全信息共享沟通机制,压紧压实防汛责任,落实落细防汛措施,严肃监督执纪问责,取得了汉江秋汛防御的全面胜利。

(1)汛前检查及整改情况

高度重视汛前检查发现问题整改落实。长江委汛前检查发现问题整改中涉及孤山航电枢纽共 4 项,于汛前全部整改完成。汛前完成防汛设备设施维护保养工作 125 项,对右区泄水闸部分闸室、底坎开展专项检查及闸门止水更换工作,保证防汛设备设施完好率 100%。孤山公司对已完建的一期工程开展供电电源可靠性检查,做好安全监测设施的检查和保护,对厂房渗漏情况进行全面检查及处理;采取多种防渗补强措施对二期上游围堰渗漏部位进行补灌,布设位移监测点,监测堰体变形;在下游围堰迎水面铺设土工膜方式进行防渗补强,并做好土工膜外侧坡面防护;汛前上下游围堰补强施工已全部完成,通过安全监测数据分析,并经专题会讨论,围堰处于安全稳定状态。

印制下发防汛手册,建设防汛预警广播系统。孤山公司积极开展右区泄水闸、柴油发电机、坝顶门机等防汛设备维护保养,确保完好率 100%;对已完建的一期工程开展各部位供电电源可靠性全面检查,做好安全监测设施的检查率定和保护,对厂房渗漏情况开展全面检查及处理;开展二期上下游围堰防渗补强施工,强化安全监测措施,确保围堰处于安全稳定状态;建设永久防汛仓库,备足备齐防汛物资,建立防汛抢险专家库,组建 3 个防汛现场抢险组,完善主防汛电源、应急电源、备用电源、柴油发电机保障措施;组织开展应急电源倒换、柴油发电机启闭闸门、围堰应急抢险、人员设备撤离及人员救护等科目应急演练,切实提高应急处置能力。

(2)安全度汛及应急演练情况

针对 2021 年汉江秋汛洪水出现早、场次多、量极大、持续时间长的严峻形势,孤山公司多措并举,全力做好洪水应对工作;在组织协调方面,召开孤山航电枢纽防汛指挥部成员单位防汛工作会,要求各方强化"四预"措施,按照长江委对做好汉江防汛"八个强化"的指示精神,压紧压实责任,落实落细措施,加强联防联动,强化执纪监督;在信息预报、发布方面,要求雨水情测报单位加大水情监测预报频次,每小时发布一次流量实况,实时监测水情,并派专人驻守现场加强雨水情预报预警的沟通协调,向郧西县、郧阳区、白河县各级地方防汛抗旱指挥部、丹江口水利枢纽管理局、白河水电站及时告知汉江实时水情信息和预报信息,每半小时通报一次上下游水位、上游水库出库流量情况;在抢险准备方面,孤山公司要求施工单位紧盯二期围堰、二期基坑、左岸高边坡等防汛重点部位,每小时巡查一次,做到 24 小时不间断,并对上下游围堰抽排水及围堰监测情况进行加密观测;在巡查防守方面,孤山公司安排专人对库区滑坡塌岸情况进行实地巡查,同时对库区船只锚泊情况进行摸排,并协调地方政府加强上游船只锚固管理;在监督执纪方面,孤山公司纪检监察部门定期、不定期对防汛责任落实、物资保障储备、应急值班值守、风险隐患排查等重点环节和防汛纪律执行情况开展检查,为坚决打赢防汛攻坚战提供坚强的纪律保障。

在各方共同努力下,孤山航电枢纽成功抵御连续 6 轮 10000m³/s 量级洪水、1 轮 20000m³/s 量级洪水,其中 9 月 28 日入库峰值流量达 22700m³/s,为枢纽建库以来最大洪水。其间枢纽未发生任何险情,安全度汛。

2021 年根据长江设计集团提出的防洪度汛要求,孤山公司编写了《汉江孤山航电枢纽工程 2021 年防洪度汛及超标准洪水应急预案》,并在 6 月 18 日组织各参建单位进行了防汛联合应急演练,分别开展应急电源启动、围堰抢险、人员救护及撤离 3 个科目演练,通过演练检验了应急预案的合理性、可操作性,指挥决策的准确性、规范性,防汛抢险调度的灵活性和科学性。

孤山公司全年共开展应急电源倒换演练、消防应急演练、防洪度汛应急救援演练、船舶水上作业应急演练、液氨泄漏应急演练、高处坠落应急演练等 6 次应急救援演练,并对演练结果进行了总结评估。

(3)度汛方案预案编制与修订情况

《汉江孤山航电枢纽工程 2021 年防洪度汛方案》在 2021 年 5 月 10 日获得长江委批复。

长江委领导在 2021 年 7 月 9 日检查孤山防汛工作时,对《汉江孤山航电枢纽工程 2021 年防洪度汛及超标准洪水应急预案》修编工作提出了两条工作要求。孤山公司立即会同设计单位补充完善了枢纽超 24800m³/s 设防洪水的水位流量计算,提出具体的应对措施如下:

当预报流量达到 15000m³/s 时,加强基坑内抽排水工作,各参建单位做好人员、设备、设施撤离准备工作。

当预报流量达到 18000m³/s 时,各参建单位做好受威胁区域停止施工、人员撤离,以及机动设备、设施撤离准备工作。

当预报流量达到 21500m³/s 时,围堰、基坑及其他临江、涉水作业的施工单位停止施工,做好各项防洪度汛措施。做好基坑内人员、机动设备、设施、重要物资撤离工作,并对无法撤离设备做好固定工作,及其余物资保护工作。安排破堰设备就位。

当下游堰外水位达到 178.6m,且水位仍在上涨时,下游围堰破堰。破堰位置选择下游围堰距左岸公路 80m 处,开挖充水缺口。充水口开挖宽度 30m,开挖深度 1.5m 至高程 179.1m。

(4)工程运行及防汛工作信息报送情况

工程施工期水情测报信息由长江委水文局汉江水文水资源勘测局(以下简称"长江委汉

江局")提供,对孤山坝址上游来水及水位进行预报,包括洪峰流量、坝址最高水位及出现时间。正常情况下预报频次每日一次。当预报洪峰流量达到 10000m³/s 时,每 12 小时发布一次流量实况及 12 小时预报值;当预报洪峰流量达到 12000m³/s 时,每 6 小时发布一次流量实况及 6 小时预报值;当预报洪峰流量达到 15000m³/s 时,每 1 小时发布一次流量实况并滚动预报 3 小时流量值;当枯水期预报流量根据工程进度预计超过其防护能力时,及时发布一次流量实况及 12 小时预报值。

进入 2021 年主汛期,汉江集团公司为确保所属枢纽度汛安全,要求孤山枢纽每日报送防汛工作信息。一是对前一天防汛工作安排的落实情况;二是对每日水库及运行信息及时报送;三是对每日大坝安全监测及巡查开展情况进行汇报;四是对防汛设备设施运行维护及检查工作情况进行汇报;五是对防汛值班值守情况进行检查。

4.3.2 雅口航运枢纽

汉江雅口航运枢纽是汉江阶梯开发湖北省境内的第 6 级,位于襄阳北宜城市下游 15.7km 处,坝址距上游崔家营航电枢纽 52.67km,距下游碾盘山水利水电枢纽 59.38km,控制集水面积约 13.3 万 km²,是一个以航运为主,结合发电等综合利用功能的枢纽工程。2021 年雅口航运枢纽处于二期工程施工期;2021 年汛期左岸 28 孔泄水闸、左岸土石坝及部分坝顶公路桥在二期围堰的保护下进行施工和度汛;根据设计文件,二期导流挡水流量为 8000m³/s,过水标准为全年 10 年一遇洪水,相应流量为 13500m³/s。该枢纽工程 2021 年的防汛主要工作措施包括:

(1)汛前准备工作

1)围堰修整

对围堰外侧土工布及复合土工膜进行修复。土工布局部缺陷采用补丁法修复,破损严重的部位对原有材料进行更换。采用补丁法修补时,修补材料和原有土工布一致,土工布小片要比缺陷的边缘在各个方向最少长 300mm,边缘与原有土工布缝合。复合土工膜局部缺陷修补方法同土工布修补方法。

2)围堰加固

在围堰外侧坡脚受淘刷严重的部位进行补抛块石,保证防冲堆石体和块石护底的结构尺寸。块石粒径大于 30cm,采用 40t 驳船将块石运输至指定位置后,遵循"先上游后下游,先深泓后近岸"的施工顺序依次均匀投抛。

(2)加强宣传教育,落实防汛安全责任

一是枢纽防汛指挥部及各参建单位分别编制了 2021 年度汛预案,并于 4 月 6 日以《关于报送汉江雅口航运枢纽工程 2021 年度汛预案的函》报宜城市防汛抗旱指挥部办公室批复,并印发了《2021 年度雅口工程防汛指南》;二是明确目标责任,根据工程防汛度汛工作部署,雅口航运枢纽工程成立了防汛领导小组;三是明确阶段任务,枢纽防汛指挥部部署了汛期安全生产工作计划,督促各项目部召开汛期安全专项会议 20 余次;四是明确管理标准,传达贯彻上级安全管理要求,及时转发国务院、国家防总、交通运输部、省委省政府、省交通厅等汛期安全管理文件 80 余份;五是进一步规范汛期安全教育和交底,枢纽防汛指挥部认真督促各参建单位落实进场人员安全教育培训和安全交底制度,督促各单位开展安全教育培训 20 余次,累计培训人员 780 余人次,加强现场人员熟悉汛期预案中风险隐患的应对措施。

（3）加强隐患排查,做好度汛风险防控

一是进一步规范风险辨识程序,枢纽防汛指挥部督促参建单位认真开展风险辨识、评估,每天对围堰及水文情况进行巡查登记报备;二是按照防汛工作早动员、早部署的原则,在湖北省交通运输厅和地方防汛指挥机构指导下,枢纽防汛指挥部督促施工单位提前落实防汛专项资金,清点防汛物资储备,及时补充砂石料、编织袋等抢险物资。

加强 5 类监督检查:一是对围堰及水文情况日常巡查落实情况检查 20 余次;二是在月度安全检查中增加汛期安全有关内容,并组织开展月度安全检查 3 次;三是组织防汛应急安全专项检查 30 余次;四是加强特殊时段安全检查,组织洪峰过境前专项检查 5 次;五是加强日常安全巡查,入汛以来指挥部领导带队安全巡查累计 50 余次,枢纽防汛指挥部各部门管理人员安全巡查累计 300 余人次,并在启动应急响应后,指挥部实行 24 小时领导带班制。

（4）加强应急管理,开展防汛应急演练

加强节假日及特殊时段安全应急值守,及时发布气象灾害预警和水文情况 150 余次,并及时报送相关信息。枢纽防汛指挥部组织各参建单位于 2021 年 7 月 26 日开展防汛应急演练,采取模拟与实战相结合的方式,设置了多个针对性的救援、逃生、撤离等科目。主要以汛情期间突发洪水为背景,模拟汉江超限水位情况下,人员、设备按照既定路线有序逃生、撤离到安全区域的情境。演练过程中,各参建单位防汛应急队伍以"防、抢、撤"相结合的方式,密切配合,通力协作,严格执行雅口航电枢纽 2021 年度汛预案规定的程序平安度汛,圆满完成了本次演练任务,加强了各参建单位应急队伍的保障能力。

（5）迅速启动响应,采取应急措施

为确保工程安全度汛,根据上游下泄流量,枢纽防汛指挥部分别于 8 月 23 日、24 日启动防汛Ⅲ级、Ⅱ级响应,并于 8 月 30 日根据度汛预案有关规定,启动防汛应急Ⅰ级响应。启动应急响应后,二期围堰内均暂停施工,所有人员、设备有序撤离至安全区域。抢险设备包括由建设各方组成的 180 人应急抢险队伍,4 台挖掘机、4 台装载机、4 台排水泵、15 台自卸车辆等。自汉江秋汛以来,枢纽防汛指挥部严格执行领导带班 24 小时巡查制度,并安排参建单位每小时观测并上报水情信息。9 月 10 日 8 时上游余家湖流量减至 5860m^3/s,枢纽防汛指挥部决定从 9 月 10 日 9 时起将防汛应急响应调整至Ⅲ级。9 月 11 日 7 时,上游余家湖流量减至 4040m³/s,枢纽防汛指挥部决定从 9 月 11 日 12 时起结束防汛应急Ⅲ级响应。

(6)响应联防联控,及时采取措施

自汉江秋汛以来,受持续强降雨影响,8 月 30 日丹江口水库入库洪峰流量达到 23400m³/s,下泄流量为 7200m³/s,雅口航电枢纽河段水位持续上涨,防汛形势十分严峻。

雅口航电枢纽工程防汛重点为二期围堰,根据工程度汛预案规定及省防指要求,当围堰下游水位超过 52.35m 时,雅口航电枢纽二期围堰破堰过水,参与联合泄流,确保行洪安全。

根据水情预判,枢纽防汛指挥部在 8 月 22 日下达了二期围堰基坑内全面停工的通知,要求相关参建单位撤离基坑内全部人员和机械设备,为围堰充水过流做好充足准备。8 月 31 日 3 时,枢纽上游余家湖下泄流量为 12100m³/s,二期围堰上游水位 53.6m,下游水位 52.35m,达到湖北省防指鄂汛字〔2021〕14 号文件和工程度汛预案规定的破堰条件,湖北省交通运输厅领导连夜赶赴工地组织召开防汛紧急部署会,确定围堰破除时间、开挖方案及安全措施,同时,襄阳市、宜城市及防办有关领导及专家到现场指导防汛工作。8 月 31 日 6 时二期围堰破堰充水,截至 10 时,围堰内充水完成,下午上游围堰开挖两处进水口,围堰过流。9 月 1 日上午,在上游开挖了第 3 个进水口。9 月 2 日 1 时,雅口航电枢纽迎来最大过境流量 12900m³/s,围堰上游水位 55.0m,下游水位 53.4m。截至 4 日 8 时,上游余家湖下泄流量为 9760m³/s,围堰上游水位 53.4m,下游水位 52.4m,上下游水位落差由破堰前的最大 2m 降至 1m,且持续减小,有效缓解了上游汉江宜城段防汛压力。截至 9 月 22 日 8 时,围堰上游水位 52.8m,下游水位 51.7m,工程一期泄水闸运行正常,已完工程建筑物安全稳定。

4.3.3 新集水电站

新集水电站坝址位于汉江中游,上距丹江口坝址 89.7km,下距襄阳水文站 28km,集水面积 10.3 万 km²,工程的开发任务以发电为主、结合航运等综合利用,水库建成后,具有灌溉、旅游等功能。2021 年汛期左岸主基坑在围堰保护下进行施工,汉江上游来水由右岸主河床过流;土石围堰相应导流标准为洪水重现期对应频率 $P=10\%$,导流流量 12000m³/s ($P=10\%$ 考虑丹江口调蓄)。2021 年汉江汛期以来,新集水电站项目共度过 4 次洪峰,分别是:2021 年 8 月 25 日 12 时,水位 70.00m,流量 8140m³/s;8 月 30 日 16 时,水位 70.37m,流量 9130m³/s;9 月 8 日 2 时,水位 70.54m,流量 9780m³/s;9 月 29 日 6 时,水位 71.07m,流量 10500m³/s。根据洪水预警级别,迅速启动项目防汛应急响应,度汛工作措施有:

(1)汛前准备工作

指定专人负责检查、维修场内路面,对路面不平或积水现象及时修复、清除;临时设施布置在安全可靠的地点,避开滑坡、坍塌等灾害地段;做好施工现场边缘的处理,降低或消除滑坡、塌方、高空坠物和坠落等风险;及时疏浚排水系统;准备充足的防汛物资;落实临时用电的各项安全措施。组织各参建单位开展防洪度汛大检查,检查内容包括建筑物、各类设施、抢险道路、相关规章制度等。

(2)按规程要求定期对建筑物进行监测

原则上一日一测(查),上游来水超过5年一遇标准时应加密观测(包括巡视检查和仪器监测),做到"无缺测""无漏测""无不符精度"。观测资料要及时整理分析,做到"四随",即随观测、随记录、随计算、随分析。

(3)密切关注水情,安排专人24小时度汛值守

新集水电站管理单位根据洪水影响范围将围堰划分为4个小区域,实行专人巡查,加强与当地政府、襄阳市防办、襄阳市水利和湖泊局、襄阳市应急管理局、长江委汉江局沟通联系,时刻关注雨水情信息,对上游围堰襄头处流速较大区域开展流速监测。在上游襄头位置增设水位观测点及防汛值班点,安排专人24小时观测水位变化及围堰巡查。

(4)认真开展防汛专项检查

新集水电站管理单位要求各参建方严格贯彻落实安全度汛工作,以确保基坑安全为目标,细化分工,责任到人,落实到岗,坚持在上游围堰襄头处流速较大区域开展流速监测。在上游襄头处增设水位观测点及防汛值班点,安排专人24小时观测水位变化及围堰,加大巡防巡查,做到泄洪不停、巡查不止、人员不撤、警令不解。

(5)开展度汛要点培训

为全面提升全员防汛意识,明确防汛责任,完善应对措施,8月25日新集水电站管理单位组织各参建单位开展了两次度汛要点培训会,从汛期施工现场巡视要点、水利工程常见险情及防护方式等方面讲授,提升参建人员的度汛能力。

4.3.4 碾盘山水利水电枢纽

碾盘山水利水电枢纽位于湖北省荆门市的钟祥市境内,地处汉江中下游干流,上距雅口航运枢纽58km、丹江口水利枢纽坝址261km,下距兴隆水利枢纽117km,开发任务为以发电、航运为主,兼顾灌溉、供水。2021年是碾盘山水利水电枢纽施工决战攻坚年,计划2021年11月主体工程基本建成,具备挡水过流和试通航条件,开始一期围堰拆除,年底实现二期截流;汛前导流明渠及施工围堰按设计要求施工完成,达到防御全年10年一遇13500m³/s流量洪水的度汛标准。面对工程建设以来多轮洪水考验,碾盘山枢纽管理单位与工程参建各单位一道,坚持以防为主、防重于抢的防汛工作理念,扎实做好人防、物防、技防等各项措施的落实,努力确保工程安全度汛。

（1）压实各方防汛责任

落实参建单位的防汛责任制，成立了工程防汛指挥机构，强化加强工作责任压实传导。碾盘山枢纽管理单位组织召开防汛工作专题部署会、现场督办会、防汛会商会、视频调度会，向参建单位现场主要负责人传达上级防汛文件工作要求，分析雨水工情，部署防汛工作，明确工程度汛风险、防控分区和防汛措施，压实防汛安全责任，精心安排防汛准备。碾盘山枢纽管理单位加强防汛巡查值守工作的监督检查，抓住主要责任人到岗、巡查值守责任划分、重点部位值守、交接班及巡查记录等重点内容进行督导检查，发现问题及时督促整改。

（2）加强监测预报预警

密切关注汉江流域天气变化及丹江口等水库实时调度情况，碾盘山枢纽管理单位与长江委汉江局联合会商研判，根据水文气象监测预报及时启动洪水预警和应急响应。长江委汉江局随洪水期水情发展多次加密水情信息推送频次，重点关注丹江口调度指令调整、实时雨情分析和现场实测等数据，同步推送至工程参建各单位，为现场防汛和应急处置工作提供决策依据。

（3）落实洪水防御措施

按照工程度汛方案和应急预案的要求，碾盘山枢纽管理单位于8月23日启动Ⅳ级预警响应，做好停工撤离、物资储备、工程巡查、值班值守和应急处置等各项工作。组织施工单位组建了257人的防汛抢险突击队，人员登记造册、责任到人，落实防汛设备及物资。成立了防汛技术工作组，及时分析研判工程度汛情势，制定防汛度汛措施，加强险情处置指导。另外，完成围堰破口段爆破管、充水虹吸管的检查。8月30日12时，根据长江委汉江局发布的水情预警，工程防汛应急响应提升至Ⅱ级，全面组织人员、设备撤离和转移，对围堰出入卡口进行警戒，任何人员未经同意不得进入施工区。加强信息通报、巡查值守和超标准洪水应对准备等工作。

（4）细化防汛巡查值守

碾盘山枢纽管理单位对防守范围、巡查部位、任务分工和时间安排进行细化明确，按照部位及桩号区划逐级分解落实防守责任人，进一步落实落细防汛巡查责任；加强对施工围堰龙口以及裹头段、纵向围堰翼墙侧、导流明渠、左岸副坝、供水取水口、穿堤闸站等重点部位和薄弱环节的巡查，做好巡查记录填写和异常情况、工程险情的详细报送，共处置轻微渗水、散浸等险情10处，同时加强左岸副坝、供水取水口、迎流顶冲堤段及右岸沿山头灌溉闸等重点部位的防守。

（5）加强地方部门联络

碾盘山枢纽管理单位加强与地方政府、水务、应急等部门的沟通与联系，及时通报雨水工情和度汛风险响应等信息；每日向荆门市、钟祥市防汛指挥部报告，密切关注雨水情信息，开展汉江堤防、涵闸泵站等穿堤建筑物防守，必要时做好人员疏散及转移工作。碾盘山枢纽管理单位致函钟祥市防汛抗旱指挥部，希望地方政府加强对碾盘山水利水电枢纽防汛的支持帮助，最终得到了地方政府的大力支持。地方政府协调地方公安、应急部门按预案措施配合做好爆破器材和专业爆破队伍的供给保障，并派相关部门负责人进驻工地进行常驻督导，进行联合会商研判和指挥决策。

（6）严肃防汛工作纪律

强化汛期值班值守和巡查检查工作纪律，严格执行领导干部到岗带班、关键岗位 24 小时值班制度和事故信息报告制度，确保通信联络和信息畅通。加强防汛值守在岗情况的检查，对失职渎职的人员予以严肃追究责任。针对防汛正值中秋、国庆期间这一情况，印发通知进一步压实防汛责任，落实落细各项防汛措施。

第 5 章 综合效益

5.1 防洪效益

5.1.1 水库拦洪作用

(1)8 月 22—25 日洪水过程

长江委发出 6 道调度令,将丹江口水库入库洪峰流量由 14400m³/s 削减为 7710m³/s,削峰率 46%,最高调洪水位 164.09m,拦蓄洪量 10.39 亿 m³;其他水库(安康、鸭河口水库)拦洪 7.79 亿 m³,合计拦蓄洪量 18.18 亿 m³。除汉川水文站受集中强降雨影响小幅超警外,汉江中下游其他河段水位均未超警。

(2)8 月 28—31 日洪水过程

长江委发出 2 道调度令,将丹江口水库入库洪峰流量由 23400m³/s 削减为 7730m³/s,削峰率 67%,最高调洪水位 165.33m,拦蓄洪量 15.37 亿 m³;其他水库(安康、潘口、黄龙滩和鸭河口水库)拦洪 10.31 亿 m³,合计拦蓄洪量 25.68 亿 m³。皇庄站最大流量 11800m³/s,有效避免了汉江中下游各站水位超保。

(3)9 月 1—3 日洪水过程

长江委发出调度令,将丹江口水库入库洪峰流量由 16400m³/s 削减为 8690m³/s,削峰率 47%,最高调洪水位 165.91m,拦蓄洪量 6.82 亿 m³;其他水库(安康水库)拦洪 0.53 亿 m³,合计拦蓄洪量 7.35 亿 m³。皇庄站流量 10000m³/s 左右,有效控制汉江中下游不超保和杜家台蓄滞洪区运用。

(4)9 月 4—12 日洪水过程

长江委发出 10 道调度令,将丹江口水库入库洪峰流量由 18800m³/s 削减为 10100m³/s,削峰率 46%,最高调洪水位 167.46m,拦蓄洪量 15.45 亿 m³;其他水库(石泉、安康、潘口和黄龙滩水库)拦洪 7.82 亿 m³,合计拦蓄洪量 23.27 亿 m³。皇庄站最大流量 10800m³/s,有效控制汉江中下游仙桃以下不超保。

(5)9 月 17—19 日洪水过程

长江委发出 5 道调度令,将丹江口水库入库洪峰流量由 22800m³/s 削减为 6650m³/s,削峰率 71％,最高调洪水位 168.25m,拦蓄洪量 16.13 亿 m³;其他水库(石泉、安康、潘口、黄龙滩和鸭河口水库)拦洪 5.59 亿 m³,合计拦蓄洪量 21.72 亿 m³。避免了汉江上游洪水与中下游丹皇区间洪水遭遇。

(6)9 月 24 日至 10 月 1 日洪水过程

长江委发出 13 道调度令,将丹江口水库入库洪峰流量由 24900m³/s 削减为 11100m³/s,削峰率 55％,最高调洪水位 169.63m,拦蓄洪量 21.80 亿 m³;其他水库(石泉、安康和鸭河口水库)拦洪 6 亿 m³,合计拦蓄洪量 27.80 亿 m³。皇庄站最大流量 11600m³/s,避免了皇庄以下河段水位超保证和杜家台蓄滞洪区分洪运用。

(7)10 月 2—10 日洪水过程

长江委发出 10 道调度令,将丹江口水库入库洪峰流量 10500m³/s 削减为 8090m³/s,削峰率 23％,拦蓄洪量 10.36 亿 m³;其他水库(石泉、安康、潘口和黄龙滩水库)拦洪 6.85 亿 m³,合计拦蓄洪量 17.21 亿 m³。丹江口水库蓄水至正常蓄水位 170m,自 2013 年水库大坝工程加高完成以来第一次蓄至正常蓄水位。其间,皇庄站最大流量 7930mm³/s,汉江中下游水位均未再次超警戒水位。

5.1.2 防洪效益

根据调度还原分析,若无水库群联合调度,汉江中下游将全线超保证水位 0.38～1.80m,超保证水位天数 1～15 天。

(1)皇庄站

若无水库群联合调度,将出现 7 次涨水过程,最大洪峰流量 26000m³/s,洪峰水位约 51.00m,超保证水位(50.62m)0.38m 左右,超实测记录最高水位(50.79m,1964 年)0.21m 左右,超警天数将增至 23 天,超保证 1 天;经水库群联合调度后,皇庄站实况最大洪峰流量为 11800m³/s,实测最高水位 48.29m,实际仅超警 0.29m,累计超警 9 天。

(2)沙洋站

若无水库群联合调度,最大洪峰水位约 44.60m,将超保证水位 0.10m 左右,超实测记录最高水位(44.50m,1983 年)0.10m 左右,超警天数将增至 23 天,超保证 2 天。根据《汉江洪水与水量调度方案》《汉江中下游、沮漳河、汉北河、府澴河防御特大洪水调度方案》《汉江中下游防洪调度预案》,为控制沙洋站不超保证水位,需启用小江湖、邓家湖 2 个蓄洪民垸分洪。经水库群联合调度后,沙洋站实测最高水位 42.20m,实际仅超警 0.36m,累计超警 12 天,避免了小江湖、邓家湖 2 个蓄洪民垸的分洪运用,减少受灾人口 5.98 万人、经济损失 6.5 亿元、淹没耕地 18.37 万亩,取得了显著的防洪减灾效益。

（3）仙桃站

若无水库群联合调度，最大洪峰水位约38.00m，将超保证水位1.80m左右，超实测记录最高水位（36.24m，1984年）1.76m左右，超警天数将增至25天，超保证15天。根据《汉江洪水与水量调度方案》，需启用杜家台蓄滞洪区分蓄汉江干流洪水，以控制汉江干流杜家台以下河段不超过安全泄量。经水库群联合调度后，仙桃站实测最高水位35.63m，实际仅超警0.53m，累计超警12天，成功避免了杜家台蓄滞洪区的启用。

（4）汉川站

若无水库群联合调度，最大洪峰水位约33.00m，将超保证水位1.31m左右，超实测记录最高水位（32.09m，1998年）0.91m左右，超警天数将增至34天，超保证13天。经水库群联合调度后，汉川站实测最高水位30.56m，实际仅超警1.56m，累计超警26天。

经分析，联合调度丹江口和石泉、安康、潘口、黄龙滩、鸭河口等干支流控制性水库拦洪削峰错峰，同时加大南水北调中线一期工程供水流量，干支流控制性水库群累计拦洪总量145亿m³，其中丹江口水库累计拦蓄洪水98.6亿m³，最大削峰率71%，有效降低汉江中下游干流洪峰水位1.5～3.5m，缩短超警天数8～14天，极大减轻了中下游防洪压力。

5.1.3 其他

蓄水至170m可以检验大坝新老坝体结合部的安全性态及高水位条件下库岸稳定性，为未来遭遇汉江中下游防洪标准1935年同大洪水水库调洪至防洪高水位171.7m提供重要的实践基础，也为南水北调中线一期工程完工验收提供了重要支撑。

汉江中下游干流河段上在建工程有雅口、新集、碾盘山等3座梯级枢纽工程。除雅口航运枢纽二期围堰8月31日主动破堰充水、围堰过流以外，新集、碾盘山枢纽均安全平稳度汛，丹江口和石泉、安康、潘口、黄龙滩、鸭河口等干支流控制性水库联合调度防洪效果显著。

5.2 供水效益

汉江是国家南水北调中线工程和引汉济渭工程等跨流域引调水工程的重要水源地，是国家水网的重要组成部分。2021年汉江流域供水体系见图5.2-1。

水利部从2014年开始每年组织编制南水北调中线一期工程年度水量调度计划（以下简称"年度计划"），结合丹江口水库及受水区水情、工情分析，根据中线受水区北京、天津、河北、河南4省（直辖市）年度用水计划建议，进行受水区年度水量分配；基于中线总干渠及分水口门过流能力，综合平衡丹江口水库陶岔渠首可调水量、受水区各省（直辖市）用水计划建议，开展水量调节计算，提出受水区及丹江口水库年度水量调度计划，并于每年10月底前印发实施，指导年度水量调度工作。南水北调中线一期工程历年水量调度计划和执行情况见表5.2-1。

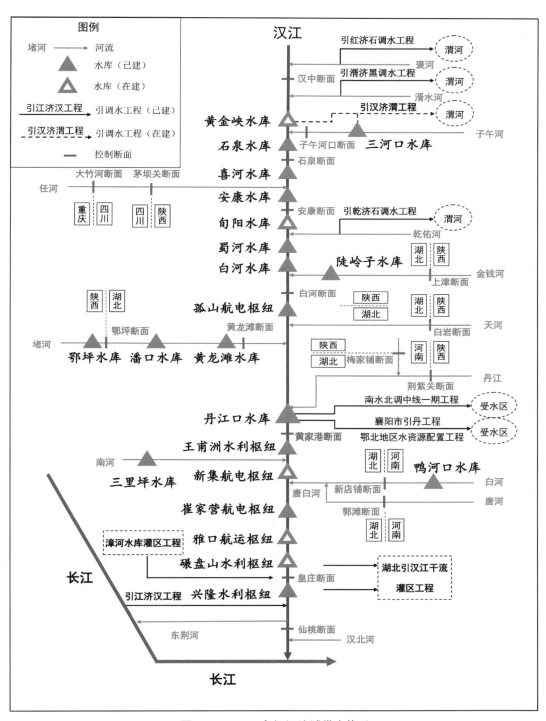

图 5.2-1　2021 年汉江流域供水体系

表 5.2-1 南水北调中线一期工程历年水量调度计划和执行情况

年份	实际供水量/亿 m³				计划供水量/亿 m³			
	陶岔渠首	清泉沟渠首		汉江中下游	陶岔渠首	清泉沟渠首		汉江中下游
		襄阳市引丹工程	鄂北地区水资源配置工程			襄阳市引丹工程	鄂北地区水资源配置工程	
2014—2015	21.67	9.94	—	301.25	40.60	—	—	—
2015—2016	38.45	14.21	—	145.79	37.72	7.36	—	157.08
2016—2017	48.46	8.84	—	289.28	44.35	6.00	—	146.62
2017—2018	74.63	10.53	—	289.01	57.84	7.43	—	167.20
2018—2019	71.27	8.93	—	198.39	60.82	7.00	1.60	163.40
2019—2020	87.56	8.62	0.05	267.75	67.52	6.28	2.63	165.65
2020—2021	90.54	11.85	0.02	534.80	74.23	6.28	2.50	167.79
2021—2022	92.11	12.87	1.66	245.94	72.30	6.28	3.00	165.14

注:2019—2020 年陶岔渠首正常供水计划为考虑河南省计划调减以后的水量;陶岔渠首计划供水量为正常供水计划。

5.2.1 南水北调中线一期工程供水

南水北调中线一期工程通水以来年度供水量见图 5.2-2。

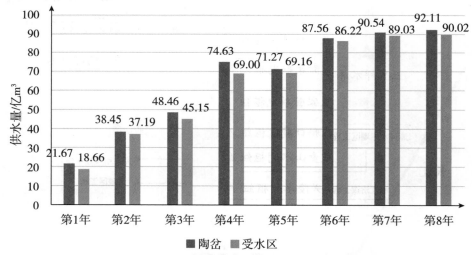

图 5.2-2 南水北调中线一期工程通水以来年度供水量

根据年度计划和《水利部办公厅关于印发 2021 年度华北地区地下水超采综合治理河湖生态补水方案的通知》(办资管函〔2021〕170 号),水利部下达 2020—2021 年陶岔渠首正常供水计划水量 74.23 亿 m³,受水区生态补水计划水量 5.80 亿 m³(折算至陶岔渠首

6.62 亿 m^3)，合计陶岔渠首总供水计划 80.85 亿 m^3。结合流域来水形势，陶岔渠首实施精准控制，调整流量 50 次，渠首最大日均供水流量 403m^3/s，最小日均供水流量 86m^3/s，按设计流量 350m^3/s 供水 82 天，超设计流量供水 59 天；陶岔渠首实际供水 90.54 亿 m^3，为水利部下达的年度计划的 112%，受水区收水 89.04 亿 m^3，较原计划增加 17.44 亿 m^3，再创历史新高。2021 年，丹江口水库积极做好向南水北调中线工程受水区河流实施生态补水工作，助力黄淮海平原尤其是华北地区生态修复与地下水超采综合治理，中线生态补水较计划增加 14.10 亿 m^3。截至 2021 年 12 月，向工程沿线累计生态补水 73.25 亿 m^3。河南省境内白河、贾鲁河、淇河、安阳河等 25 条河流水清岸美；河北省滏阳河、滹沱河、七里河等 13 条河流保持常流水，生态补水恢复了河道基流，形成有水河段长度超过 1200km；天津市城区段河道水质明显改善；北京市地下水平均埋深明显回升，沿线地下水位明显回升。

2021 年 10 月 10 日 14 时，丹江口水库首次成功蓄至正常蓄水位 170m，为 2021—2022 年水量调度计划的顺利实施打下了坚实基础。自 2021 年 10 月 10 日首次蓄满至 2022 年初，丹江口水库持续高水位运行。若按《水利部关于印发〈南水北调中线一期工程 2021—2022 年度水量调度计划〉的通知》(水南调函〔2021〕149 号)实施供水，丹江口水库 6 月 20 日水位预报为 163.0~166.3m，高于夏汛期汛限水位 160m，存在较大弃水风险。在保障工程安全、供水安全、防洪安全的前提下，为充分发挥丹江口水库水资源综合利用效益，长江委统筹考虑丹江口水库实际蓄水情况、最新来水预测成果、各口门用水需求及近年来优化调度实践等，组织编制了丹江口水库 2022 年汛前水位消落计划并报水利部(长水资管〔2022〕12 号)，提出丹江口水库 2022 年汛前消落原则上以水位控制为主，4 月底、5 月底、6 月 20 日水位分别按 160m、159m、159m 左右控制。消落期间，为了防止丹江口水库出现弃水，丹江口水库在年度供水计划的基础上加大对南水北调中线一期工程供水流量。2022 年 4—6 月，按照《水利部办公厅关于开展南水北调中线一期工程加大流量输水工作的函》(南调函〔2022〕424 号)要求，陶岔渠首开展加大流量输水，最大日均供水流量 408m^3/s(2022 年 5 月 11 日)。2022 年 1—6 月，丹江口水库累计向陶岔渠首供水 48.76 亿 m^3，较计划供水量 33.57 亿 m^3 增加 15.19 亿 m^3。

南水北调中线工程通水以后，从根本上改变了受水区的供水格局，改善了城市用水水质，提高了沿线受水区的供水保证率。一方面，使北京、天津、石家庄、郑州等北方大中城市基本摆脱缺水的制约，为经济发展提供坚实保障，同时为京津冀协同发展、雄安新区建设等重大国家战略的实施提供了可靠的水资源保障。另一方面，受水区各地大力推广工农业节水技术，逐步限制、淘汰高耗水、高污染的建设项目，加强用水定额管理，提高用水效率和效益，有力地促进了生产力的合理布局和经济结构转型。

南水北调中线工程全线通水以来，已惠及沿线 24 座大中城市、130 多个市(县)，直接受益人口超 8500 万人。在北京，南水北调水占城区日供水量的 70% 左右，全市人均水资源量由原来的 100m^3 提升至 150m^3，中心城区供水安全系数(城市日供水能力/日最高需水量)由 1.0 提升至 1.2。由于 2021 年来水增加，以及南水北调中线工程水量补给，密云水库蓄水量屡创新高,蓄水量近 25 亿 m³,增强了北京市的水资源储备,提高了首都供水保障程度;在天津,长期以来的"依赖性、单一性、脆弱性"的供水风险得到有效化解,形成了一横一纵、引滦引江双水源保障的新供水格局,近两年由于引滦水质恶化,南水北调水占城市日供水的95%。在河北,80 个市(县、区)用上了南水北调水,黑龙港流域 9 个县开展城乡一体化供水试点,沧州地区 400 多万人告别了长期饮用高氟水、苦咸水的历史;在河南,供水范围涵盖 11个省辖市及 7 个县级市和 25 个县城。南水北调中线工程为城市供水安全提供了保障,有效缓解了受水区地下水超采的情况,促进了水资源合理配置,逐步提高了地下水资源储备,增加了当地水库存蓄水量,有利于当地水资源可持续开发利用,提高了城市品位,社会效益显著。

南水北调中线工程深入贯彻落实习近平生态文明思想,积极做好向受水区河流实施生态补水工作,助力黄淮海平原尤其是华北地区生态修复与地下水超采综合治理,充分发挥工程生态效益。生态补水实施以来,中线工程累计向北方 47 条河流进行生态补水,沿线城市河湖、湿地水面面积明显扩大,河湖水质明显提升,区域水生态环境得到极大改善。中线工程实施以来,通过水源置换,压采地下水促进了地下水源涵养和回升,有效缓解了华北地区地下水超采的局面,地面沉降、浅层地下水污染等地质环境问题得以缓解,地下水源得到涵养,沿线地下水位明显回升。多地以前干涸不用的机井和水泵如今都实现了满管出水,如位于七里河下游干涸多年的狗头泉、百泉都实现了稳定复涌。河南省通过水源置换,压采地下水促进了地下水源涵养和回升,工程沿线 14 座城市地下水位得到不同程度的回升。北京市、天津市地下水位也实现了逐年回升。

5.2.2 汉江中下游供水

2021 年,丹江口水库累计向汉江中下游下泄水量 548.3 亿 m³(其中,通过泄洪设施下泄水量 224.6 亿 m³)。因丹江口水库实际来水量大于预测来水量,根据丹江口水库 2021 年 3月至 6 月中旬供水调度形势分析和《丹江口水库优化调度方案(2021 年度)》,结合丹江口水库实际来水蓄水情况,在保障防洪安全的前提下,及时增加了汉江中下游下泄流量,有效控制了汛前水位,减少了汛期弃水,发挥了洪水资源化利用效益。2021 年,丹江口水库下泄最小日平均流量 522m³/s(3 月 6 日),满足汉江中下游河道内外生产生活和河道内生态用水等最小下泄流量要求。

2022 年 1—6 月汛前消落期间,为有效控制汛前水位,适度增加了丹江口水库向汉江中下游的下泄水量。丹江口水库累计向汉江中下游供水 144.50 亿 m³,较计划供水量 83.27亿 m³ 增加了 61.23 亿 m³。汛期 7—10 月,面对汉江流域"汛期反枯"的极端干旱情况,丹江口水库开展动态调度,视水情加大下泄流量,保障了汉江流域用水需求,缓解下游地区旱情,助力汉江流域取得"大旱无大灾"的历史性成绩。2022 年 7—10 月向汉江中下游供水 59.13亿 m³,较计划供水量偏多 4.39 亿 m³,保障了汉江中下游沿岸地区的生产、生活、生态用水。此外,面对由高温干旱引起的用水短缺、航运不畅等问题,丹江口水库利用水库蓄水,加大下泄,保障地区供电和航运安全。其中,应湖北省发展和改革委员会保障供电安全的请求,8月 19—22 日丹江口水库下泄流量加大至 900m³/s 左右;应湖北省水利厅解决兴隆水利枢纽船舶长期滞留问题的请求,10 月 5—6 日丹江口水库下泄流量加大至 1000m³/s 左右。

5.2.3　清泉沟供水

2021 年,清泉沟渠首供水量 13.09 亿 m³,其中,襄阳市引丹工程供水量 13.07 亿 m³,鄂北地区水资源配置工程供水量 0.02 亿 m³。襄阳市引丹工程供水有效满足灌区群众生产、生活用水需求,2021 年实际灌溉面积约 160 万亩,供给襄阳市"一市三区"(老河口市、襄州区、樊城区、高新区)及襄北农场 132 万人安全饮水。鄂北地区水资源配置工程供水量满足工程试验性通水 234 万 m³ 用水要求。

2022 年 1—6 月汛前消落期间,为有效控制汛前水位,适度增加了丹江口水库向襄阳市引丹工程的供水量。丹江口水库累计向襄阳市引丹工程供水 7.90 亿 m³,较计划供水量 3.11 亿 m³ 增加了 4.79 亿 m³。8 月干旱期,丹江口水库通过清泉沟渠首向襄阳市引丹工程增加引水 0.22 亿 m³,有力保障了灌区农作物生长关键期用水需求。

5.3　发电效益

丹江口水力发电厂是湖北电网的主力调频电厂,同时承担了湖北电网重要的调峰、调相和事故备用的任务,对保证电网的安全运行、改善供电质量和提高电网的经济效益起到重要作用。2021 年,汉江流域来水丰沛,丹江口水力发电厂全年发电量 57.48 亿 kW·h,超多年平均发电量 22 亿 kW·h,为通水以来年最大发电量,相当于替代标准煤 178 万 t,减排二氧化碳 465 万 t、二氧化硫 1.5 万 t、氮氧化物 1.31 万 t,为实现"双碳"目标、保卫蓝天碧水作出重要贡献。

2021 年丹江口水库兴利调度情况见表 5.3-1。

表 5.3-1　　　　　　　　　　2021 年丹江口水库兴利调度情况

月份	月初水位 /m	入库流量 /(m³/s)	陶岔水量 /亿 m³	清泉沟水量 /亿 m³	发电用水量 /亿 m³	弃水量 /亿 m³	发电量 /(亿 kW·h)
1	163.09	449	4.69	0.74	18.65		3.17
2	161.66	494	4.53	0.47	17.53		2.87
3	160.36	646	7.33	0.41	16.56		2.73
4	159.46	1539	7.98	0.38	17.62		2.97
5	161.12	1288	9.39	1.45	32.97		5.77
6	159.93	1374	9.16	1.36	24.38		4.18
7	159.97	2484	7.86	1.50	39.40	4.761	6.84
8	161.50	4728	8.04	1.48	40.19	43.054	7.08

月份	月初水位 /m	入库流量 /(m³/s)	陶岔水量 /亿 m³	清泉沟水量 /亿 m³	发电用水量 /亿 m³	弃水量 /亿 m³	发电量 /(亿 kW·h)
9	165.28	8467	9.73	1.46	37.66	128.509	6.86
10	169.54	3790	10.63	1.40	36.40	48.310	6.97
11	169.97	1215	7.87	1.22	22.41		4.29
12	169.16	552	6.89	1.21	19.92		3.75
1—12			94.10	13.08	323.69	224.634	57.48

5.4 生态效益

5.4.1 控制伊乐藻过度生长生态调度试验

汉江中游干流丹江—王甫洲江段长约 35km,2014 年以来该江段出现以入侵沉水植物伊乐藻为优势种的水草过度生长现象。伊乐藻等沉水植物过度生长繁殖,大量挤占本地沉水植物生存空间。汛期时,大量伊乐藻等沉水植物被洪水冲刷至王甫洲水电站坝前,形成大面积漂浮堆积物,严重影响王甫洲水利枢纽工程的行洪、发电和航运等功能。控制伊乐藻等沉水植物的方式主要包括物理拦截、机械打捞、喷洒药剂、放养草食性鱼类和生态调度。其中,物理拦截和机械打捞的方法已在王甫洲库区进行了应用,但是由于水草漂浮物量大面广,打捞成本较高,在大流量过境时还会因漂浮水草过多无法及时打捞,只能被动应对;喷洒药剂的方法会产生较大的水环境风险;放养草食性鱼类的方法周期长且增殖放流数量较难确定。因此,利用上游丹江口水库联合下游王甫洲水利枢纽从水力调控角度开展生态调度控制入侵沉水植物过度生长是较为合适和可选的方式。2014—2020 年王甫洲库区 1—3 月入库流量极值与草灾发生情况见表 5.4-1。

表 5.4-1　　　　2014—2020 年王甫洲库区 1—3 月入库流量极值与草灾发生情况

年份	最大流量/(m³/s)	最小流量/(m³/s)	极值比	草灾发生情况
2014	840	246	3.41	未发生
2015	1200	334	3.59	未发生
2016	621	284	2.19	未发生
2017	524	369	1.42	发生
2018	1150	478	2.41	未发生
2019	667	494	1.35	发生
2020	1220	468	2.61	未发生
2021	1320	467	2.83	未发生
2022	1530	531	2.88	未发生

丹江口水库成功蓄水至 170m,为进一步贯彻"生态优先、绿色发展"新理念,巩固以往生态调度成果,保障王甫洲水利枢纽行洪与发电安全创造了有利条件。综合考虑长江委水资源调度与湖北省电力调度,2022 年 2 月 1—15 日,汉江集团公司抓住春季生态调度的重要窗口期,连续第 3 年在春季开展控制伊乐藻过度生长的生态调度试验。

根据丹江口坝下黄家港水文站观测,生态调度期间断面流量在 553~1530m³/s 波动,流量极值比为 2.77,超过了流量极值比 2.0 的预期,并且最大流量达到了冲刷伊乐藻所需的 1500m³/s 的阈值条件。

通过实施生态调度措施,丹江口—王甫洲江段入侵沉水植物伊乐藻生物量和分布面积逐年减小。根据调查,与同期相比,丹江口—王甫洲伊乐藻生物量峰值从 2019 年的 4.8 万 t 减少至 2020 年的 1.3 万 t 和 2021 年的 0.58 万 t,2022 年进一步减少至 40.15t,远小于 2019—2021 年生物量;伊乐藻分布面积从 2019 年的约 11.6km² 减少至 2020 年的约 2.02km² 和 2021 年的 0.48km²,2022 年进一步减少至 0.23km²,其中电厂—水岸新城伊乐藻分布面积减少最为明显。2022 年汉江丹江口—王甫洲江段控制伊乐藻过度生长的生态调度过程见图 5.4-1。

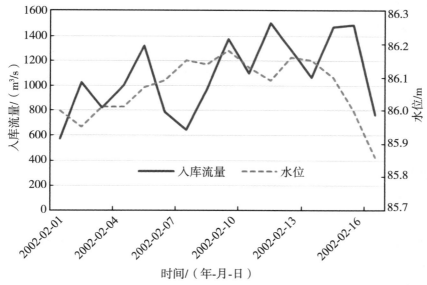

图 5.4-1　2022 年汉江丹江口—王甫洲江段控制伊乐藻过度生长的生态调度过程

5.4.2　促进产漂流性卵鱼类自然繁殖生态调度

（1）调度方案

2021 年 8 月 6 日,根据短期天气预报,湖北省水利厅及时商请省生态环境厅、省交通运输厅、省农业农村厅和省电力公司,于 2021 年 8 月 9—21 日开展一次汉江梯级枢纽生态调度试验。省交管部门于 8 月 7 日发布航行通告,兴隆水利枢纽于 8 月 9 日 24 时开闸预泄,汉江中下游航道同时断航,至 8 月 12 日 23 时,兴隆水利枢纽达到敞泄状态并维持至 15 日 24 时,敞泄时段长计 3 天 1 小时,8 月 16 日 0 时兴隆水利枢纽开始回蓄,8 月 18 日 12 时兴隆水利枢纽库水位回蓄至正常蓄水位 36.20m,汉江河道恢复通航。为应对防范汉江秋汛,省水利厅调度兴隆水利枢纽于 8 月 24 日 23 时 45 分实施敞泄,至 9 月 13 日 17 时 30 分开始回蓄;又于 9 月 20 日 9 时 30 分再次实施敞泄,至 10 月 9 日 20 时 20 分开始回蓄。汉江秋汛期间,兴隆水利枢纽共计 39 天 11 小时 20 分钟处于敞泄天然河道状态。

（2）研究内容

1）鱼类早期资源监测

调查范围为汉江中下游干流产卵场所在河段,共设置沙洋、仙桃 2 个固定监测断面。2 个固定监测断面进行同步监测,监测时间为生态调度前、生态调度时和生态调度后,具体为 2021 年 8 月 8 日至 9 月 7 日。调查内容包括:样本采集;卵苗鉴定;水文测定与资料;产卵江段推算;断面系数的计算;鱼苗径流量的计算。

2）亲鱼上溯洄游情况监测

在敞泄调度前后,采用渔业声学进行兴隆水利枢纽坝上下游江段鱼类资源空间分布和资源量的走航探测,了解鱼类资源时空动态对敞泄调度过程的响应。采用船载鱼探仪(Simrad EY60 型分裂波束式鱼探仪)的探测方式,走航路线为平行线路线或"之"字形路线,各走航断面间隔为 50～200m,具体根据调查江段宽度调整。调查方法参见国家标准《海洋调查规范 第 6 部分:海洋生物调查》(GB/T 12763.6—2007)以及北美五大湖渔业委员会《五大湖渔业声学调查标准操作程序》。

（3）监测结果

1）鱼类早期资源及产卵场现状

依据沙洋站水文数据,计算出监测期间通过沙洋断面卵径流量为 7988.91 万粒(尾);根据采集到的鱼卵发育期及采集江段沙洋水文站的平均流速和水温等数据推算得出,汉江沙洋以上江段监测到的产漂流性卵鱼类来自 3 个产卵场(表 5.4-2)。依据仙桃站水文数据,计算出监测期间通过仙桃断面卵径流量为 40021.97 万粒(尾);依据鱼卵的发育期分析推算得出,汉江仙桃以上江段监测到的产漂流性卵鱼类来自 3 个产卵场(表 5.4-3)。汉江中下游漂流性鱼类产卵场位置见图 5.4-2。

2）亲鱼上溯洄游监测结果

水声学观测系统安置于右岸 1 号闸孔,生态调度期间主要监测 1 号闸孔的鱼类聚集及上溯情况。结果表明,当 1 号闸孔未开启,但兴隆水利枢纽下泄流量增加时,鱼类明显在 1 号闸孔处聚集;当 1 号闸孔开启,兴隆水利枢纽开孔敞泄时,鱼类上溯频繁;当 1 号闸孔关闭,兴隆水利枢纽仍向下游泄放一定流量时,鱼类活动频次明显下降。但整体上,随着下泄流量的逐渐增大,探测范围内鱼类活动频次又逐渐增加。2021 年生态调度期间兴隆水利枢纽鱼群聚集、上溯时间动态见图 5.4-3。

表 5.4-2 2021 年汉江沙洋江段产漂流性卵鱼类产卵场分布

序号	名称	鱼卵发育期	距受精时间/h	漂流距离/km	范围	长度/km	与监测断面距离/km
1	磷矿	肌肉效应期—心脏搏动期	23.5~33.3	86~121	沿山头—关家山	35	86
2	石牌	肌节出现期—尾芽出现期	13.3~19.7	39~65	张家巷—裴家台	26	39
3	旧口	桑葚早期—原肠早期	4.8~8.9	17~32	潘家湾—马良	15	17

表 5.4-3 2021 年汉江仙桃江段产漂流性卵鱼类产卵场分布

序号	名称	鱼卵发育期	距受精时间/h	漂流距离/km	范围	长度/km	与监测断面距离/km
1	兴隆	尾鳍出现期—心脏搏动期	22~33	79~107	杜家堤—大陈台	28	79
2	卢庙	神经胚期—听囊期	14~20	45~64	卢庙村—徐鸳村	19	35
3	彭市	细胞期—原肠晚期	4~10	13~34	横堤—肖家台	21	13

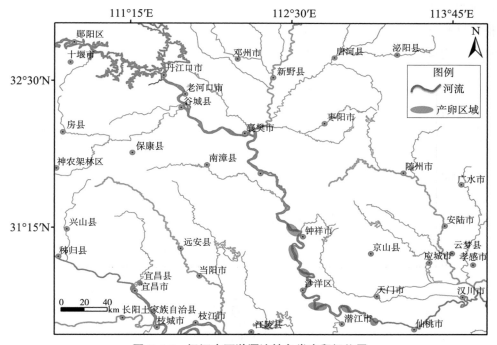

图 5.4-2 汉江中下游漂流性鱼类产卵场位置

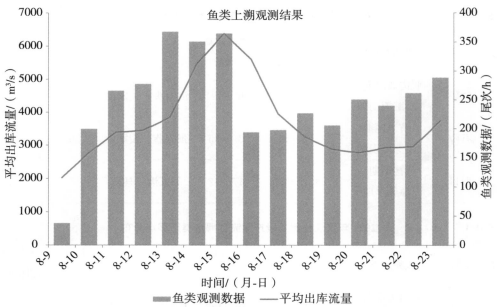

图 5.4-3　2021 年生态调度期间兴隆水利枢纽鱼群聚集、上溯时间动态

（4）调度效果

1）对漂流性卵繁殖量的效应

根据早期资源监测结果，可以看出随着日流量的增加、水位上涨，产漂流性卵鱼类繁殖量逐渐增大，生态调度期间（8 月 12—14 日）鱼卵径流量显著高于其他时间（图 5.4-4、图 5.4-5）。

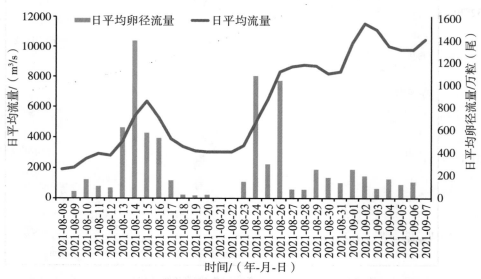

图 5.4-4　生态调度期间皇庄日平均流量及沙洋断面日平均产漂流性卵径流量关系

注：沙洋只有水位站，没有水文站，无每日流量数据，因此沙洋断面的流量数据采用皇庄水文站的流量数据

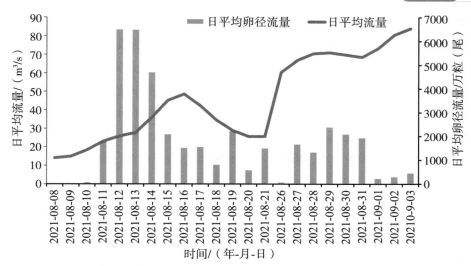

图 5.4-5　生态调度期间仙桃日平均流量及仙桃断面日平均漂流性卵径流量关系

2）对繁殖种类的效应

对比 2014 年同期监测结果，2021 年生态调度期间鱼类繁殖种类和产漂流性卵鱼类繁殖量明显增多，其中"四大家鱼"（青鱼、草鱼、鲢鱼、鳙鱼）种类和比例增加明显，生态调度效果良好。

3）对亲鱼上溯洄游的影响

生态调度对坝下鱼类聚集上溯有明显作用。监测结果表明，生态调度前鱼类活动频次较低，生态调度期间鱼类活动频次显著增加；坝下鱼类活动频率随出库流量变化明显，具体表现为当出库流量增加时，鱼类活动频率明显增加。这说明兴隆水利枢纽敞泄有利于坝下亲鱼上溯产卵场，生态调度过程使库区江段原有产卵场满足了鱼类产卵繁殖所需的水文水力学条件，产生了良好的生态效应。

综上，结合汉江中下游秋汛，在"四大家鱼"5—8 月的产卵繁殖期，营造一次明显的涨水过程，在洪水来临前，实施兴隆水利枢纽敞泄调度，打开鱼类洄游上溯通道，使汉江干流崔家营枢纽以下原"四大家鱼"产卵场所在河段恢复至近似自然河道状态，以满足繁殖鱼类洄游和自然产卵与受精卵漂流孵化所需适宜的水文水力学条件，完成一次自然繁殖过程，取得了较好的生态效应。

5.5　总体评价

2021 年汉江流域水工程实际调度过程有效兼顾了上下游防洪和汛后蓄水兴利，既保证了防洪安全，又合理利用了洪水资源，是践行长江大保护的一次生动体现，也为加快推进南水北调中线一期工程竣工验收奠定了重要基础。

（1）防洪调度方面

2021 年，丹江口水库来水特丰，入库最大 15 天洪量超过秋季 20 年一遇、最大 30 天洪量超过全年 20 年一遇;通过优化调度,控制水库运行水位 159.09~170.00m,汛期加强预报会商,控制水库蓄泄,共拦蓄 11 场入库洪峰流量大于 5000m³/s 的洪水,其中 7 场入库洪峰流量超过 10000m³/s,丹江口水库在汉江罕见秋汛防御过程中多次发挥重要的防洪作用,累计拦蓄洪水 98.6 亿 m³,最大削峰率 71%,有效降低汉江中下游干流洪峰水位 1.5~3.5m,缩短超警天数 8~14 天,极大减轻了中下游防洪压力,防洪效益十分显著。汛末,丹江口水库提前进行蓄水,并首次成功蓄至 170m 正常蓄水位,防汛和蓄水工作取得全面胜利;也为未来遭遇汉江中下游防洪标准 1935 年同大洪水水库调洪至 171.7m 提供重要的实践基础。

(2)供水效益方面

2020—2021 年,丹江口水库向北方供水量 90.54 亿 m³,完成年度计划的 112%,创历史新高;2022 年 1—6 月,丹江口水库累计向陶岔渠首供水 48.76 亿 m³,较计划供水量 33.57 亿 m³ 增加 15.19 亿 m³,为保障国家水安全提供了有力支撑。2020 年 11 月至 2021 年 10 月向沿线受水区生态补水 19.90 亿 m³,通过水源置换,促进了地下水源涵养和地下水位回升,有效缓解了华北地区地下水超采的局面。

(3)发电效益方面

2021 年,丹江口水利枢纽全年发电量 57.48 亿 kW·h,相当于替代标准煤 178 万 t,减排二氧化碳 465 万 t、二氧化硫 1.5 万 t、氮氧化物 1.31 万 t,为实现"双碳"目标、保卫蓝天碧水作出重要贡献。

(4)生态效益方面

丹江口水库首次蓄满为 2022 年春季开展控制伊乐藻过度生长的生态调度试验提供了充足水源,通过加大水流速和加大波动幅度,加强对沉水植物生长的干扰,有效抑制了王甫洲库区水草(伊乐藻)增长。结合汉江中下游秋汛,在"四大家鱼"8 月的产卵繁殖期开展了满足繁殖鱼类洄游和自然产卵与受精卵漂流孵化的一次自然繁殖生态试验,取得了较好的生态效益。

第6章　认识与思考

2021年秋季汉江流域发生超20年一遇大洪水。长江委坚决贯彻党中央、国务院决策部署,落实水利部各项要求,会同汉江流域相关省(直辖市)及有关单位,提前准备、周密部署、严密监测、及时响应,科学研判、精准调度、强化监管、流域协同,取得了汉江秋汛防御和丹江口水库汛末蓄水的全面胜利。

6.1　主要认识

(1)2021年秋季汉江流域发生超20年一遇大洪水

2021年8月下旬至10月上旬,汉江流域共发生8次暴雨过程,丹江口水库接续发生7次入库洪峰流量超过$10000\text{m}^3/\text{s}$的较大洪水过程,经水库拦蓄后中下游干流主要控制站仍发生超警洪水,洪水过程多、持续时间长、洪量大。洪水组成以上游来水为主,同时中游支流白河鸭河口水库也发生超历史洪水。经洪水还原分析,丹江口最大入库洪峰超过秋季10年一遇,接近秋季20年一遇;最大7天、15天、30天洪量分别超秋季10年一遇、秋季20年一遇和全年20年一遇,最大15天、30天洪量列1933年以来秋汛期第4位,建库以来第1位;皇庄站最大7天洪量接近秋季10年一遇。参照《水文情报预报规范》(GB/T 22482—2008)的规定,综合判断2021年秋季汉江发生超20年一遇大洪水。

(2)依靠流域综合防洪减灾体系取得了汉江流域秋汛防御的胜利

汉江流域由堤防、水库、杜家台蓄滞洪区及分蓄洪民垸等组成的防洪工程体系为汉江秋汛防御提供了物质基础,汛前检查、隐患治理和防汛演练确保了工程体系处于备战状态。面对多轮暴雨洪水过程,长江委滚动开展气象水文预报,及时开展会商研判,强化流域水工程调度,科学地发挥了以丹江口水库为核心的汉江流域水库群拦洪、削峰、错峰作用和河湖的蓄泄作用,保障了流域防洪安全。在秋汛防御过程中,干支流控制性水库群累计拦洪总量145亿m^3,其中丹江口水库累计拦蓄洪水98.6亿m^3,最大削峰率71%,有效降低汉江中下游干流洪峰水位 1.5～3.5m,避免了控制站水位超保证水位,成功避免了杜家台蓄滞洪区和邓家湖、小江湖分蓄洪民垸的运用,保证了新集、雅口、碾盘山等在建工程的度汛安全,大幅度减轻了洪灾损失,取得了显著的防洪减灾效益。

（3）统筹秋汛防御与汛末蓄水实现了丹江口水库 170m 蓄水胜利

长江委提前组织有关单位开展了库区清理、工程安全监测及巡查、库岸安全管理等工作,制定了应急监测的各项预案,为丹江口水库蓄水至正常蓄水位做好了准备。秋汛期丹江口水库结合拦蓄洪水,在保障防洪安全的前提下逐步抬升水位,汛末根据气象水文预报,准确把握时机,及时编制提前蓄水计划,精准调控丹江口水库蓄泄过程,丹江口水库首次蓄水至正常蓄水位170m。各项监测结果表明,丹江口水库蓄水期和高水位运行期工作性态良好,保证了工程安全、供水安全和水质安全,为南水北调中线一期工程完工验收积累了宝贵资料。

（4）结合水库的优化调度发挥好了水工程的综合效益

根据秋汛期来水显著偏丰的实际情况适时加大供水,2020—2021 年南水北调中线受水区和清泉沟较原计划分别增加供水 17.44 亿 m³ 和 5.59 亿 m³,其中中线生态补水增加 14.10 亿 m³。丹江口水库蓄至正常蓄水位170m,为 2021—2022 年向汉江中下游、清泉沟和南水北调中线一期工程供水奠定了良好基础,2022 年 1—6 月向汉江中下游较计划增加供水量 61.23 亿 m³;通过清泉沟渠首向引丹工程增加供水量 4.79 亿 m³;2022 年 4—6 月南水北调中线一期工程开展了加大流量输水试验,陶岔渠首 2022 年 1—6 月较计划增加供水量 15.19 亿 m³。丹江口水力发电厂 2021 年的发电量创大坝加高以来新高。结合发电下泄,长江委分别于 2021 年 8 月和 2022 年 2 月实施了促进产漂流性卵鱼类自然繁殖和控制伊乐藻过度生长的生态调度试验,成效明显。

6.2 思考和建议

6.2.1 思考

2021 年,面对汉江秋汛防御严峻复杂的形势,在水利部的坚强领导下,长江委会同流域各省（直辖市）和有关部门,依靠坚强可靠的组织领导、扎实充分的汛前准备、有力有序的防汛措施,强化监测预报预警、加强值班值守、滚动会商研判、优化工程调度,取得了汉江秋汛防御和丹江口水库汛末蓄水的胜利。其中,优化以丹江口水库为核心的流域控制性水工程的调度,发挥了关键作用。结合 2021 年调度实际,对于进一步完善汉江流域水工程调度有以下启发与思考:

（1）始终统筹汉江流域防洪和水资源综合利用

汉江流域径流年内分配不均,汛期来水占全年的80%左右;年际变化大,主要控制站最大与最小年径流量之比可达5～6。与此同时,汉江汛期来水大多以暴雨洪水形式产生,洪水峰高量大,汉江中下游防洪压力大;汉江流域还承载了本流域和南水北调中线、引汉济渭、鄂北水资源配置受水区的供水安全任务。要统筹解决好这些问题,就必须利用丹江口、安康等控制性水库的调节能力,蓄洪补枯。一方面要蓄泄兼筹,保障流域防洪安全的底线,保证在需要拦蓄洪水时有足够的防洪库容可用;另一方面也要在风险可控的前提下,在前期拦洪和后期退水过程中,视情况收闸蓄水,合理利用洪水资源。

（2）循序渐进优化水工程蓄泄策略

汉江上游地处秦巴山区,是南北气候的过渡带,冷暖空气交汇,已形成持续的阴雨天气,特别是秋季洪水易形成多次过程。丹江口水库控制着汉江上游9.52万km^2的流域面积,既要调控上游洪峰,尽量保证下游行洪安全;当上游连续发生多轮洪峰时,丹江口水库可能面临起调水位逐步抬高的问题,此时若遭遇中下游区间洪水,将面临难以预泄的问题。因此,丹江口水库调度不但要根据当前的防洪形势,还需要结合中长期来水趋势预报留有余度,当后期可见的暴雨洪水过程多、水量大时,要抓住有利时机尽早预泄,避免后期调洪水位偏高,并特别警惕实际降雨较预报降雨显著偏大的风险。当秋汛期末预报的洪水过程呈现明显退势时,要及时拦蓄洪尾,争取多蓄水。

（3）强化流域水工程调度的统筹协调

丹江口水库处于上中游结合部位,控制流域面积大,调节能力强,既是汉江治理开发的关键性骨干工程,也是南水北调中线工程的水源工程,在流域水工程联合调度中处于核心地位。上游石泉、安康及堵河潘口、黄龙滩等水库拦蓄洪水后均需逐步腾库,水量均汇入丹江口水库;中下游支流的鸭河口、三里坪等水库,可对丹皇区间洪水发挥一定的调控作用;中下游的径流式电站和航电梯级也会对区间洪水的传播产生一定的影响。为发挥好丹江口水库的作用,上游干支流水库要配合拦洪削峰,避免丹江口水库水位快速上涨,降低库尾淹没风险;中游支流水库在满足本流域防洪需求的前提下,尽量调控丹皇区间洪水,为丹江口水库创造更大的错峰空间和预泄条件,避免蓄泄时机失当造成上下游洪水遭遇;中下游径流式电站和航电梯级要先于丹江口水库有序预泄,保证丹江口水库大流量泄洪时的工程安全。在发挥水库调控作用的同时,根据需要梯次调度其他水工程,及时扩大东荆河行洪能力,必要时运用杜家台蓄滞洪区分洪道行洪,万不得已时及时运用杜家台蓄滞洪区和其他分蓄洪民垸分洪,保证汉江中下游防洪安全。

6.2.2 建议

根据 2021 年汉江秋汛防御和丹江口水库汛末蓄水工作的实际,对照汉江流域防洪和水资源高效集约利用的需求,提出今后改进和提升工作的几点建议。

(1)不断完善流域防洪工程体系

流域防洪工程体系是流域防洪的"硬件"基础和水工程发挥联合调度潜力的基本条件。建议:一要尽快批复《汉江流域综合规划》,明确细化流域防洪总体布局和安排,为防洪建设提供指导。二要稳固和提升河道泄流能力。要加快推进汉江干流堤防加固,根据梯级水库建成后的河道变化加强护岸等河道治理工程建设,要加快推进东荆河防洪及生态综合治理,改善进出口分流条件,清除行洪障碍,严格下游涉河建筑物的管控要求。三要落实超过河道泄流能力的分蓄洪措施。加快推进杜家台蓄滞洪区的建设,加强分洪道养殖问题清理,为分流道常态化运用创造条件,为遇标准洪水蓄滞洪区运用做好准备;根据分类做好中游分蓄洪民垸的调整和建设,特别是加强邓家湖、小江湖分蓄洪民垸的建设;河道内的洲滩民垸要落实行洪和避险转移措施。

(2)进一步提升流域监测预报预警能力

流域监测预警预报是发挥水工程调节能力、发挥工程潜力、有序指挥调度的基础。建议:一要加强流域监测能力的建设,实现监控全覆盖。要优化水文气象站网,补齐流域大中型工程调度运行情况监测空白和短板,推动水文和气象、航运、电力等部门的信息共享和流域、省(直辖市)、市、县水工程运行管理单位的信息互通。二要提升径流洪水预报能力。要进一步加强对汉江流域暴雨洪水成因的认识,特别是强化对华西秋雨规律的认识;要加强机理模型、数据挖掘、水文气象模型耦合等技术研究,强化涨、退水曲线的分析,提高长期径流的预报精度;要充分考虑工程建设及调度对洪水传播规律的影响,专门开展汉江中下游河道过流能力和航电梯级运行对河道槽蓄影响的复核,重视汉江中游区间洪水规律的研究,提升丹江口库区及中下游河道水动力学模型精度,全面提升汉江流域洪水预报能力。三要规范流域洪水预警。要构建流域与省级预警发布协商机制,推动流域机构、省级水文部门预警依据站和指标的协调一致,确保水情预报的权威性;要统一洪水编号标准,明确不同河段的编号分工。

(3)持续优化水工程联合调度及实践

流域水工程联合调度是统筹防洪减灾和水资源综合利用的重要抓手,要不断研究优化流域水工程联合调度方案,推动研究成果的实践应用。建议:一要完善流域的方案预案体系。要根据中下游防洪体系实际和长江干流水位顶托情况,细化丹江口水库的预报预泄方案,落实遇标准洪水和超标准洪水的应对措施,及时修编汉江洪水与水量调度方案。二要强化水工程的联合调度。要加强汉江上游、中游水库配合丹江口调度方式的研究,强化干流航电等梯级协调调度和有序预泄方式研究,统筹水库、堤防、分洪道、蓄滞洪区及分蓄洪民垸的联合调度。三要进一步优化丹江口水库的多目标调度方式。分析引汉济渭工程的运行对丹江口入库径流的影响,对汛期运行水位动态控制后的水资源利用对策、汛末蓄水时机及进程控制、汛前水位消落、生态调度、不同情景下水位衔接策略等方案进行深化研究,持续发挥丹江口水库的防洪减灾和综合利用效益。

大事记

时　间	事　件
2021年 3月26—28日	水利部党组书记、部长李国英考察丹江口水库，要求对标习近平总书记重要指示和党中央决策部署，从守护生命线的高度，维护南水北调工程供水安全、水质安全、运行安全
2021年 4月1日	长江委启动24小时防汛值班和领导带班值守
2021年 5月13—14日	习近平总书记13日乘船考察丹江口水库，14日主持召开推进南水北调后续工程高质量发展座谈会并发表重要讲话，强调要从守护生命线的政治高度，切实维护南水北调工程安全、供水安全、水质安全
2021年 5月18日	长江防总召开2021年指挥长视频会议安排部署防汛抗旱工作
2021年 6月9日	长江委组织开展汉江"83·10"洪水防洪调度演练，演练了汉江流域控制性水库群联合调度、中下游河道堤防防守、蓄滞洪区和分洪民垸分蓄洪运用等关键决策过程，检验了汉江流域水库群、分蓄洪措施联合调度运用的协同效果
2021年 6月11日	水利部以水防〔2021〕179号文批复了《丹江口水库优化调度方案（2021年度）》
2021年 6月25日	水利部批复了《2021年长江流域水工程联合调度运用计划》
2021年 7月21日	习近平总书记对防汛救灾工作作出重要指示：近日，河南等地持续遭遇强降雨，郑州等城市发生严重内涝，一些河流出现超警水位，个别水库溃坝，部分铁路停运、航班取消，造成重大人员伤亡和财产损失，防汛形势十分严峻。当前已进入防汛关键期，各级领导干部要始终把保障人民群众生命财产安全放在第一位，身先士卒、靠前指挥，迅速组织力量防汛救灾，妥善安置受灾群众，严防次生灾害，最大限度减少人员伤亡和财产损失。解放军和武警部队要积极协助地方开展抢险救灾工作。国家防总、应急管理部、水利部、交通运输部要加强统筹协调，强化灾害隐患巡查排险，加强重要基础设施安全防护，提高降雨、台风、山洪、泥石流等预警预报水平，加大交通疏导力度，抓细抓实各项防汛救灾措施。各地区各有关部门要在做好防汛救灾工作的同时，尽快恢复生产生活秩序，扎实做好受灾群众帮扶救助和卫生防疫工作，防止因灾返贫和"大灾之后有大疫"

时　间	事　件
2021年8月20日	水利部发出《水利部办公厅关于做好西北华北黄淮西南等地暴雨洪水防御工作的通知》（水明发〔2021〕108号），指出受暴雨影响，长江上游三峡区间及支流渠江、清江、汉江等河流将出现明显涨水过程，要求切实做好暴雨洪水防范应对工作
	考虑预见期降雨，长江委下发调度令，调度丹江口水库自8月20日14时起加大向汉江中下游下泄流量至2900m³/s
2021年8月21日	汉江上游秋雨开始时间为8月21日，较常年（9月9日）明显偏早。长江委下发调度令，调度丹江口水库自8月21日14时起向汉江中下游下泄流量按3100m³/s控制
2021年8月22日	长江委于8月22日8时启动水旱灾害防御Ⅳ级应急响应
	长江委派出以长江委党组成员、副主任王威为组长的工作组，赴汉江集团公司、中线水源公司指导丹江口、孤山等委管工程安全度汛工作
	按照水利部工作部署，长江委派出工作组赴陕西省协助指导暴雨洪水防范应对工作
	长江委向陕西、湖北、河南省水利厅印发紧急通知（长防电〔2021〕59号），要求做好近期汉江流域暴雨洪水防范应对工作；向陕西、湖北、河南省水利厅印发通知（长防电〔2021〕60号），要求切实做好汉江流域在建工程近期安全度汛工作
	长江委下发调度令，调度丹江口水库逐步加大向汉江中下游下泄流量，8月22日12时起下泄流量按3900m³/s控制，14时起按4700m³/s控制
2021年8月23日	长江委向湖北省水利厅发出《关于做好汉江中下游防洪安全管理工作的通知》（长防电〔2021〕64号），要求全力加强预报预警、巡查防守、在建工程安全度汛、防洪安全管理等工作
	长江委下发调度令，调度丹江口水库逐步加大向汉江中下游下泄流量，23日12时加大至5600m³/s，14时起加大至6400m³/s
	丹江口水库发生秋汛第1场洪水，洪峰流量14400m³/s（8月23日18时）
2021年8月24日	水利部将水旱灾害防御Ⅲ级应急响应调整为Ⅳ级。长江委下发调度令，调度丹江口水库于24日13时加大下泄流量至7200m³/s
2021年8月25日	长江委向湖北省水利厅印发《关于做好汉江中下游干流堤防巡查防守工作的紧急通知》（长防电〔2021〕68号），要求压紧压实巡查防守责任，切实强化堤防巡查防守、强化技术支撑、做好抢险准备、强化督导检查、强化信息报送，扎实做好汉江中下游堤防巡查防守工作
2021年8月26日	考虑丹皇区间有一次强降雨过程，长江委下发调度令，调度丹江口水库逐步减少向汉江中下游下泄流量，与下游洪水错峰，以减轻下游防洪压力，26日9时起下泄流量按6400m³/s控制，10时起按5600m³/s控制

续表

时　间	事　件
2021 年 8 月 28 日	水利部发出《水利部办公厅关于做好西北西南华北黄淮等地强降雨防范工作的通知》(水明发〔2021〕115 号),提醒汉江上游等河流将出现明显涨水过程,要求重点做好水库安全度汛、中小河流洪水和山洪灾害防御等工作
2021 年 8 月 29 日	长江委下发调度令,调度丹江口水库于 29 日 13 时起向汉江中下游下泄流量按 6400m³/s 控制;晚上再次下发调度令,调度丹江口水库于 29 日 22 时起向汉江中下游下泄流量按 7200m³/s 控制
	汉江支流堵河潘口水库发生建库以来最大洪水,洪峰流量 5560m³/s(29 日 15 时)
2021 年 8 月 30 日	水利部发出《水利部办公厅关于认真贯彻落实国务院领导重要批示精神 进一步做好水旱灾害防御工作的通知》(水明发〔2021〕116 号),要求认真贯彻落实李克强总理对秋汛防御工作作出的重要批示和王勇国务委员的明确要求,做好汉江等重点流域和区域秋汛防御工作
	丹江口水库发生秋汛第 2 场洪水,洪峰流量 23400m³/s(8 月 30 日 0 时)
	受 8 月 25—30 日上游镇坪县特大暴雨影响,8 月 30 日鄂坪水库溢洪道发生水毁险情。8 月 30 日 15 时,鄂坪电站工作人员巡查时,发现溢洪道运行异常,随即关闭了溢洪道闸门,检查发现溢洪道的泄槽末端连接挑流鼻坎反弧段的连接段被冲毁,冲坑尺寸约为 45m×35m(长×宽),深度为 1.5~15m;溢洪道右侧边墙外山体局部垮塌沉陷,溢洪道不能正常泄洪
	按照水利部工作部署,长江委派出工作组赴湖北省协助指导洪水防范应对工作
2021 年 9 月 1 日	水利部向湖北省水利厅发出《水利部办公厅关于做好鄂坪水电站险情处置工作的紧急通知》(水明发〔2021〕117 号),并派出水利部专家组赴湖北省协助指导竹溪县鄂坪水利水电枢纽应急除险工作
	长江委组织召开水旱灾害防御工作领导小组第三次全体会议暨防汛会商会,进一步深入贯彻习近平总书记关于防汛救灾工作重要指示精神,学习传达李克强总理等国务院领导重要批示精神和水利部工作要求,总结前一阶段水旱灾害防御工作成效,动员部署秋季水旱灾害防御工作
	长江委向湖北、河南省水利厅发出《关于请协调做好丹江口水库库区近期安全管理工作的紧急通知》(长防电〔2021〕73 号),要求湖北、河南省水利厅协调相关部门和地方政府尽快完成国家主管部门批准的丹江口水库移民规划范围内仍未迁移的人口及生活生产设施设备的排查清理工作,确保不落一户、不漏一人,切实做好丹江口水库库区近期防洪安全管理工作
	按照水利部工作部署,长江委派出专家组赴湖北省协助指导竹溪县鄂坪水利水电枢纽应急除险工作

时 间	事 件
2021 年 9 月 2 日	水利部发出《水利部办公厅关于做好重点流域和区域强降雨防范工作的通知》(水明发〔2021〕118 号),通报强降雨及其影响的汉江等河流将出现明显涨水过程,提醒做好强降雨防范工作
	鉴于汉江严峻复杂的防洪形势,长江委自 9 月 2 日 14 时起将水旱灾害防御Ⅳ级应急响应提升至Ⅲ级;下发调度令,调度丹江口水库于 9 月 2 日 18 时起向汉江中下游下泄流量按 8100m³/s 控制
	丹江口水库发生秋汛第 3 场洪水,洪峰流量 16400m³/s(9 月 2 日 6 时)
2021 年 9 月 3 日	水利部再次向湖北省水利厅发出《关于明确鄂坪水库溢洪道启用边界条件和落实人员避险预案的函》
2021 年 9 月 4 日	长江委向湖北省水利厅发出《关于做好近期汉江上游防洪安全管理工作的紧急通知》(长防电〔2021〕80 号),预报 9 月 7 日汉江上游白河站洪峰流量将达到 18000m³/s 左右,超过秋汛 5 年一遇洪水标准,根据当前对本次洪水水面线预测分析,孤山航电枢纽坝址以下 26km 范围内(大石沟—大磨沟)沿江部分河滩地将被洪水淹没,对做好近期汉江上游防洪安全管理工作提出具体要求
	根据预报,丹江口水库 9 月 7 日将有一次流量 25000m³/s 量级的涨水过程,长江委下发调度令,调度丹江口水库于 9 月 4 日 14 时起向汉江中下游下泄流量按 9100m³/s 控制
2021 年 9 月 5 日	湖北省委副书记、省长、省防指指挥长王忠林到丹江口市,检查汉江防汛工作,要求坚持上下游联动,优化调度、科学调蓄,加强库泵闸站等联调联控、控蓄控泄,有效拦洪削峰错峰,确保汉江全线安澜
	按照水利部工作部署,长江委派出工作组继续在湖北省协助指导洪水防范应对工作
	长江委向汉江集团公司、中线水源公司发出《关于进一步做好丹江口水利枢纽工程和库区防洪安全工作的通知》(长防电〔2021〕81 号),预报丹江口水库水位 9 月 6 日将涨至 167m 以上,超过历史最高水位,9 月 8 日前后调洪水位达到 168m 左右,要求进一步做好丹江口水利枢纽工程和库区防洪安全工作,并要求自 9 月 6 起每日 10 时前以日报形式报送枢纽工程、库区清理和库岸稳定等相关情况
	鄂坪水库溢洪道抢险工程于 9 月 5 日 18 时完工,累计浇筑混凝土约 37000m³
2021 年 9 月 5—6 日	长江委党组成员、副主任吴道喜到丹江口水利枢纽及上游孤山航电枢纽、白河水电站及白河水文站检查指导防汛工作,强调要对当前汉江防汛形势和工作要求有清醒认识,层层压实责任,全力做好防御工作
2021 年 9 月 6 日	丹江口水库发生秋汛第 4 场洪水,洪峰流量 18800m³/s(9 月 6 日 22 时)
	安康市高新区江安村红旗水库,因降雨次数多、雨强大、坝顶裂缝、坝体背水坡出现滑落险情。湖北省水利厅及时派专家一线指导,尽快转移群众,采取多种措施,在最短时间内解除了水库险情

续表

时　间	事　件
2021年 9月7日	丹江口水库库水位超过历史最高水位167m（2017年10月29日） 9月7日起汉江集团公司、中线水源公司和技术支撑单位长江设计集团、长江科学院每日开展大坝安全监测巡查、水质监测、库区巡查监测，共计3800余人次，编报《丹江口水库安全监测巡查日报》，长江委组织专家在后方每日进行安全评估，切实保障丹江口水库工程安全、库区安全和水质安全
2021年 9月8日	长江委向湖北省水利厅发出《关于做好退水期汉江中下游堤防巡查防守工作的紧急通知》（长防电〔2021〕87号），为减轻汉江中下游防洪压力，丹江口水库将逐步调减下泄流量，汉江中下游水位将快速下降，要求湖北省水利厅做好退水期汉江中下游堤防巡查防守工作
2021年 9月8—12日	为使汉江中下游主要控制站水位尽快全面退至警戒水位以下，9月8—12日，长江委下发9道调度令，调度丹江口水库逐步关闭9孔泄洪闸门，12日14时起向汉江中下游下泄流量按1500m³/s控制
2021年 9月9日	鉴于汉江上游来水和中下游水位将相继转退，鄂坪水库险情应急处置指导工作基本完成，长江委决定自9月9日16时起将水旱灾害防御Ⅲ级应急响应调整为Ⅳ级应急响应
2021年 9月13日	长江委科技委组织召开丹江口库区有关地质灾害风险评估报告技术咨询会，提出了相应的处理建议
2021年 9月14日	长江委组织召开《丹江口水库2021年汛末提前蓄水计划》审查会，要求进一步修改完善计划方案，加强风险分析，在确保防洪安全的前提下做好丹江口水库汛末提前蓄水工作 长江委决定调度丹江口水库在第五场洪水来临前预泄腾库，下发调度令，调度丹江口水库于9月14日13时起向汉江中下游下泄流量按2400m³/s控制，14时起按3400m³/s控制
2021年 9月15日	长江委下发调度令，调度丹江口水库继续加大预泄腾库，自15日14时起向汉江中下游下泄流量按4300m³/s控制
2021年 9月16日	长江委下发两道调度令，调度丹江口水库继续加大预泄腾库，自16日13时起向汉江中下游下泄流量按5300m³/s控制，18时起按6100m³/s控制
2021年 9月17日	水利部发出《水利部办公厅关于做好强降雨防范工作的通知》（水明发〔2021〕126号），通报9月18日开始的降雨过程，要求全力做好强降雨各项防御工作
2021年 9月19日	丹江口水库发生秋汛第5场洪水，洪峰流量22800m³/s（9月19日19时）
2021年 9月20日	长江委下发调度令，调度丹江口水库自20日20时起向汉江中下游下泄流量按7300m³/s控制

时　　间	事　　件
2021 年 9 月 22 日	水利部发出《水利部办公厅关于做好强降雨防范工作的通知》(水明发〔2021〕128 号)，提醒陕西省汉江上游等支流将出现涨水过程，要求做好各项防御工作
	长江委以长水调〔2021〕503 号文批复了《丹江口水库 2021 年汛末提前蓄水计划》
2021 年 9 月 24 日	水利部发出《水利部办公厅关于认真贯彻落实国务院领导重要批示精神扎实做好秋汛防御工作的通知》(水明发〔2021〕130 号)，要求认真贯彻落实李克强总理对应对秋汛工作作出的重要批示和胡春华副总理、王勇国务委员的明确要求，扎实做好秋汛防御工作
	长江委下发调度令，调度丹江口水库自 24 日 12 时起向汉江中下游下泄流量按 6100m³/s 控制
2021 年 9 月 25 日	汉江唐白河鸭河口水库发生最大入库流量 18200m³/s 的超 1000 年一遇超历史特大洪水，为水库建库以来最大入库洪峰流量，远超下游河道安全泄量(南阳市城区段 4370m³/s)，鸭河口水库最大下泄流量 5000m³/s。受鸭河口水库加大下泄影响，白河控制站新店铺站洪峰流量 4440m³/s(9 月 25 日 21 时)，为 1953 年以来 9 月最大洪水过程
	水利部副部长刘伟平主持会商会议，进一步分析研判近期秋汛形势，安排部署防御工作，要求督促指导地方切实落实防御责任，加强监测预报预警，强化水利工程科学调度，抓好中小河流洪水、山洪灾害防御、中小水库特别是病险水库安全度汛，扎实做好各项防汛工作。水利部向河南省水利和长江委、淮河水利委员会发出《水利部办公厅关于进一步做好暴雨洪水防御工作的紧急通知》(水明发〔2021〕131 号)，通报强降雨过程变化，要求做好暴雨洪水防御工作
	按照水利部工作部署，长江委向河南省紧急派出工作组指导暴雨洪水防范应对工作
	长江委决定逐步减小丹江口水库下泄流量，与鸭河口水库下泄洪水错峰，连续下发两道调度令，调度丹江口水库自 25 日 10 时 30 分起向汉江中下游下泄流量按 5100m³/s 控制，自 25 日 16 时起按 4200m³/s 控制
2021 年 9 月 26 日	为防御第 6 场洪水过程，长江委决定加大丹江口水库下泄流量，连续下发两道调度令，调度丹江口水库自 26 日 17 时 30 分起向汉江中下游下泄流量按 5300m³/s 控制，自 26 日 22 时 30 分起按 6200m³/s 控制
2021 年 9 月 27 日	水利部启动水旱灾害防御Ⅲ级应急响应。应急响应期间，水利部密切监视汛情和工情的发展变化，对湖北、河南、陕西汉江流域防汛作出应急工作部署，密切开展防洪度汛工作指导
	长江委向湖北省水利厅发出《关于做好丹江口水库库区安全管理和汉江中下游堤防巡查防守工作的紧急通知》(长防电〔2021〕117 号)，要求切实做好丹江口水库库岸安全监测巡查、汉江中下游堤防及河道岸坡巡查防守、在建工程安全度汛等工作
	长江委连续下发两道调度令，调度丹江口水库自 27 日 12 时起向汉江中下游下泄流量按 7300m³/s 控制，自 27 日 14 时起按 8400m³/s 控制；丹江口水库自 27 日 20 时起向汉江中下游下泄流量按 9300m³/s 控制

时 间	事 件
2021 年 9 月 28 日	23 时,汉江上游孤山电站发生洪峰流量 22700m³/s 的洪水过程,超秋季 20 年一遇洪水
	长江委向湖北省水利厅发出《关于做好丹江口库区十堰市郧阳区五峰乡陈家咀地质灾害隐患点安全管理工作的紧急通知》(长防电〔2021〕120 号),提醒湖北省水利厅督促指导地方政府及有关部门做好安全管理工作
	8 时,长江委水文局升级发布汉江上游白河河段洪水橙色预警、丹江口库区洪水黄色预警,继续发布汉江中下游襄阳以下河段洪水黄色预警;14 时,升级发布汉江下游仙桃河段洪水橙色预警,继续发布汉江上游白河河段洪水橙色预警,上游丹江口库区、中游襄阳—皇庄河段洪水黄色预警
	长江委下发调度令,调度丹江口水库自 28 日 12 时 30 分起向汉江中下游下泄流量按 10200m³/s 控制
2021 年 9 月 29 日	丹江口水库发生秋汛第 6 场洪水,洪峰流量 24900m³/s(9 月 29 日 3 时),为近 10 年来最大入库洪水
	考虑本次洪水洪峰已现,长江委决定逐步减小丹江口水库出库流量,下发调度令,调度丹江口水库自 29 日 10 时 30 分起向汉江中下游下泄流量按 9400m³/s 控制
2021 年 9 月 30 日	李国英部长主持召开防汛会商时强调,要防御好汉江秋汛:一是充分发挥丹江口水库拦蓄作用,秋汛过程中库水位调蓄至正常蓄水位;二是坚决避免启用杜家台分洪区;三是确保库区安全;四是确保汉江下游堤防安全
	长江委下发两道调度令,调度丹江口水库于自 30 日 12 时起向汉江中下游下泄流量按 8200m³/s 控制,自 30 日 18 时起按 7100m³/s 控制
2021 年 10 月 1 日	水利部向河南、湖北、陕西省水利厅,以及长江委发出《关于迅速落实水利部会商会议精神的函》,要求全力打赢防秋汛这场硬仗
2021 年 10 月 1—2 日	长江委连续下发两道调度令,4 次调度丹江口水库减小下泄流量,加快汉江中下游水位退警速度,2 日 20 时起向汉江中下游下泄流量按 3200m³/s 控制
2021 年 10 月 2 日	水利部发出《水利部办公厅关于做好强降雨防范工作的通知》(水明发〔2021〕136 号),要求充分发挥丹江口等水库拦蓄作用,在确保防洪安全的前提下,丹江口水库适时调蓄至正常蓄水位170m,坚决避免启用杜家台分洪区,确保水库库区和汉江下游堤防安全
2021 年 10 月 3 日	长江委下发调度令,调度丹江口水库于 10 月 3 日 20 时起向汉江中下游下泄流量按 4300m³/s 控制
2021 年 10 月 5 日	长江委党组书记、主任马建华一行深入一线检查指导汉江秋汛防御和丹江口水库防洪蓄水工作,强调要全面做好汉江秋汛防御和丹江口水库 170m 首次蓄水工作
	长江委连续下发 3 道调度令,调度丹江口水库分别于 5 日 12 时、14 时、20 时加开 1 孔,5 日 20 时起向汉江中下游下泄流量按 7700m³/s 控制

续表

时 间	事 件
2021 年 10 月 6 日	李国英部长主持防汛会商会议,视频连线长江委及丹江口水库管理单位,进一步分析研判秋汛洪水形势,深入部署防御工作
	水利部向河南、湖北、陕西省水利厅,以及长江委等发出《关于迅速落实水利部秋汛洪水防御会商会议精神的函》,要求丹江口水库等工程大坝安全监测、安全防守预案和措施要提前到位,并考虑利用南水北调中线加大向北送水;同时向水利部南水北调工程管理司去函,传达李国英部长会商会议精神,要求利用丹江口水库秋汛洪水之机,尽量加大南水北调中线向北输水
	中线水源公司安排专人赴丹江口库区,就河南、湖北已报丹江口水库 170m 正常蓄水位土地征收线下剩余人口(共计 7 户 14 人)逐一开展检查复核,未发现返迁现象
	长江委下发调度令,调度丹江口水库于 6 日 22 时起向汉江中下游下泄流量按 6700m³/s 控制
2021 年 10 月 7 日	丹江口水库发生秋汛第 7 场洪水,洪峰流量 10500m³/s(10 月 7 日 12 时)
	长江委下发两道调度令,调度丹江口水库分别于 7 日 12 时、18 时、22 时减少 1 孔,7 日 22 时起向汉江中下游下泄流量按 3500m³/s 控制;调度丹江口水库于 8 日 2 时起向汉江中下游下泄流量按 2600m³/s 控制
2021 年 10 月 8 日	长江委下发调度令,调度丹江口水库于 8 日 11 时 30 分起向汉江中下游下泄流量按 1400m³/s 控制
	长江委致函国网湖北省电力公司,协商将 10 月 9 日、10 日丹江口水库发电流量调减至 850m³/s,在丹江口水库蓄水至 170m 后再将丹江口水库发电流量调整至机组满发流量,之后还需要根据来水情况实时调整发电流量,维持库水位在 169.9～170.0m;下发调度令,调度丹江口水库自 10 月 9 日起向汉江中下游供水流量按日均 850m³/s 控制
2021 年 10 月 10 日	上午,李国英部长主持召开防汛会商会议时强调,关于丹江口水库安全运用:一是严密监测、严阵以待,做到险情早研判、早发现、早处置,做到大坝绝对安全;二是保障库区安全,逐人清查核实蓄至最高蓄水位下可能淹没区人口情况,确保人员安全。晚上,李国英部长主持召开防汛会商会议时强调,确保小浪底、丹江口、岳城水库高水位运用安全
	14 时,丹江口水库水位蓄至正常蓄水位 170m,是水库大坝自 2013 年加高后第一次蓄满
	受长江委主任马建华委派,长江委副主任吴道喜率队赴丹江口水库,贯彻落实水利部会商会议精神,现场督导丹江口水库水位蓄至 170m 后的安全管理工作
	长江委下发调度令,调度丹江口水库水位蓄至 170m 后维持出入库平衡调度,控制库水位不超 170m
2021 年 10 月 10 日 至 11 月 1 日	汉江集团公司按照长江委要求开展精细化调度,控制丹江口水库出入库基本维持平衡,其间灵活控制水库闸门开启数量及时长,共启闭闸门 58 次,库水位维持在 169.96～170.00m,至 11 月 1 日止共计 23 天

时　间	事　件
2021 年 10 月 31 日	2020—2021 年，丹江口水库向北方供水量 90.54 亿 m³，创历史新高
2021 年 12 月 21 日	长江委在湖北省丹江口市召开 2021 年长江流域水旱灾害防御暨水工程联合调度工作座谈会，总结工作成效，研讨新时期水工程联合调度重点，安排部署下阶段工作。2021 年长江流域水旱灾害防御工作取得了全面胜利
2022 年 1 月 27 日	水利部召开全国水旱灾害防御工作先进表彰会，长江委水旱灾害防御局（水工程调度管理局）调度处等 3 个单位获"全国水旱灾害防御工作先进集体"称号，汉江集团公司丹江口水力发电厂起运分场张光林等 6 名个人获"全国水旱灾害防御工作先进个人"称号